Java Web 程序设计

新世纪高等职业教育教材编审委员会 组编
主 编 李俊青
副主编 过晓娇

第四版

大连理工大学出版社

图书在版编目(CIP)数据

Java Web 程序设计 / 李俊青主编. -- 4 版. -- 大连：大连理工大学出版社，2023.1(2024.6 重印)
新世纪高等职业教育软件技术专业系列规划教材
ISBN 978-7-5685-4044-5

Ⅰ. ①J… Ⅱ. ①李… Ⅲ. ①JAVA 语言－程序设计－高等职业教育－教材 Ⅳ. ①TP312.8

中国版本图书馆 CIP 数据核字(2022)第 247805 号

大连理工大学出版社出版

地址:大连市软件园路 80 号　邮政编码:116023
发行:0411-84708842　邮购:0411-84708943　传真:0411-84701466
E-mail:dutp@dutp.cn　URL:https://www.dutp.cn

辽宁新华印务有限公司印刷　　大连理工大学出版社发行

幅面尺寸:185mm×260mm　印张:18　字数:461 千字
2012 年 8 月第 1 版　2023 年 1 月第 4 版
2024 年 6 月第 5 次印刷

责任编辑:高智银　责任校对:李　红
封面设计:张　莹

ISBN 978-7-5685-4044-5　定　价:56.80 元

前言

《Java Web程序设计》(第四版)是"十四五"职业教育国家规划教材、"十三五"职业教育国家规划教材、"十二五"职业教育国家规划教材,也是新世纪高等职业教育教材编审委员会组编的软件技术专业系列规划教材之一。

随着网络的普及,Web应用程序的使用越来越广泛,Java Web开发技术以其开放性、灵活性、安全性和成熟度赢得了很大市场,成为Web项目开发的重要技术手段之一。

教材特色

本教材采用任务驱动和项目训练的设计方式,符合职业教育行动导向的教学思想,按照典型的职业工作过程来编排课程内容,设计时以工作能力(技术应用能力和职业素质)培养为主线,强调知识学习与能力培养并存,以项目为载体将Java Web知识点进行解析与重组,架构Java Web程序设计学习体系。根据职业岗位技能需求,提炼出了24个技术要点,映射8个模块,采用1个企业综合项目承载知识和技能的学习,学习过程划分成28个典型项目承载知识要点,并根据难度序化。全书设计内容涵盖了JSP服务器的安装与配置、JSP语法、JSP内置对象、页面指令、动作指令、JDBC、数据库连接池、JavaBean、Java Servlet、EL表达式语言、在线编辑器、邮件组件、上传组件、缩略图组件、验证码、密码的加密与验证、JSP快速开发工具的搭配使用、打包与部署、项目导入与导出等Java Web开发常规技术要点,并深入阐述了综合项目——文章管理系统的开发与实现过程。全书模块内容将实际工程拆分为适合知识学习的模块,首先提出项目需求,然后按步骤实现。在实现过程中应用知识点,讲解知识点,之后再进行扩展,对知识模块的应用再进行提升。整本教材的知识点由浅入深,功能由少到多,不断扩展重点,使内容通俗易懂并且更加切合应用开发实际需要。本教材贯彻落实党的二十大精神,在有关项目中以思政小贴士融入社会主义核心价值观、职业道德、工匠精神、团队合作等方面内容,让学生掌握客观事物发展规律,在丰富学识的同时塑造思想品格。

适用范围

本教材适合作为高等院校计算机相关专业的"JSP程序设计""Java Web程序设计""Web应用开发""动态网站高级开发"等课程的教材,也适合作为技术人员的培训教程,还适合作为开发人员自学的教程。学习本教材内容时,读者应提前了解Java语言,具备一定的网页开发能力。

教材内容

本教材在素材的选择上，把“实际训练”放在首位。全书由 8 个模块构成，各模块内容安排如下：

模块 1——Java Web 开发环境与联合开发工具配置。介绍了 Tomcat 目录结构、虚拟目录配置、Eclipse＋Dreamweaver 工具、项目的导入和导出、发布打包、JSP 的页面组成、代码编写规范等知识点。

模块 2——制作简单的 Java Web 网站。介绍了 page、include、taglib 指令，<jsp:include>、<jsp:forward>动作指令等知识点。

模块 3——服务器交互。介绍了 JSP 内置对象，中文乱码的处理方法。

模块 4——数据库操作。介绍了 JDBC 连接 MySQL、SQL Server、Oracle 等数据库，Connection、Statement、ResultSet 等对象，资源的释放、大数据字段的处理等方法，介绍了 Tomcat DBCP 等知识点。

模块 5——JavaBean 技术。介绍了 JavaBean 的作用域、JavaBean 在 JSP 中的使用。

模块 6——Java Web 高级开发。介绍了 Java Servlet 的编写与部署过程，Servlet 的生命周期，Servlet 接口，JSP 结合 Servlet 编程，Fliter、EL 语法，EL 的隐含对象等知识点。

模块 7——组件应用及常用模块。介绍了 UEditor 的使用、JavaMail、缩略图原理、水印实现方法、验证码原理、MD5 加密算法等知识点。

模块 8——综合实例。主要介绍利用 JSP＋Servlet＋JavaBean＋Ajax 模式实现文章管理系统的方法，分析了系统体系结构、异步数据交互的程序结构。

本教材在第一版、第二版、第三版的基础上，对项目体例进行了重新部署和调整，进行了优化和补充。进一步明晰了以模块作为载体、以项目开发过程为主线贯穿知识点的设计思路。在设计项目实现过程中，在每个项目中先描述项目需求，然后实现项目，再分析知识点，最后进行项目应用的扩展与训练，实现了将理论与实践融为一体，学习时可根据项目描述与实现，按步骤完成项目，进行自主学习。

编写团队

本教材由海南省考试局李俊青任主编，保山学院过晓娇任副主编，海南软件职业技术学院陈艺卓、王贞、杨帆及广东华资软件技术有限公司邹慧明参与编写。具体编写分工如下：李俊青编写模块 1、模块 7、模块 8，过晓娇编写模块 3、模块 6 及全书修订，陈艺卓编写模块 4，王贞编写模块 2，杨帆编写模块 5，邹慧明参与模块 8 编写。全书由李俊青统稿。

由于编者水平有限，不当之处在所难免，恳请各位读者批评指正，并将意见和建议及时反馈给我们，以便下次修订时改进。

编　者

2023 年 1 月

所有意见和建议请发往：dutpgz@163.com

欢迎访问职教数字化服务平台：https://www.dutp.cn/sve/

联系电话：0411-84706671　84707492

目　录

本书微课视频列表

（续表）

序号	二维码	微课名称	页码
11		用 Servlet 实现用户登录	166
12		访问权限控制	172
13		用 EL 遍历数据	181
14		用 EL 简化 JSP 开发	184

模块 1

Java Web 开发环境与联合开发工具配置

知识目标

了解 Java Web 应用开发所使用的技术结构，掌握 Java Web 应用开发所需要的应用服务器环境搭建方法，掌握 JSP 页面的组成、声明、代码段、注释、表达式等知识。

技能目标

掌握 JSP 运行环境的搭建，能进行简单的 JSP 程序编写与运行。

素质目标

培养学生全局意识、创新思维、全球视野，培养科学探索精神，培养进行学习规划的能力。

项目 1　配置 JSP 运行环境

1.1　项目描述与实现

正确安装 Tomcat 服务器，并显示其欢迎页面。如图 1-1 所示。

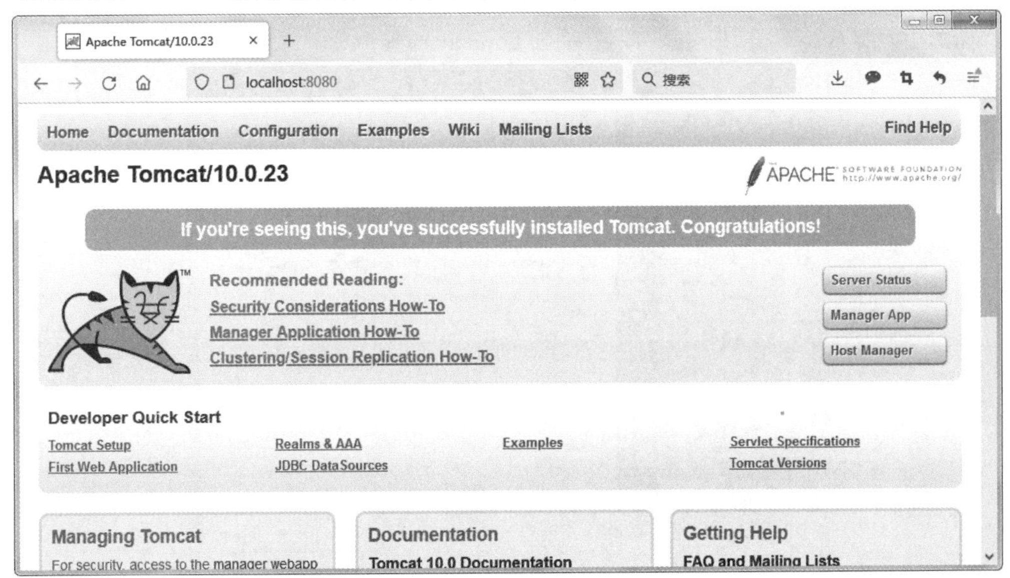

图 1-1　Tomcat 欢迎页面

实现过程：

1. 安装 JDK

安装 Tomcat 服务器前首先安装 JDK(Java Development Kit)，包括 Java 运行环境、Java 工具和 Java 基础的类库。本教材采用 JDK 17。读者可到官方网站下载。

下载后双击安装程序，界面如图 1-2 所示，单击"下一步"按钮直到完成。

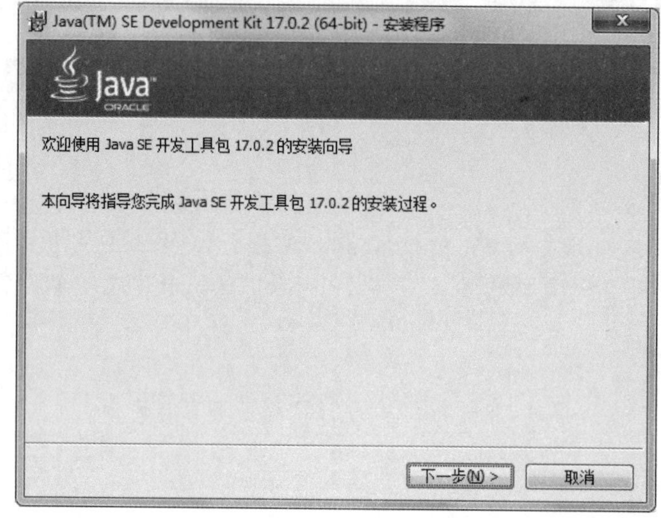

图 1-2　JDK 安装界面

2. 安装 Tomcat

Tomcat 安装文件到其官方网站下载。本书采用的版本是 Tomcat-10.0。

下载后，双击安装程序，如图 1-3 所示。单击"Next"按钮，第一步进行安装组件选择，如图 1-4 所示。第二步选择路径，按照系统默认路径即可。第三步配置 Tomcat 端口及密码等信息，如图 1-5 所示，按照实际配置即可。第四步选择 JDK 的安装路径，如图 1-6 所示，选择第一步操作中安装的 JDK 所在的位置。之后单击"Next"按钮开始安装。安装完毕后，提示安装完成，如图 1-7 所示。单击"Finish"按钮完成 Tomcat 的安装。

图 1-3　Tomcat 安装：欢迎界面

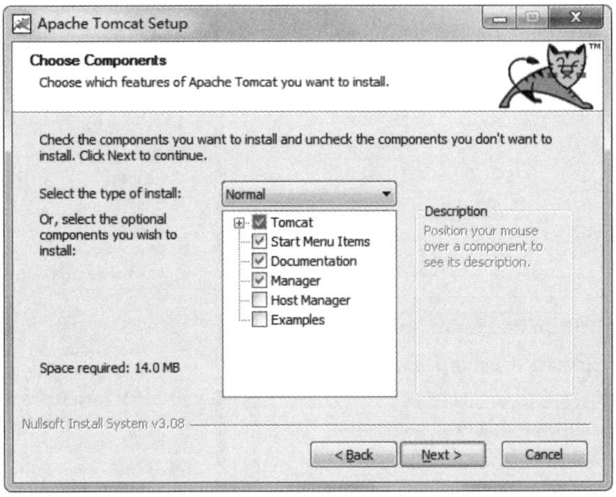

图 1-4　Tomcat 安装：组件选择界面

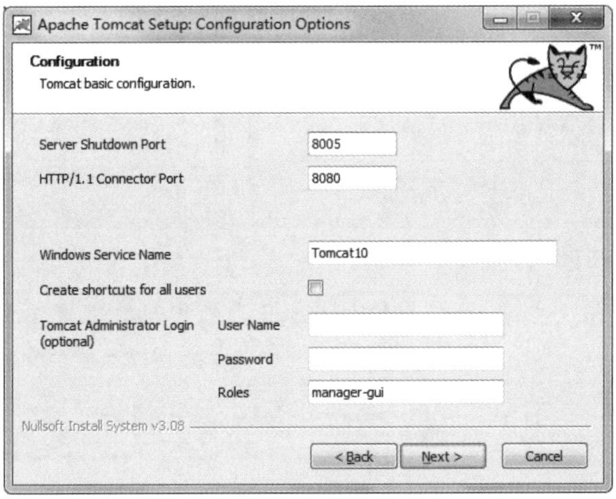

图 1-5　配置 Tomcat 端口及密码等信息

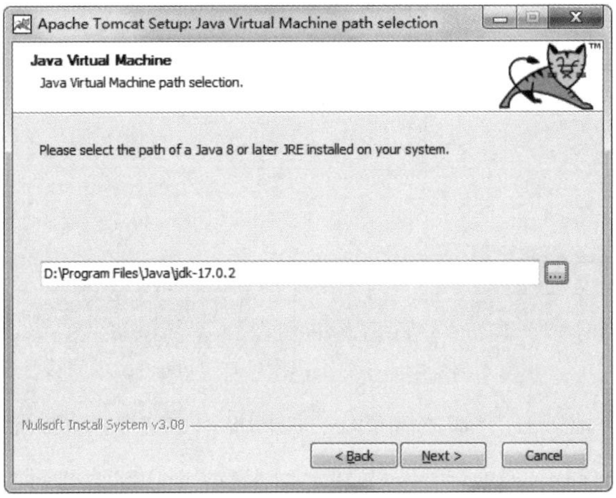

图 1-6　选择 JDK 的安装目录

安装完成之后，在程序菜单中可以看到 Tomcat 的选项，如图 1-8 所示。单击 Monitor Tomcat，可在任务栏看到 Tomcat 服务图标，如图 1-9 所示，双击该图标，弹出如图 1-10 所示的 Tomcat 启动界面，在此界面中可以选择启动或停止 Tomcat 服务。

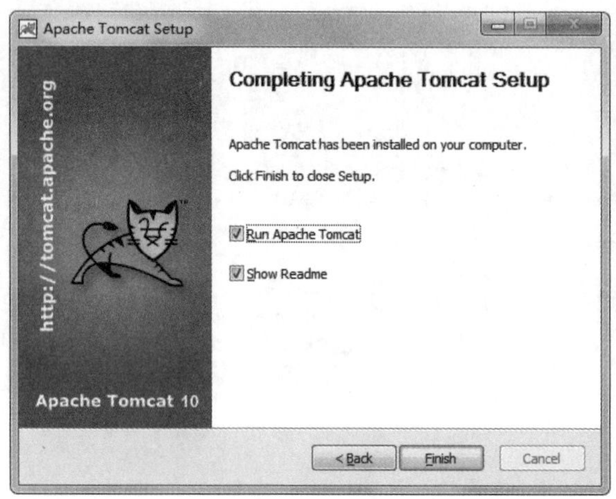

图 1-7　Tomcat 安装完成

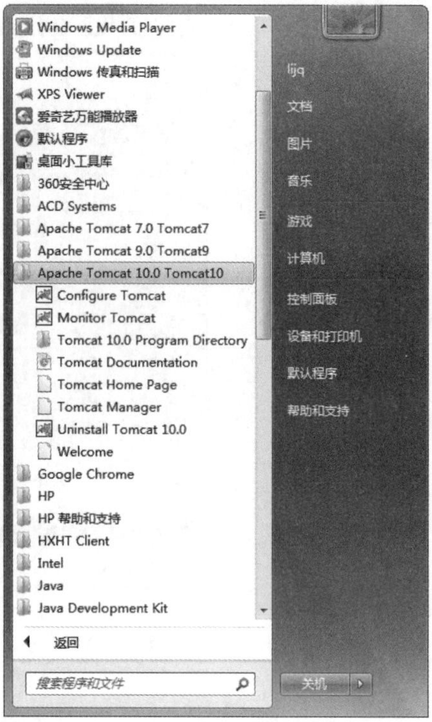

图 1-8　Tomcat 启动

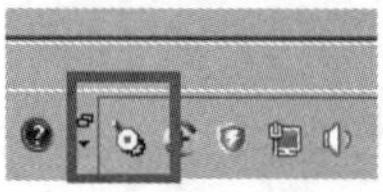

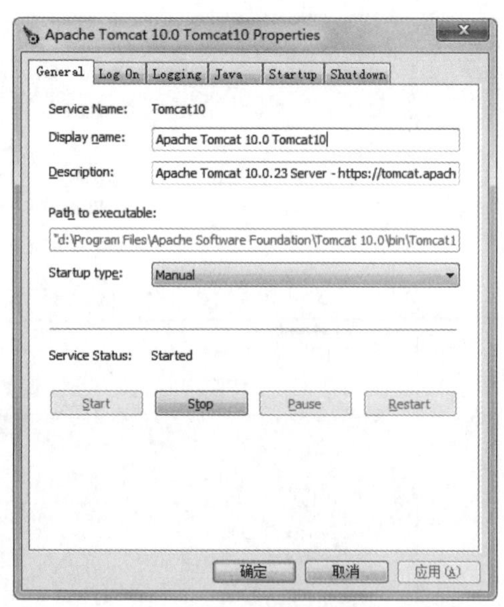

图 1-9　Tomcat 服务图标

图 1-10　Tomcat 启动界面

启动 Tomcat 后，在地址栏中输入 http://localhost:8080，若出现图 1-1 的显示效果，则 Tomcat 已正常安装并运行。

1.2　新知识点——JSP 概述、Tomcat 目录结构、虚拟目录配置

1. JSP 概述

(1)动态网页

动态网页是在服务器运行的程序或者网页，它们会根据不同用户、不同时间、不同需求，返

回不同的内容。例如:当登录到论坛时,作为论坛管理员,就可以看到“删除”“修改”等操作;作为论坛普通用户,则只能看到帖子的浏览页面。

动态网页会使用服务器端脚本语言,比如目前流行的 JSP 等,访问动态网页时会获取最新内容显示,这就是不同时间访问网页显示内容会发生变化的原因。

动态网页的特点:

- 交互性好:即网页会根据用户需求和选择而动态改变和响应。例如用户在网页中填写表单信息并提交,服务器经过处理将信息自动存储到后台数据库中,并转到相应提示页面。因此,采用动态网页技术的网站可以实现与用户的交互功能,如用户注册、用户登录、信息查询等。
- 自动更新:对于网页设计者来说,无须每次修改页面内容,只需在后台添加或者删除要显示或不需要显示的信息即可。例如,在论坛发布信息时,后台服务器将自动更新网页内容。

(2)B/S(浏览器/服务器)技术

使用动态网页技术开发网站实际上是 B/S 技术的一种应用。因此,要更好地理解动态网页的开发原理,首先需要了解 B/S 技术的一些基本概念。

B/S 技术与 C/S 技术的区别:

C/S(客户机/服务器)结构分为客户机和服务器两层,一般将应用软件安装在客户机端,通过网络与服务器相互通信,实现交互,如 QQ、微信、抖音等软件。C/S 结构的应用如图 1-11 所示。

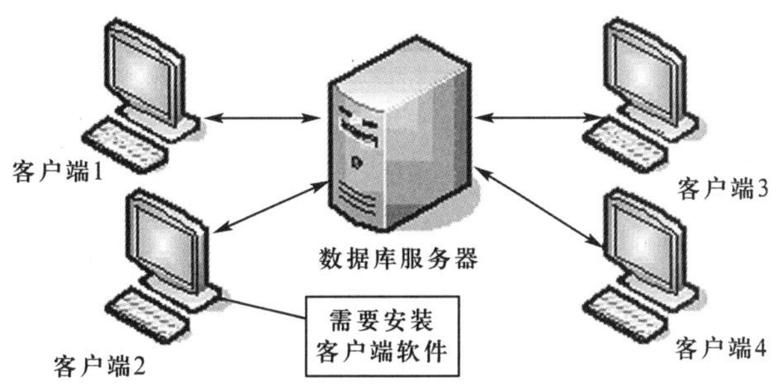

图 1-11　C/S结构的应用

对于 C/S 结构的应用软件,若要在客户机运行,就必须在客户机先安装,而且即使每次对系统做了微小的改动,所有客户机的应用软件都需要更新。

对于 B/S(浏览器/服务器)结构系统,无须在客户端安装软件,只需要将程序部署到服务器端,客户端通过浏览器访问即可,如京东、淘宝、当当等网站。B/S 结构的应用如图 1-12 所示。

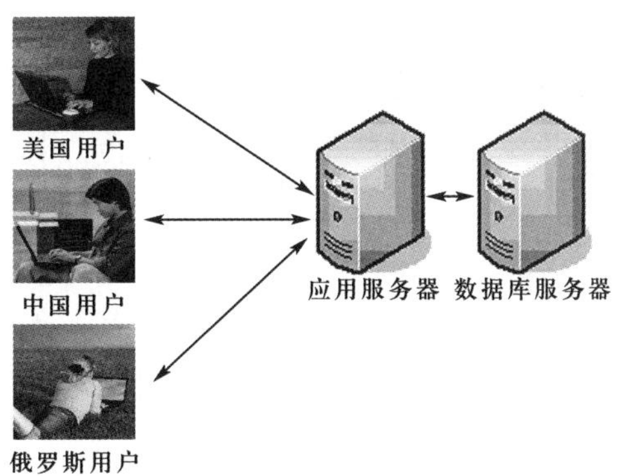

图 1-12　B/S结构的应用

在 B/S 结构中，程序依托应用服务器处理，并通过应用服务器同数据库服务器通信。在客户机上无须安装任何客户端软件，系统界面通过浏览器来展现。如需对应用系统进行修改，只需要维护应用服务器即可。

在 B/S 结构中，浏览器端与应用服务器端采取请求-响应请求的交互模式进行通信，如图 1-13 所示。

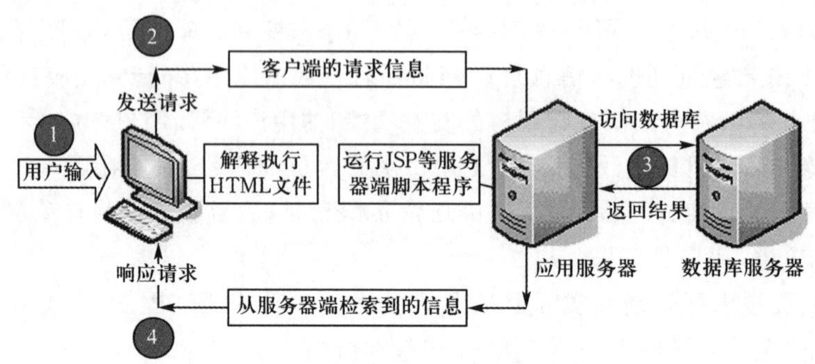

图 1-13　请求-响应交互模式

请求-响应交互模式分解过程如下：

①客户端(浏览器)接收用户输入：如用户希望登录自己在某网站的邮箱，只需要在邮箱登录页面输入用户名、密码等，准备发送对系统的访问请求。

②客户端向应用服务器发送请求：客户端将请求所需信息(用户名、密码等)填写完后，单击“登录”表示发送对系统的访问请求，等待服务器的响应处理。

③数据处理：应用服务器端通常使用服务器端脚本语言，如 Java 等，来访问数据库，查询相应数据，并获得查询结果。

④发送响应：应用服务器端获得查询结果后，会向客户端发送响应信息(一般为动态生成的 HTML 页面)，并由用户的浏览器负责解释 HTML 文件，最后呈现给用户。

(3)JSP 简介

JSP(Java Server Pages)是由 Sun Microsystems 公司倡导、许多公司参与一起建立的一种动态网页技术标准。它是在传统的网页 HTML 文件(*. htm, *. html)中插入 Java 程序段(Scriptlet)和 JSP 标记(tag)，从而形成 JSP 文件(*. jsp)。Web 服务器在遇到访问 JSP 网页的请求时，首先对其中的 Java 代码进行处理，然后将执行结果连同 JSP 文件中的 HTML 代码一起返回给客户端的浏览器。插入的 Java 程序段可以操作数据库、重新定向网页等，以实现建立动态网页所需要的功能。JSP 原理图如图 1-14 所示。

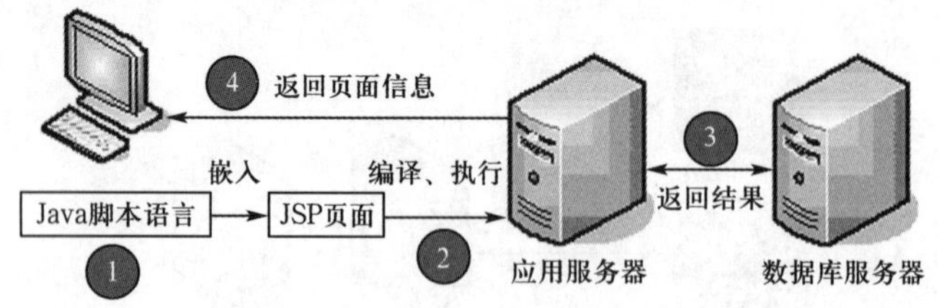

图 1-14　JSP 原理图

(4)JSP 的特点

JSP 最大的优点是能够实现跨平台结构的开发，它几乎可以运行在所有的操作系统平台上。

JSP 的优势：

①一次编写，到处运行。在这一点上 Java 比 PHP 更出色，除了系统之外，代码不用做任何更改。

②系统的多平台支持。基本上可以在所有平台上的任意环境中开发，在任意环境中进行系统部署，在任意环境中扩展。相比，ASP/PHP 的局限性是显而易见的。

③强大的可伸缩性。从只有一个小的 jar 文件就可以运行 Servlet/JSP，到由多台服务器进行集群和负载均衡，到多台 Application 进行事务处理、消息处理，从一台服务器到无数台服务器，Java 显示了巨大的生命力。

④多样化和功能强大的开发工具支持。这一点与 ASP 很像，Java 已经有了许多非常优秀的开发工具，而且许多可以免费得到，并且其中许多已经可以顺利地运行于多种平台之上。

JSP 的劣势：

①与 ASP 一样，Java 的一些优势正是它的致命之处。正是为了实现跨平台的功能和极度的伸缩能力，所以极大地增加了产品的复杂性。

②Java 的运行速度是用 class 常驻内存来完成的，所以它在一些情况下所使用的内存比起用户数量来说确实是“最低性能价格比”了。从另一方面，它还需要硬盘空间来储存一系列的.java 文件和.class 文件以及对应的版本文件。

(5)JSP 开发及运行环境要求

①操作系统要求

操作系统可以选择 Windows 操作系统、UNIX 操作系统和 Linux 操作系统等。

②软件环境要求

集成开发工具：集成开发工具有 NetBeans、Eclipse 等。本书选用 Eclipse。

Web 服务器：JSP 运行时需要安装 JDK 和 Web 服务器，目前使用较多的 Web 服务器有 Tomcat、WebLogic、Jboss 和 Resin 等。本书选用 Tomcat。Tomcat 是 Apache 软件基金会(Apache Software Foundation)Jakarta 项目中的一个核心项目。

2. Tomcat 目录结构

Tomcat 安装成功后，在 Tomcat 的安装目录下存在若干个子目录，如图 1-15 所示，Tomcat 不同版本的目录结构略有区别。本书以 Tomcat 10.0 为例来说明，目录的功能描述见表 1-1。

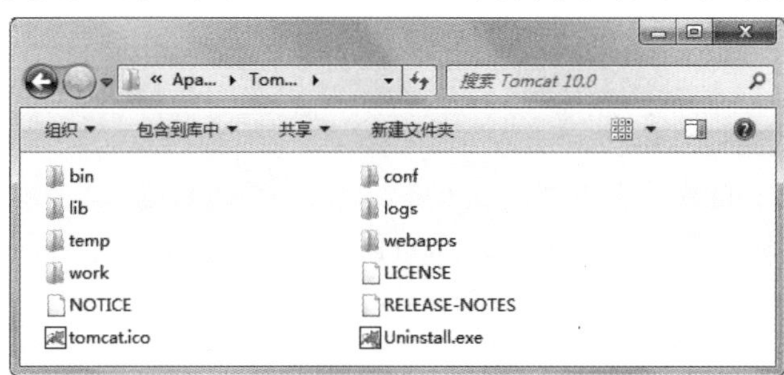

图 1-15　Tomcat 的目录结构

表 1-1　Tomcat 目录的功能描述

目录	说明
/bin	存放启动和停止 Tomcat 的脚本文件

（续表）

目录	说明
/conf	存放 Tomcat 的各种配置文件
/lib	存放 Tomcat 所需的 jar 文件
/logs	存放 Tomcat 的日志文件
/webapps	Web 应用的发布目录
/work	Tomcat 运行时的工作目录

3. 虚拟目录配置

配置 JavaWebExample 的虚拟目录，方法如下：

(1)前期准备工作

①在 D 盘建立 D:\WorkSpace\JavaWebExample 的文件夹(也可以建立在其他磁盘)。

②在 JavaWebExample 文件夹中新建 index. html 文件，输入“欢迎”二字。

(2)配置 Tomcat 虚拟目录

打开 Tomcat 的安装目录下 conf 文件夹的 server. xml 文件。在<Host>和</Host>标签之间加上虚拟目录配置标签，即<Context path="/JavaWebExample" docBase="D:\WorkSpace\JavaWebExample"/>，其中 path 属性值为虚拟目录名称，docBase 属性值为虚拟目录指向的物理目录。修改后如图 1-16 所示。这里 path 保存的值是在浏览器中输入的值即虚拟目录，docBase 保存的值是要访问的文件的物理绝对路径。

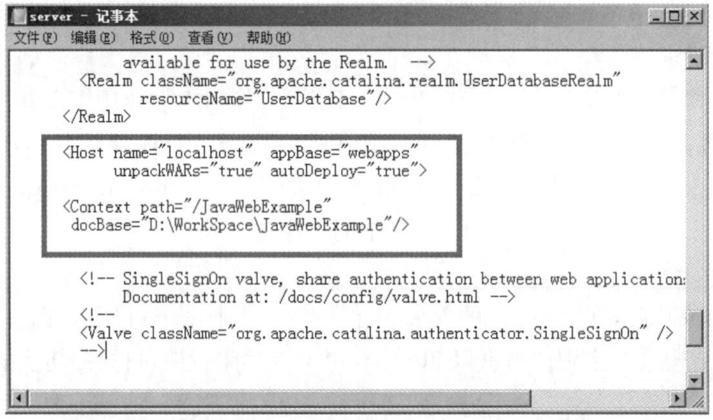

图 1-16 配置虚拟目录

(3)测试虚拟目录配置

在 JavaWebExample 文件夹下创建 index. html 网页，内容输入“欢迎!!”。

打开浏览器，在地址栏中输入 http://localhost:8080/JavaWebExample，效果如图 1-17 所示，则说明 Tomcat 虚拟目录 JavaWebExample 配置成功。

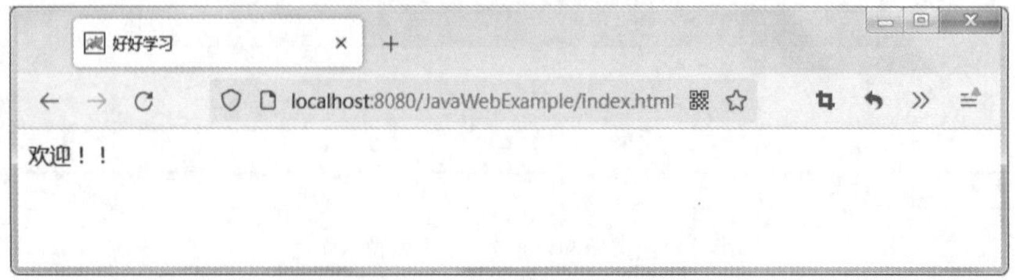

图 1-17 虚拟目录配置测试页面

思政小贴士

JSP 技术既有跨平台、可伸缩等优越性，也有技术复杂等缺点。我们每个人也是一样，都有独一无二的优点，也可能有难以克服的缺点，所以我们平时应该像磨炼一门技术一样，修炼自身素养，不断加强并增加我们的优点，并弥补自己的劣势。

1.3　扩展——Tomcat 帮助文档查阅

用户在安装 Tomcat 的同时可选择安装帮助文档，帮助文档的安装目录在 Tomcat 目录下的 webapps\docs 下，打开 index. html 即可看到如图 1-18 所示的 Tomcat 帮助文档首页。在其中可查看关于 Tomcat 的相关配置与使用方法。

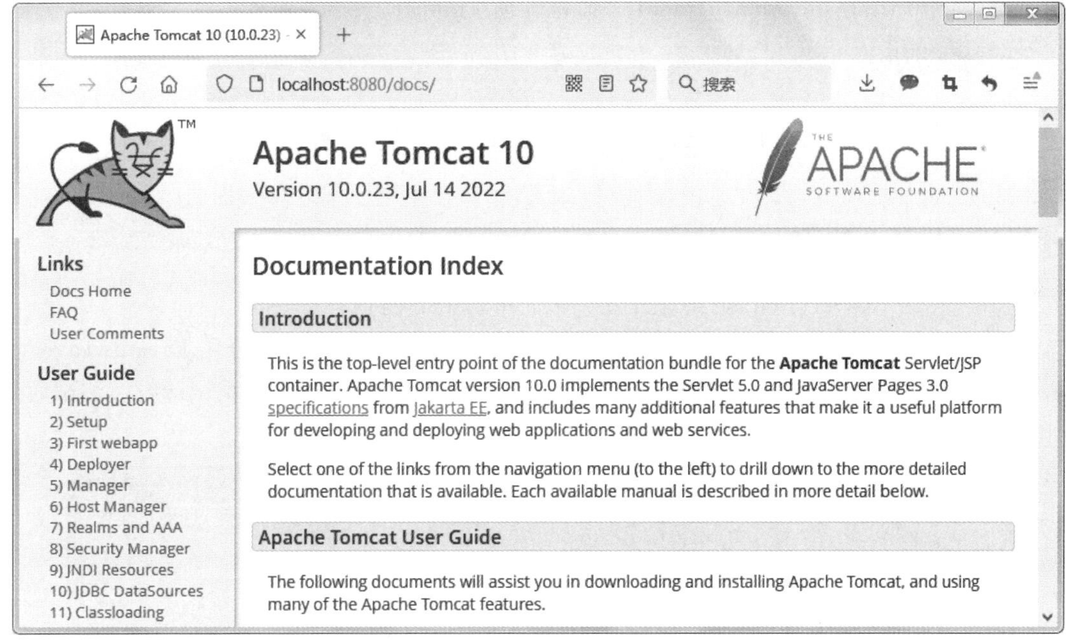

图 1-18　Tomcat 帮助文档首页

主要帮助链接说明如下：

(1)Introduction　--Tomcat 介绍

(2)Setup　--Tomcat 安装介绍

(3)First webapp　--第一个应用程序

(4)Deployer　--部署、编译和验证 Web Application 的方法

(5)Manager　--如何管理 Web Application 部署

(6)Host Manager　--主机管理

(7)Realms and AAA　--Realms(域)的概念，以及如何配置权限

(8)Security Manager　--配置和使用 Security Manager(安全管理器)

(9)JNDI Resources　--JNDI 的概念及如何使用

(10)JDBC DataSources　--配置 JNDI 的 JDBC 数据源，以及一些主流数据库的配置方法

(11)Classloading　--介绍如何加载类，以及如何放置类

(12)JSPs　--JSP 的配置及 JSP 编译方法

(13)SSL/TSL --安装配置 SSL
(14)SSI --在 Tomcat 中使用 SSI
(15)CGI --通用网关接口,如何配置 CGI
(16)Proxy Support --介绍代理
(17)Mbean Descriptor --介绍 Mbean
(18)Default Servlet --默认 Servlet 介绍
(19)Apache Tomcat Clustering --集群配置介绍
(20)Balancer --负载均衡
(21)Connectors --连接模块,支持集群和负载均衡
(22)Monitoring and Management --监视管理 Tomcat
(23)Logging --日志介绍

项目 2 Eclipse、Dreamweaver 等工具搭配开发 JSP

2.1 项目描述与实现

利用 Dreamweaver、Eclipse 搭配开发一个简单的 JSP 网页。

开发过程采用 Eclipse 和 Dreamweaver 搭配开发,设计显示界面部分用 Dreamweaver 实现,代码在界面制作自动生成基础上在 Eclipse 中编写,最后在 Eclipse 中测试运行。测试效果如图 1-19 所示。

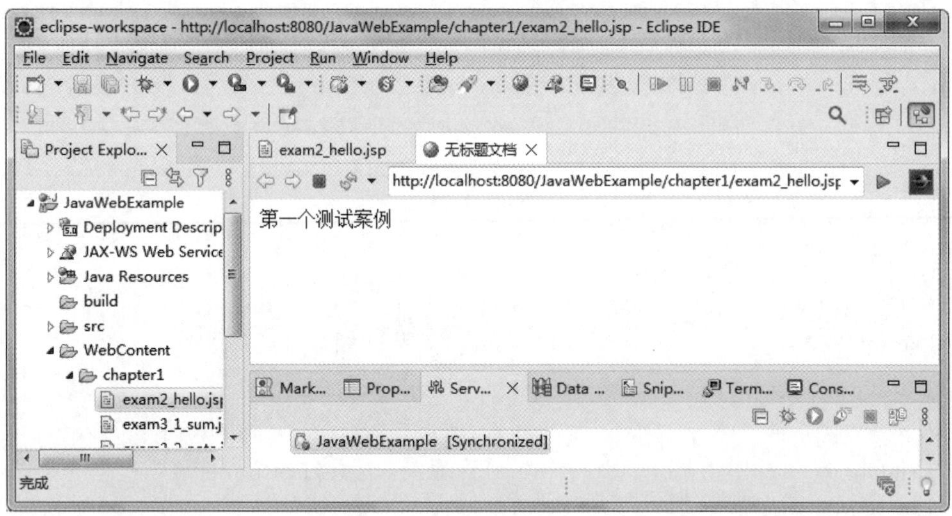

图 1-19 第一个 JSP 测试网页

实现过程:

1. 下载安装 Eclipse

到 Eclipse 的官方网站下载 Eclipse IDE for Java EE Developers,下载后解压即可使用。Eclipse 启动界面如图 1-20 所示。

图 1-20 Eclipse 启动界面

2. 下载并安装 Dreamweaver

Dreamweaver 的启动界面如图 1-21 所示。

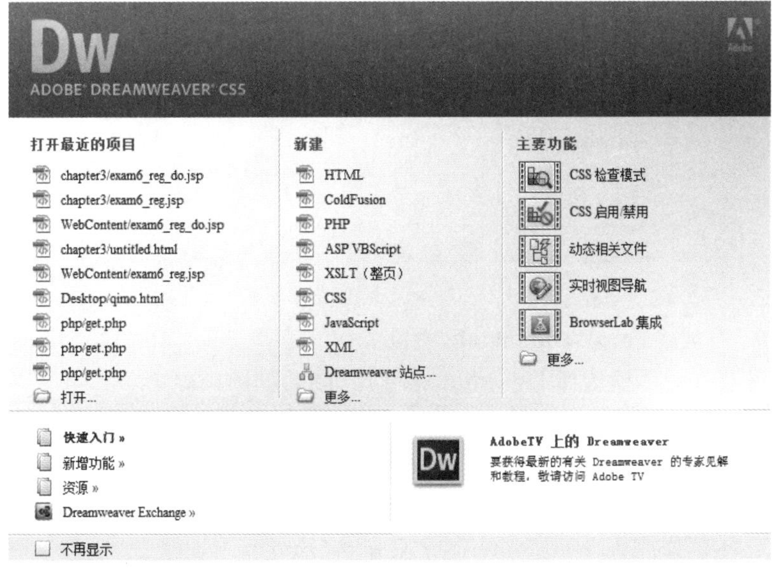

图 1-21 Dreamweaver 启动界面

3. 配置 Eclipse 开发环境

启动 Eclipse 初始界面，如图 1-22 所示，在此处选择工作空间路径，本例选择路径为 D:\WorkSpace。

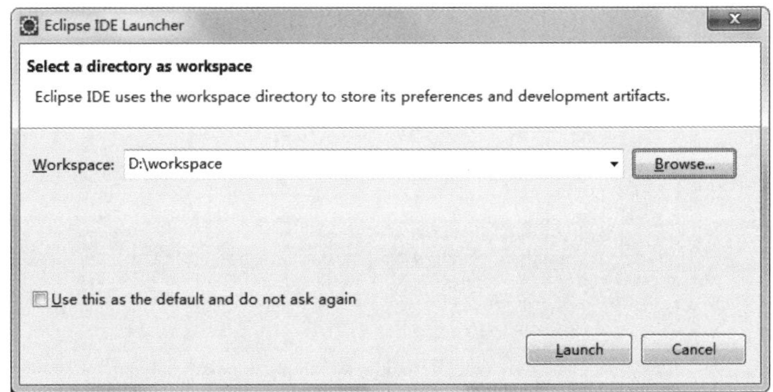

图 1-22 选择 Eclipse 工作空间路径

启动后，配置 Web 项目测试服务器。打开 Window→Preferences 菜单，选择 Server→Runtime Environments 选项，然后选择添加服务器，添加已经安装的 Tomcat v10.0，如图 1-23 所示。

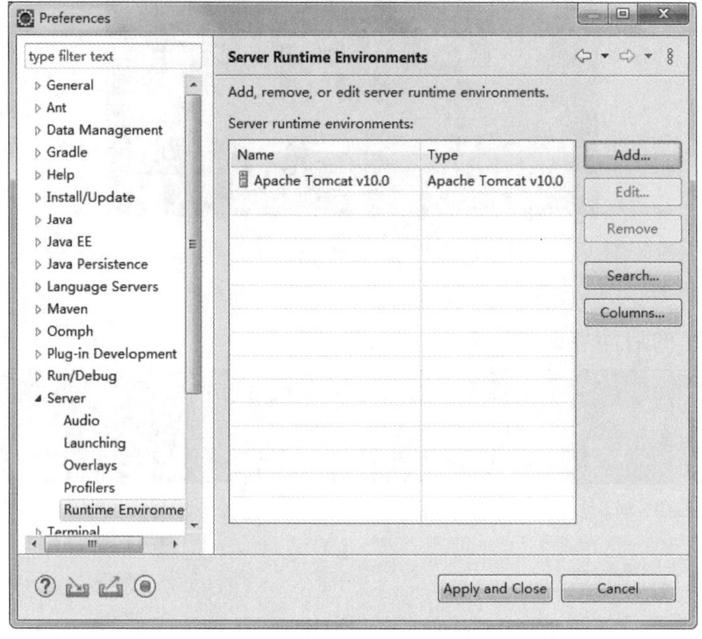

图 1-23　Eclipse 选择添加服务器

4. 在 Eclipse 中创建 JavaWebExample 项目

在新建项目选择对话框选择 Dynamic Web Project，如图 1-24 所示。单击“Next”按钮后，出现如图 1-25 所示对话框，填写项目名称 JavaWebExample，选择与项目相关的信息。在本例中，项目文件都置于 D:\WorkSpace\ JavaWebExample 中。测试服务器选择 Tomcat v10.0，其他部分按默认配置，之后再单击“Next”按钮，出现如图 1-26 所示对话框，修改 Content dirctory 的目录，本例修改为 WebContent，之后单击“Finish”按钮。

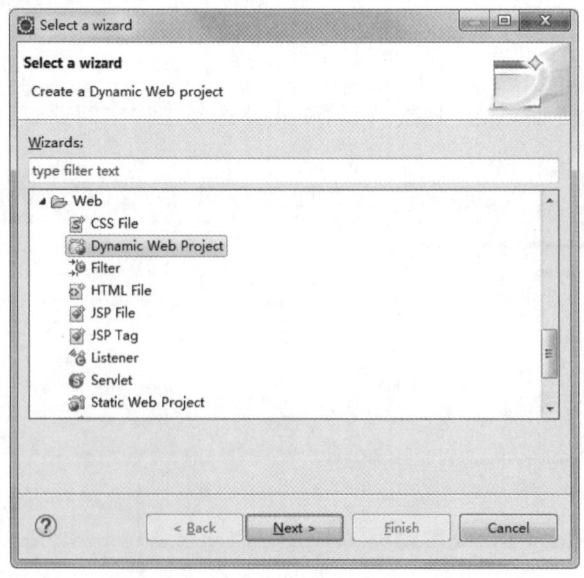

图 1-24　新建项目选择窗口

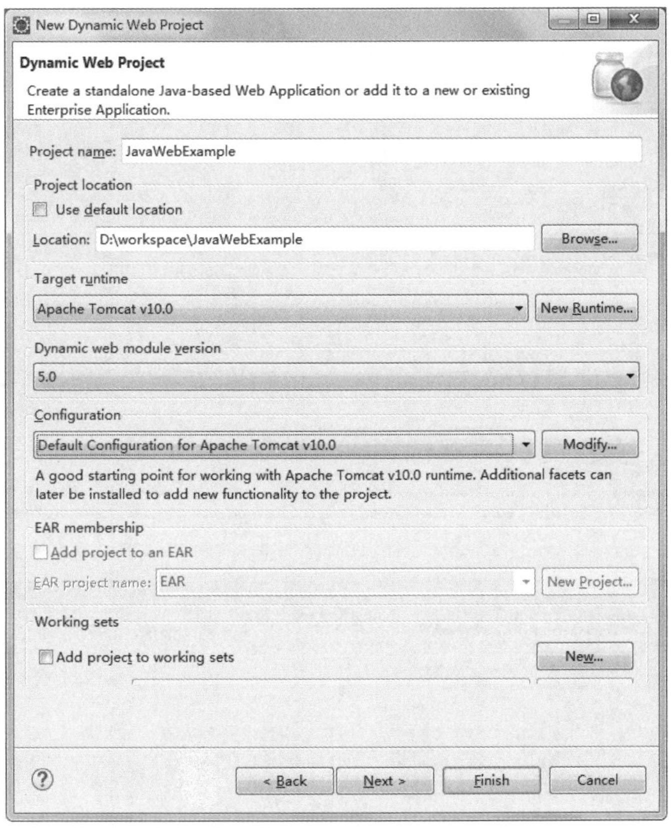

图 1-25 填写、选择项目相关信息

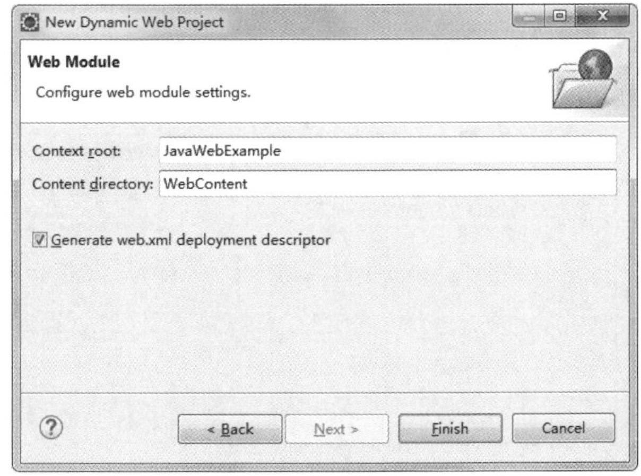

图 1-26 填写 Web 文件目录

项目创建完成后，出现如图 1-27 所示的界面。文件结构中 WebContent 目录为项目发布的根目录。同时，在硬盘上会生成项目的相关文件，如图 1-28 所示。

配置 Eclipse 中 Java 文件编译后的字节码文件输出路径，默认编译后输出的路径为 build\classes，为了发布方便，只提取 WebContent 文件夹，因此将输出路径调整到 WebContent\WEB-INF\classes 目录下。具体操作为：打开项目属性对话框，选择 Java Build Path 选项，如图 1-29 所示，默认 Default output folder 为 JavaWebExample/build/classes，在此将其更改为：JavaWebExample/WebContent/WEB-INF/classes。

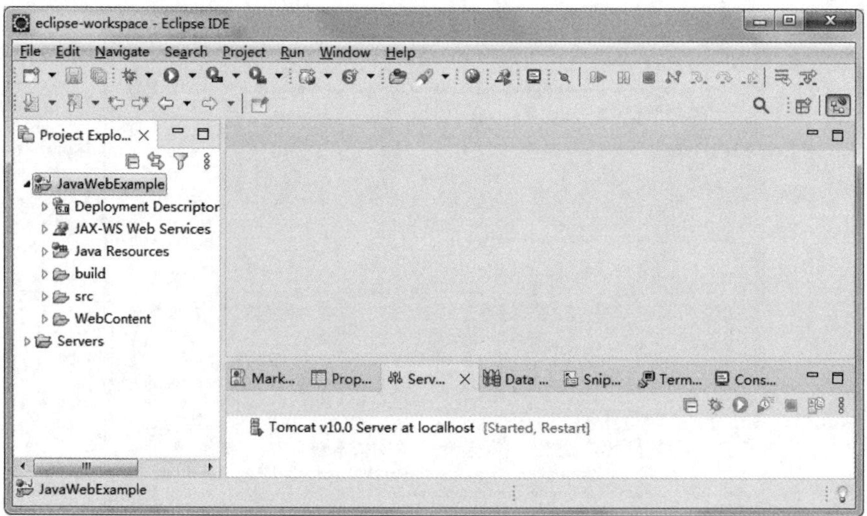

图 1-27　项目在 Eclipse 中的目录结构

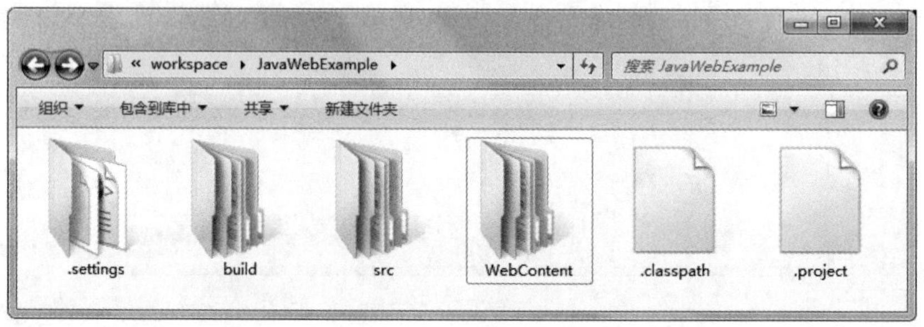

图 1-28　项目在硬盘上的文件结构

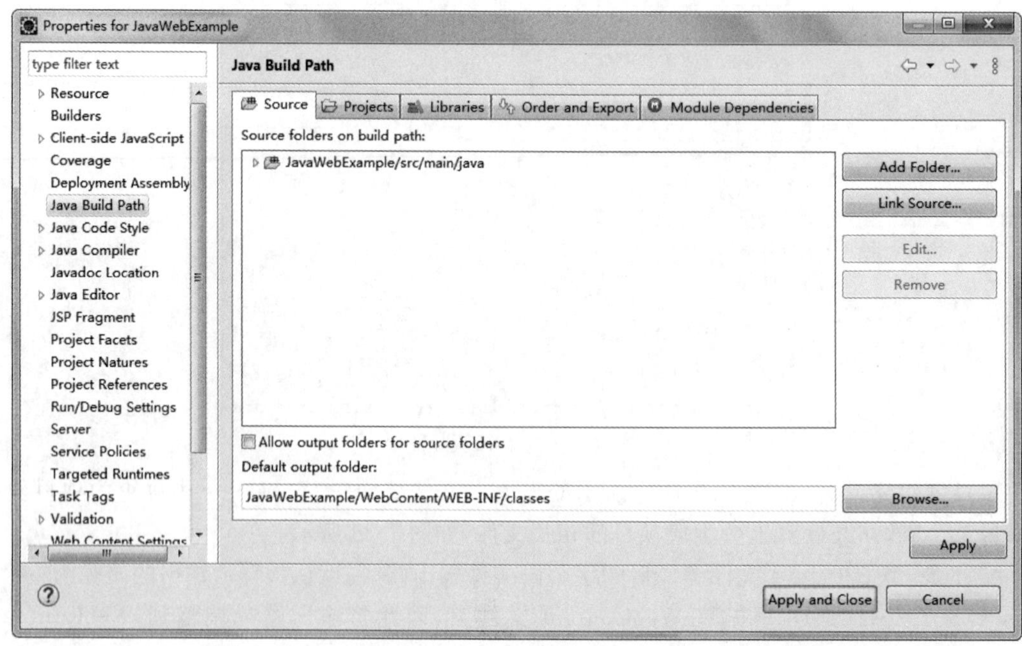

图 1-29　项目 Java Build Path 属性对话框

至此，项目 JavaWebExample 的基本开发环境 Eclipse 部分配置完毕。

5. 在 Dreamweaver 中创建 JavaWebExample 站点

在 Dreamweaver 中创建站点时，其站点根目录指向在 Eclipse 中创建的项目的 WebContent 目录，本例的根目录为 D:\WorkSpace\JavaWebExample\WebContent，如图 1-30 所示。此外，设置站点为 JSP 站点，并指定前缀。本例中测试 URL 前缀为 http://localhost:8080/JavaWebExample，如图 1-31 所示。

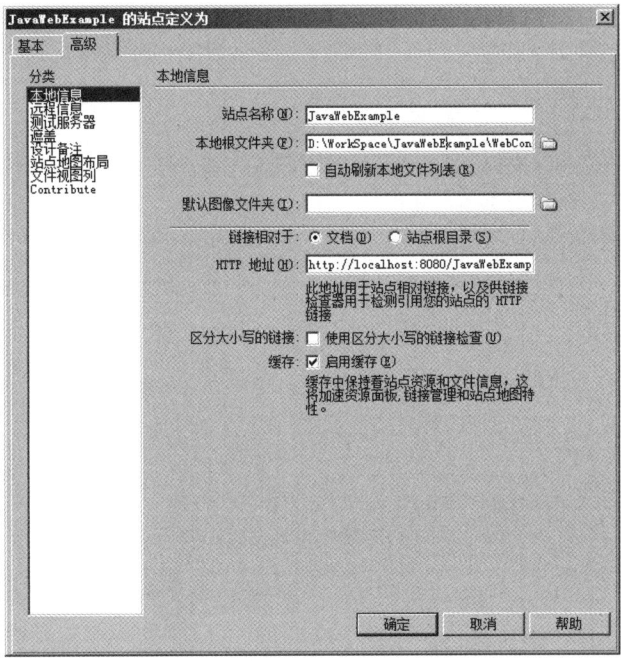

图 1-30 创建 JavaWebExample 站点

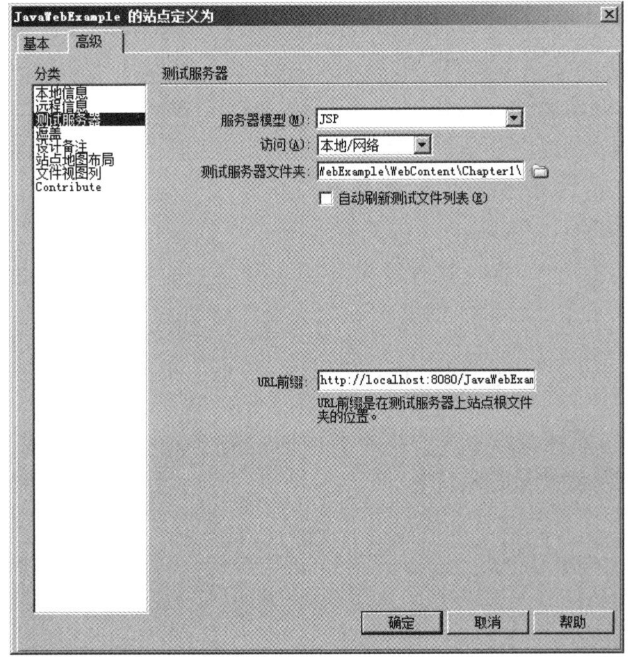

图 1-31 配置测试服务器

6. 测试

测试在 Dreamweaver 中编写的 Web 页面，在 Eclipse 中运行。本例中为了方便演示，在 Dreamweaver 的 JavaWebExample 站点的 Chapter1 文件夹创建一个简单的 JSP 页面 exam2_hello. jsp，如图 1-32 所示。在 Eclipse 中刷新 JavaWebExample 项目，然后运行 exam2_hello. jsp，效果如图 1-19 所示。

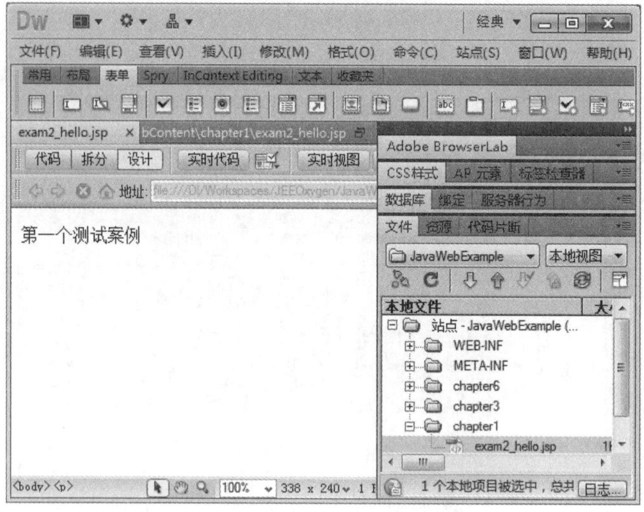

图 1-32　在 Dreamweaver 中创建 JSP 页面

2.2　新知识点——Eclipse、Dreamweaver 工具简介

1. Eclipse 简介

Eclipse 是著名的跨平台的自由集成开发环境(IDE)，最初主要用于 Java 语言开发，目前也有人通过插件使其作为其他计算机语言(如 C++和 Python)的开发工具。虽然 Eclipse 本身只是一个框架平台，但是众多插件的支持使得 Eclipse 拥有其他功能相对固定的 IDE 软件很难具有的灵活性。许多软件开发商以 Eclipse 为框架开发自己的 IDE。

Eclipse 就其本身而言，它只是一个框架和一组服务，但可通过插件组件构建集成开发环境。Eclipse 附带了一个标准的插件集，包括 Java 开发工具(Java Development Tools，JDT)。

2. Dreamweaver 简介

Dreamweaver，简称 DW，是一款有着多年历史和良好口碑的可视化网页编辑工具，它最大的优点就是所见即所得，对 W3C 网页标准化支持十分到位。同时它还支持网站管理，包含 HTML 检查、HTML 格式控制、HTML 格式化选项、HomeSite/BBEdit 捆绑、图像编辑、全局查找替换、全 FTP 功能、处理 Flash 和 Shockwave 等多媒体格式和动态 HTML，以及支持 ASP、JSP、PHP、ASP. NET、XML 等程序语言的编写与调试。

3. 工具联合开发调试项目

使用 Eclipse 开发程序时，虽然系统框架结构会给你带来方便，但并不太适合于开发 Web 显示界面，而 Dreamweaver 开发 Web 页面时可以实现所见即所得的效果，页面也遵循 W3C 国际标准。因此，可以利用这些开发工具各自的优点，结合开发 Web 程序，从而提高开发效率。

思政小贴士

程序的调试，需要有足够的细心与耐心，要不怕挫折、不畏困难、坚韧不拔，要发扬注重细节、精益求精的工匠精神。

2.3 扩展——项目导入、导出、发布打包

对于程序员来说，有时需要将现有项目导入、导出和发布打包，下面介绍如何将项目导入、导出和发布打包。

1. 项目导入

项目导入可直接将文件拷贝至相应文件夹中，也可导入 War 文件。下面先来介绍第一种方法。

(1)文件拷贝

①新建项目

在 Eclipse 中新建 Project，参考 2.1 节中介绍新建项目。新建项目 test，此时 src 及 WebContent 均为空，如图 1-33 所示。

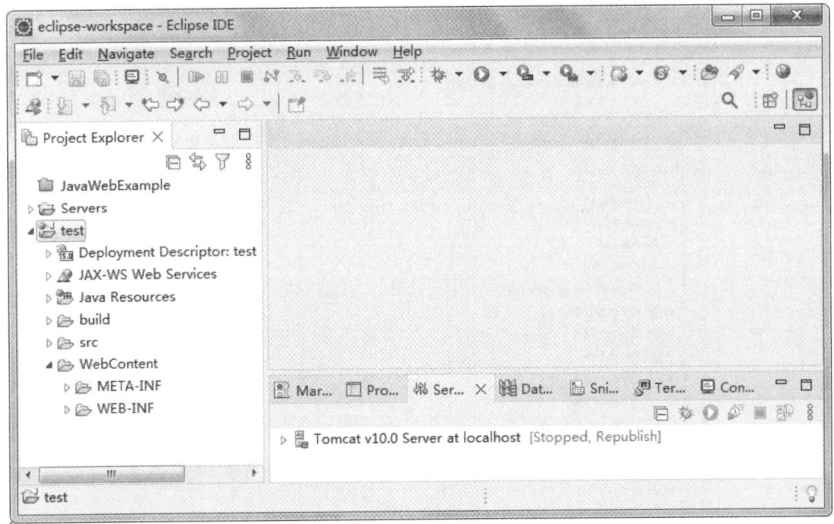

图 1-33 新建项目 test

②拷贝 src 文件夹

将现有项目中的 src 文件夹中的全部内容拷贝到新建项目的 src 文件夹中。如图 1-34 所示。

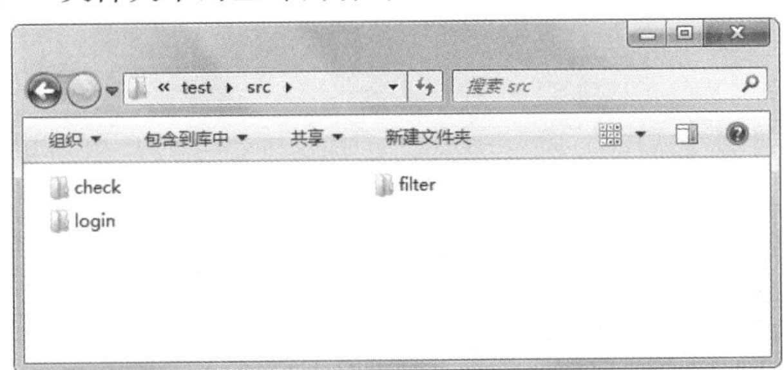

图 1-34 将程序所需包拷贝至新建项目中

③拷贝 WebContent 文件夹

将现有项目中的 WebContent 文件夹中的内容全部拷贝到新建项目的 WebContent 文件夹中。如图 1-35 所示。

④附加数据库。

至此，文件导入全部做完，在 Eclipse 环境下，右击项目 test，选择 Refresh，就可以看到现有项目导入成功，可以做测试运行了。

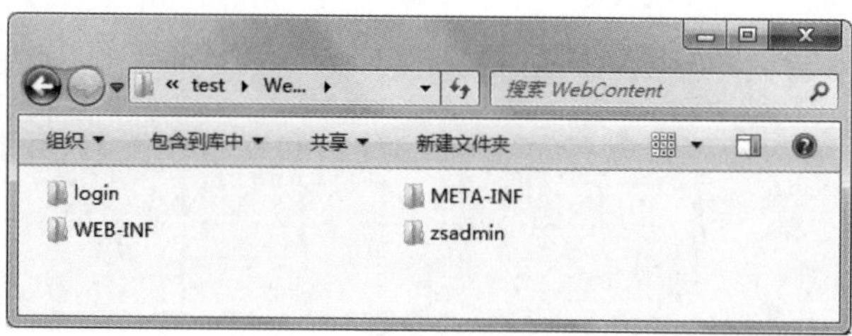

图 1-35　拷贝 WebContent 文件夹中内容

(2)导入 War 文件

在 Eclipse 中选择 File→Import 菜单，然后选择要导入的文件类型，如图 1-36 所示。单击"Next"按钮，选择要导入的项目文件，如图 1-37 所示。单击"Finish"按钮完成项目导入。

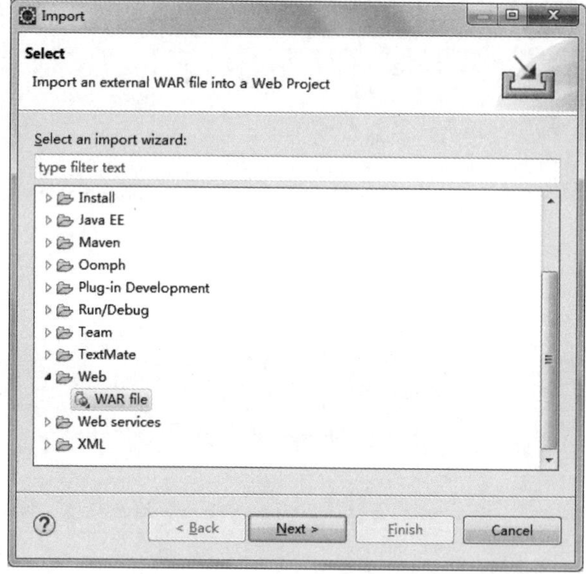

图 1-36　选择要导入的文件类型

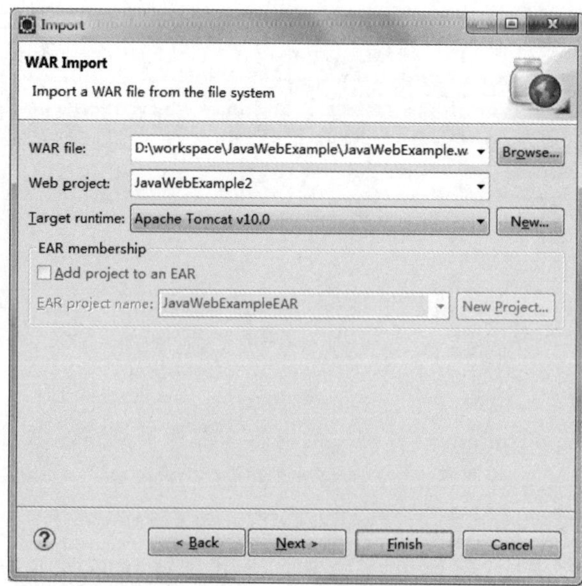

图 1-37　选择导入文件

2. 发布打包

选择要打包的项目，右击 Export（导出），选择 WAR file→Next，在 Web project 选项中默认为当前项目名称，也可自行修改。在 Destination 选项中选择项目打包后的存储路径，如图 1-38 所示。单击“Finish”按钮完成打包，完成可在存储位置查看文件，如图 1-39 所示。

为全面建设社会主义现代化国家贡献强大教育力量

图 1-38　打包

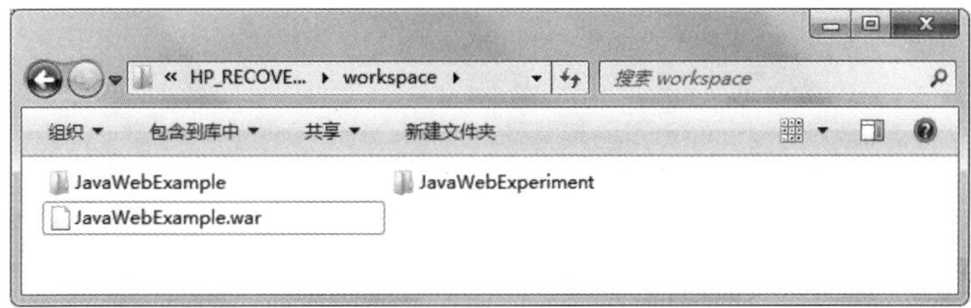

图 1-39　war 文件

项目 3　制作简单的 JSP 页面

3.1　项目描述与实现

在 JSP 文件中定义方法实现两个数的加法，调用其计算 1+2 并显示结果，如图 1-40 所示。

实现过程：

1. 新建 JSP 文件。在项目的 chapter1 文件夹中右击，选择 New→JSP File 选项，弹出如图 1-41 所示窗口，在 File name 中输入 exam3_1_sum.jsp，单击“Finish”按钮之后进入 JSP 页面编辑窗口，输入代码见程序 1-1。

【程序 1-1】　exam3_1_sum.jsp

```
<%@ page language="java" contentType="text/html; charset=UTF-8"
pageEncoding="UTF-8"%>
两个数的求和结果：
<%!
int sum(int num1, int num2) {
    int s=num1+num2;
```

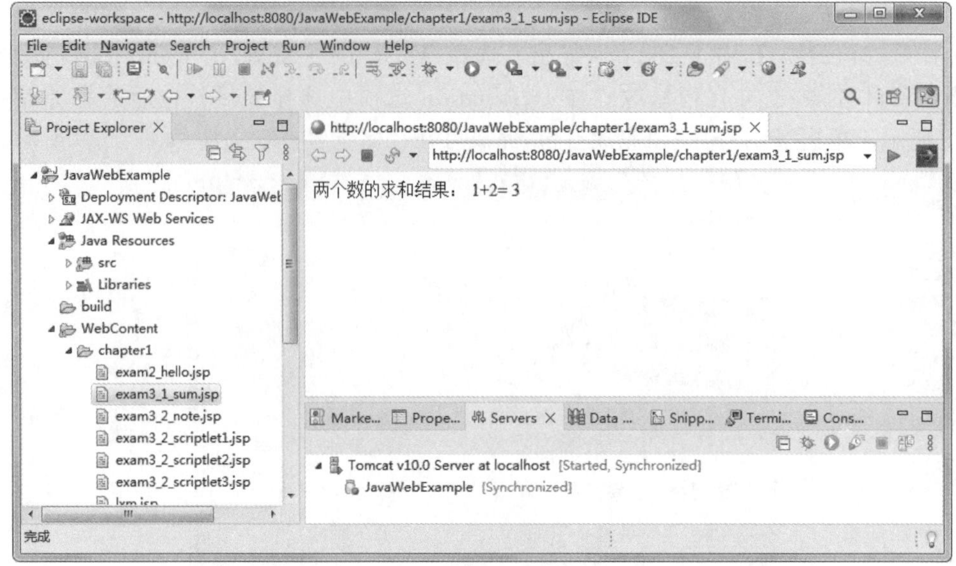

图 1-40　求和效果

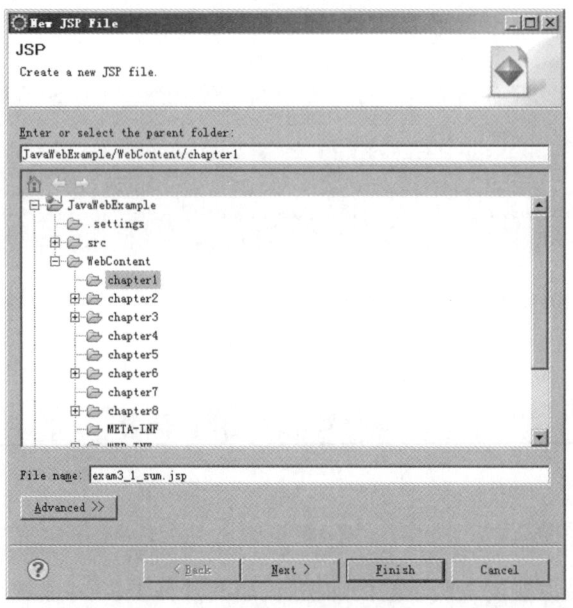

图 1-41　新建 JSP 页面

```
        return s;
    }
    %>
    1+2=
    <%=sum(1,2)%>
```

代码分析：<%! %>表示 JSP 的声明，在本程序中，声明了一个方法，即 sum()方法，其功能为完成两个整数的加法运算。<%= %>为 JSP 表达式，其作用为输出结果，本例中输出 sum()方法的求和结果。

2. 调试运行。在 Eclipse 中选中 exam3_1_sum.jsp，右击，选择运行在服务器，结果如图 1-40 所示。

3.2　新知识点——JSP 页面组成、声明、代码段、表达式、注释

JSP 页面由两部分组成，一部分为静态部分，即 HTML 标记，用来完成数据页面显示；另一部分为动态部分，用来完成数据处理，包括脚本元素、指令元素和动作元素。

脚本元素用来嵌入 Java 代码，这些 Java 代码将成为转换得到的 Servlet 的一部分；JSP 指令元素用来从整体上控制 Servlet 的结构；动作元素用来引入现有的组件或者控制 JSP 引擎的行为。

1. 声明 <%! %>

JSP 中声明部分可以进行变量、方法和类的声明，其一般在<%!%>标签中进行。其语法格式为<%! 声明 1；声明 2；…… %>。

如在程序 1-1 中，进行了求和方法的声明。下面进行一个变量的声明，见程序 1-2。

【程序 1-2】　exam3_2_scriptlet1.jsp

```
<%@ page language="java" contentType="text/html; charset=UTF-8"%>
<%!
public static final String info="测试!"; //定义全局常量
int sum(int num1, int num2){ //定义方法
    int s=num1+num2;
    return s;
}
%>
<%
out.println("<h1>info="+info+"</h1>"); //输出全局变量
out.println("<h2>1+2="+sum(1,2)+"</h2>"); //调用
%>
```

代码分析：声明标签<%! %>中定义了变量 info 和方法 sum(int num1, int num2)，sum() 方法用来完成两个数的加法运算。程序的运行结果如图 1-42 所示。

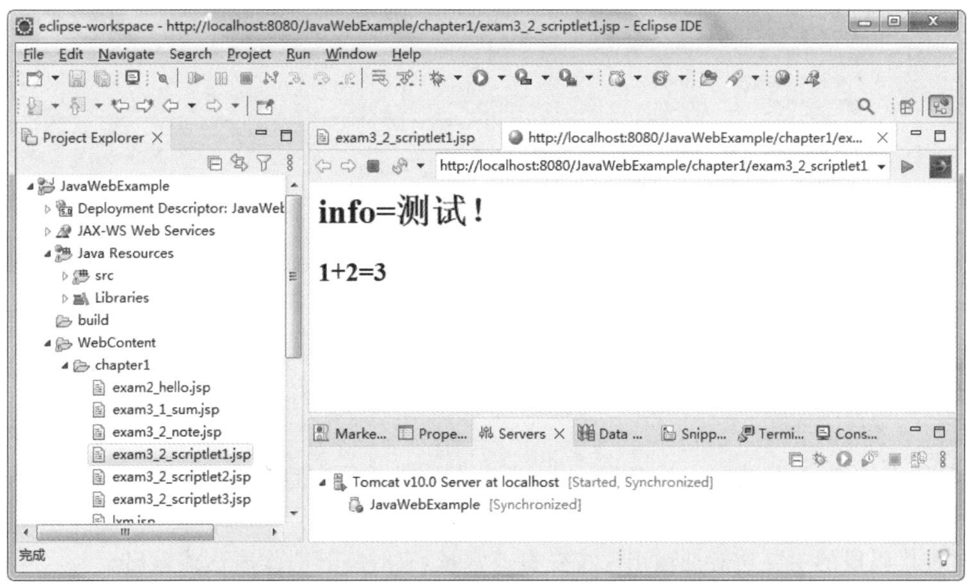

图 1-42　<%! %>代码段应用

2. 代码段 <% %>

在 JSP 页面中嵌入 Java 代码来执行特定的功能，放置在<% %>标记中。

格式为：

```
<%
Java 代码段 1
Java 代码段 2
……
%>
```

这种 Java 代码在 Web 服务器响应请求时就会运行。见程序 1-3，定义两个变量并输出。

【程序 1-3】 exam3_2_scriptlet2.jsp

```
<%
int num=10;
String info="代码段测试";
out.println("<h1>num="+num+"</h2>");
out.println("<h1>info="+info+"</h2>");
%>
```

代码分析：程序 1-3 中，在代码段<% %>中定义了一个整型变量 num 和一个字符串变量 info，并通过 JSP 内置对象 out 进行输出。运行效果如图 1-43 所示。

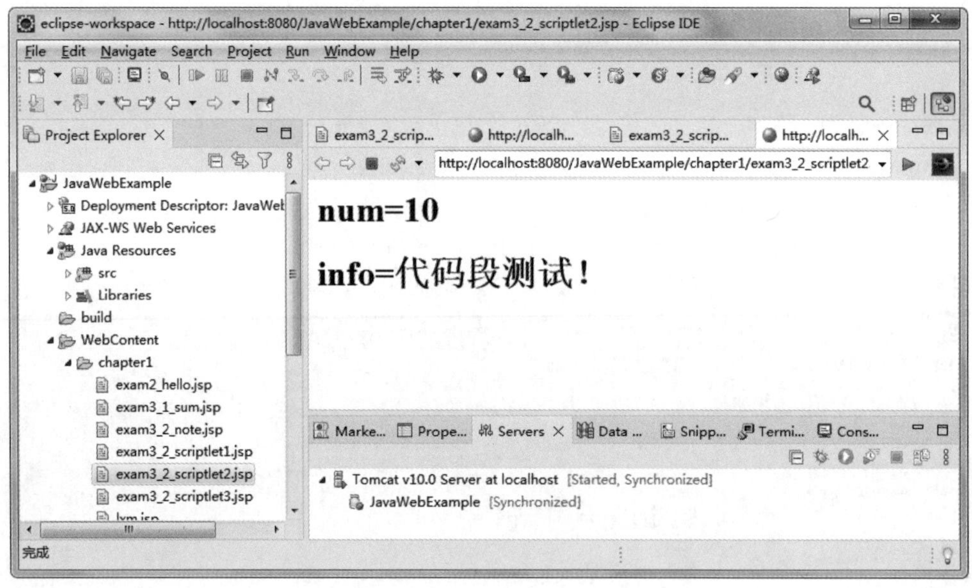

图 1-43 <% %>测试效果

3. 表达式 <%=%>

JSP 表达式可以把 JSP 页面中的数据直接输出到页面，其格式为：

<%=表达式 %>

<%=%>一次只能嵌入一个表达式，且该表达式必须完整。在表达式的语句中不能使用分号。见程序 1-4，进行了变量输出。

这种代码段的主要功能是输出一个变量或常量，有时将其叫作表达式输出。

【程序 1-4】 exam3_2_scriptlet3.jsp

```
<%@ page language="java" contentType="text/html; charset=UTF-8"
pageEncoding="UTF-8"%>
<%
String info="表达式输出!"; //定义局部常量
%>
<h2> info=<%=info%> </h2>
<h2> info1=<%=3+5%> </h2>
```

代码分析：程序 1-4 中，首先在代码段<% %>中定义了一个变量 info。使用<%=info%>输出变量 info 的值。用<%=3+5%>输出 3+5 表达式的结果。运行效果如图 1-44 所示。

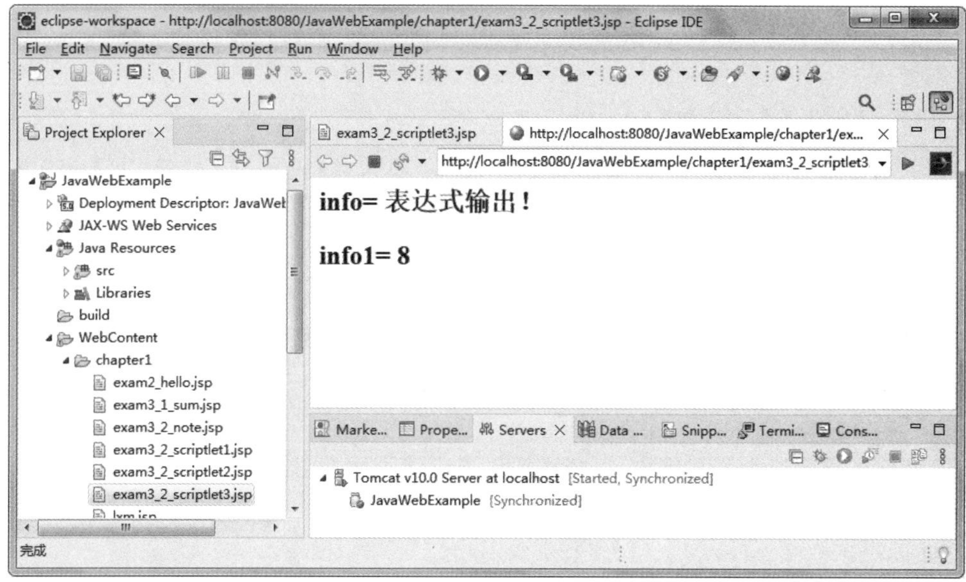

图 1-44 <%=%>应用

4. 注释

在 JSP 中支持两种注释，一种是显式注释，这种注释在客户端是可以查看的；另一种是隐式注释，这种注释在客户端是看不到的。

(1)显式注释语法(HTML 注释)

<! --这是显式注释-->

(2)隐式注释语法

①//Java 提供的单行注释

②/ * Java 提供的多行注释 * /

③<%--JSP 注释 --%>

【程序 1-5】 定义 JSP 显式和隐式注释，exam3_2_note.jsp

```
<! --HTML 注释，客户端可以查看。这种注释不安全，而且会加大网络的传输负担。-->
<%--JSP 注释，客户端无法查看，能在 JSP 原始文件中看到。安全性比较高。--%>
<%
//Java 提供的单行注释，客户端无法查看
```

```
/*
Java 提供的多行注释,客户端无法查看,可以在 JSP 原始文件以及 JSP 翻译成的 Servlet 中看到
*/
%>
```

代码分析:程序 1-5 中,分别使用了 html 注释<! -- -->、JSP 的单行注释<%-- --%>及多行注释<%/* */%>。程序 1-5 运行后,在页面中右击,选择查看源文件,可看到如图 1-45 所示的结果。从查看源文件可以发现,只有显式注释的内容被显示,隐式注释的内容则无法查看。

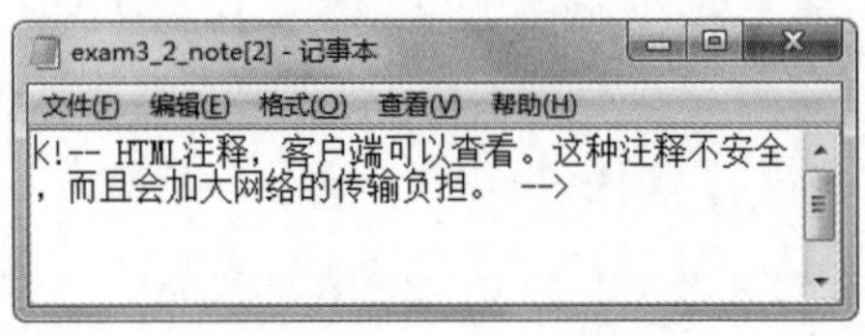

图 1-45 显式注释和隐式注释

思政小贴士

要依据软件编制准则,按步骤、按规范撰写相关技术文档,树立认真严谨、求真务实的工作态度,发扬敬业奉献的工作作风。

3.3 扩展——代码编写规范

好的代码应该容易理解,并且能见名知义,因此大家都需要遵守一些约定,下面介绍一些常规的编写规范。

1. JSP 文件命名

JSP 文件名称要以小写字母命名,名称要体现出该页面的意义,最好能够与模块名称联系在一起。

例如:

```
login.jsp            --登录页面
register.jsp         --注册页面
message.jsp          --消息页面
```

2. Java Web 项目文件夹组织规范

Java Web 项目的目录结构为:

```
src                  --存放 Java 源文件的文件夹
WebContent           --Web 站点文件存放文件夹
|--images            --图片文件夹
|--css               --样式文件夹
|--js                --js 文件夹
|--……                --其他功能模块文件夹(存放与某个功能模块相关的资源)
|--WEB-INF           --网站配置及类和库文件夹
    |--classes       --存放类编译后的字节码文件的文件夹
    |--lib           --存放库文件的文件夹
```

小 结

本模块介绍了进行 Java Web 应用开发的特点，B/S 架构的优势，Java Web 程序的服务器运行环境的安装配置及开发工具的搭配使用，重点介绍了 JDK、Tomcat 的安装与配置，以及利用 DreamWeaver 与 Eclipse 搭配开发项目；介绍了如何利用工具开发第一个 JSP 程序。

通过本模块的学习，读者可以创建简单的 JSP 文件，并且进行测试。

习 题

一、选择题

1. 动态网站开发，以下(　　)可以作为服务器端脚本语言。

A. JSP　　B. HTML　　C. Java　　D. JavaScript

2. web. xml 文件位于 Web 项目的目录结构中的(　　)中。

A. src 目录　　B. META-INF 目录

C. WEB-INF 目录　　D. 文档根目录

二、填空题

1. Tomcat 服务器的默认端口是________。

2. 请求-响应交互模式包括以下四个步骤________，________，________和________。

三、判断题

1. 静态网页 *. html 中也可以嵌入脚本代码，如 JavaScript、vbScript 程序段等，但这些程序段不可能在服务器端运行，只能在客户端浏览器中运行。　　(　　)

2. 动态网页是在服务器端被执行，其中嵌入的代码只能在服务器端运行，不能在客户端浏览器中运行。　　(　　)

四、操作题

1. 下载最新版本的 JDK，并正确安装及配置。

2. 下载并安装 Tomcat 服务器，配置服务器端口和虚拟目录。

3. 配置集成开发环境 JDK＋Tomcat＋Dreamweaver＋Eclipse。

五、编程题

开发一个简单的 JSP 网页，在页面输出“The first jsp program!”。

模块 2

制作简单的 Java Web 网站

知识目标

掌握 JSP 的基本语法，掌握 page 指令、include 指令、tablib 指令、<jsp:include>动作指令、<jsp:forward>动作指令等知识点。

技能目标

掌握 JSP 的页面组成和 JSP 简单网站的制作。

素质目标

培养学生的逻辑思维能力和团队合作意识。

项目 4　制作有包含文件的 JSP 页面

制作有包含文件的 JSP 页面

4.1　项目描述与实现

实现静态包含功能，编写三个不同类型的文件，然后将这三个不同类型的文件静态包含于某一 JSP 文件中，运行效果如图 2-1 所示。

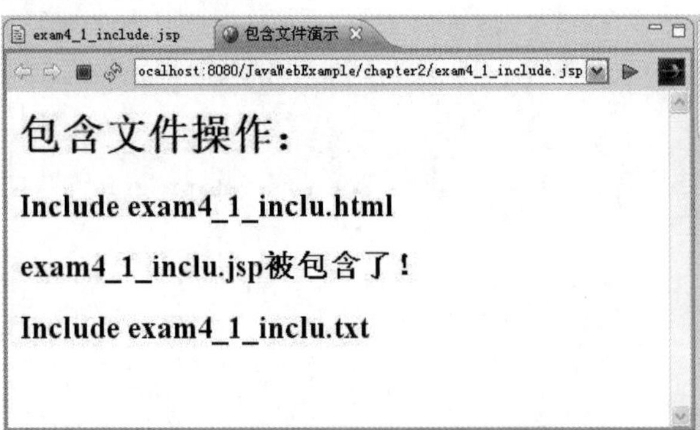

图 2-1　静态包含

实现过程：

(1)编写三个不同类型的被包含文件，分别是 exam4_1_inclu.html、exam4_1_inclu.jsp 和 exam4_1_inclu.txt。代码见程序 2-1～程序 2-3。

【程序 2-1】 exam4_1_inclu. html

```
<h2>
Include exam4_1_inclu. html
</h2>
```

【程序 2-2】 exam4_1_inclu. jsp

```
<%@ page language="java" contentType="text/html; charset=UTF-8"
pageEncoding="UTF-8"%>
<h2>
<%="exam4_1_inclu. jsp 被包含了!"%>
</h2>
```

【程序 2-3】 exam4_1_inclu. txt

```
<h2>
Include exam4_1_inclu. txt
</h2>
```

(2)编写 JSP 包含文件,包含上述三个文件。见程序 2-4。

【程序 2-4】 exam4_1_include. jsp

```
<%@ page language="java" contentType="text/html; charset=UTF-8"
pageEncoding="UTF-8"%>
<html>
<head>
<title>包含文件演示</title>
</head>
<body>
<h1>包含文件操作:</h1>
<%@include file="exam4_1_inclu. html" %>
<%@include file="exam4_1_inclu. jsp" %>
<%@include file="exam4_1_inclu. txt" %>
</body>
</html>
```

代码分析:使用<%@include%>包含了之前定义的三种类型的文件,分别是 html、jsp 和 txt 文件。被包含的文件内容会在此页面中输出其内容。<%@include%>为 JSP 页面包含指令。

4.2 新知识点——JSP 指令:page 指令、include 指令

JSP 指令是为 JSP 引擎而设计的。它们并不直接产生任何可见的输出,而只是告诉引擎如何处理其余的 JSP 页面。JSP 指令有三种,分别为页面设置指令 page、页面包含指令 include 和标记指令 taglib。

JSP 指令一般语法形式为:

<%@指令名称 属性="值"%>

1. page 指令

page 指令通过设置内部的多个属性来定义 JSP 文件中的全局特性。需要注意的是,page 指令只能对当前自身页面进行设置,即每个页面都有自身的 page 指令。如果没有对属性进行设置,JSP 将使用默认指令属性值。

表 2-1 中定义了 page 指令的常用属性。

表 2-1　　page 指令的常用属性

指令属性	说　明
autoFlush	<%@page autoFlush="true|false"%> 指定当数据输出缓冲区满时，是否自动将缓冲区数据输出到客户端并清空缓冲区
buffer	<%@ page buffer="none|8 KB|size KB"%> 为 out 对象指定发送信息到客户端浏览器的信息缓存大小。若设置为 none，则表示不使用缓存，而直接通过 PrintWriter 对象进行输出；如果该属性值定为数值，则输出缓冲区的大小不应小于该值；默认值是 8 KB(因服务器不同可能有所不同，但大多数情况下都是 8 KB)
contentType	指定 JSP 页面发送到客户端的信息使用的 MIME 类型和字符编码类型。默认的 MIME 类型是 text/html，默认的字符集是 ISO-8859-1。如果是中文 HTML 显示，则可以使用如下形式：contentType="text/html;charset=GBK"
errorPage	<%@ page errorPage="relativeURL"%> 该属性用来指定一个当前页面出现异常时所跳转的显示页面。如果属性值是以"/"开头的路径，则将在当前应用程序的根目录下查找文件；否则，将在当前页面的目录下查找文件。如 errorPage="a. jsp"，要与 isErrorPage 配合来使用
extends	<%@ page extends="package. class"%> 指定将一个 JSP 页面转换成 Servlet 后所要继承的父类，但是需要慎重地使用它，它会限制 JSP 的编译能力
import	<%@page import="{package. class | package. * },..."%> import 属性类似于 Java 里面的 import 语句，用来向 JSP 文件中导入需要用到的包。在 page 指令中可多次使用该属性导入多个包
info	<%@page info="text"%> 该属性可设置为任意字符串，如当前页面的作者或其他有关的页面信息。可通过 Servlet. getServletInfo()方法来获取设置的字符串
isErrorPage	<%@ page isErrorPage="true|false"%> 设置当前页面是否为错误页面，在其他页面设置 errorPage 属性后，出现错误后会跳转至该页面
isThreadSafe	<%@page isThreadSafe="true|false"%> 指定 JSP 页面是否支持多线程访问。默认值是 true，表示可以同时处理多个客户请求。如果设置为 false，JSP 页面在一个时刻就只能响应一个请求
language	<%@page language="java"%> 说明在 JSP 文件中使用的脚本语言，目前只能使用 java
pageEncoding	<%@ page pageEncoding=" ISO-8859-1"%> JSP 页面的字符编码，默认值为" ISO-8859-1"，如果是中文则可以设置为 pageEncoding="GBK"
session	<%@ page session="true|false"%> 定义是否在客户浏览 JSP 页面时使用 HTTP 的 session 对象。如果值为 true，则可以使用 session 对象；如果值为 false，则不能使用 session 对象，否则会出错。默认值为 true

对于如上 page 操作指令，import 指令可以重复出现多次，其他属性只能出现一次。page 指令的使用举例如下：

【程序 2-5】　exam4_2_page1. jsp

```
<%@ page language="java" contentType="text/html; charset=UTF-8"
pageEncoding="UTF-8"%>
<H2> 测试 contentType! </H2>
```

代码分析：本例中，设置了<%@page%>指令的 language 属性，指定了开发语言为 Java；contentType 属性，指定 MIME 类型为 text/html，页面的字符编码集 charset 为 UTF-8；pageEncoding 属性，指定页面的字符编码为 UTF-8。显示效果如图 2-2 所示。

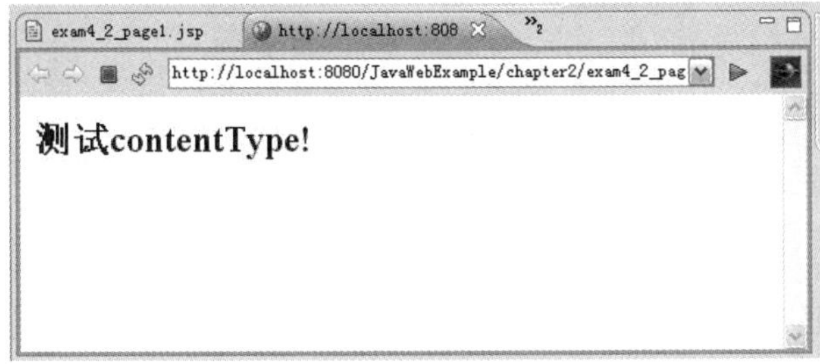

图 2-2　page 指令测试

上例中，指定 contentType 属性的 MIME 类型为 text/html，也可以指定 contentType 属性的 MIME 类型为其他类型，如 Word 等。下面通过 MIME 设置使 JSP 响应结果用 Word 打开。代码见程序 2-6。

【程序 2-6】　exam4_3_page2.jsp

```
<%@ page language="java" contentType="application/msword; charset=UTF-8" pageEncoding=
"UTF-8"%>
<H2> 测试 contentType! </H2>
```

代码分析：使用<%@page%>中的 contentType="application/msword"设置本页面的 MIME 类型为 Word，以 Word 文件进行显示，运行效果如图 2-3 所示。

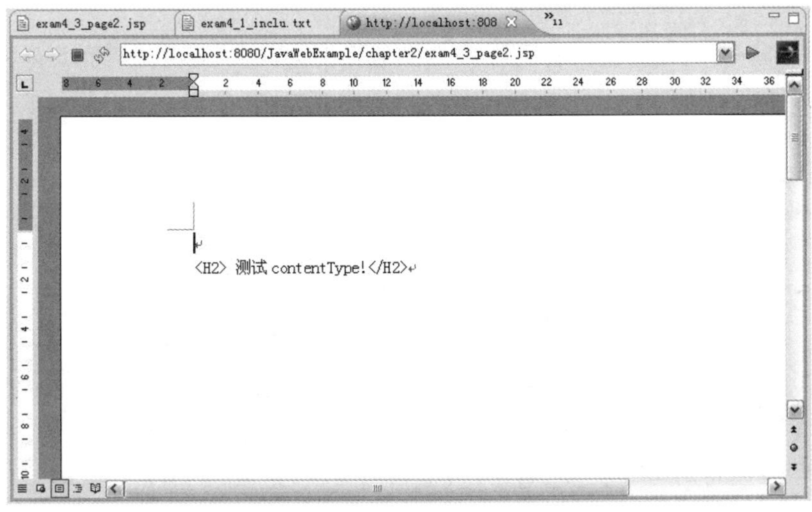

图 2-3　使用 Word 打开文件

2. include 指令

在 JSP 开发中，可以将一些重用的代码写入一个单独的文件中，然后通过 include 指令引用该文件，从而缓解代码的冗余问题，修改也比较方便。include 指令语法格式为：

<%@include file="被包含的文件路径"%>

include 也被称为静态包含指令，包含的文件可以是 JSP 文件、HTML 文件、文本文件和 Java 程序段。静态包含指令只是简单地将内容合在一起显示，所以，在一个完整的页面中，对于<html>、<head>、<title>、<body>等元素只能出现一次，如果重复出现，则会造成 HTML 错误。

在项目 4 中主要采用 include 指令完成不同类型文件的包含。

思政小贴士

了解软件行业的行业规范是每个程序开发者的必备职业素养。创新能力是开发者可持续发展的必备技能。每一次开发都必须要依据软件编制准则，按步骤、按规范撰写相关技术文档，树立认真严谨、求真务实的工作态度，发扬敬业奉献的工作作风，将行业规范和创新意识融入其中。

4.3 扩展——taglib 指令的使用

使用<%@taglib%>指令在 JSP 文件中导入标签，以便在 JSP 中使用标签方便地完成一些动作。

taglib 指令的语法为：

<%@taglib uri="tagLibraryURI" prefix="tagPrefix"%>

uri 是一个 URI 标识标记库描述器。一个标记库描述器用来唯一地命名一组定制的标记，并且告诉包容器如何处理特殊的标记。

prefix 定义一个 prefix:tagname 形式的字符串前缀，用于定义定制的标记。

项目 5 制作简单的展示网站

制作简单的展示网站

5.1 项目描述与实现

用 JSP 制作一个简单的酒店展示网站，主要包括网站首页、客房预订和会议活动等页面，效果如图 2-4～图 2-6 所示。要求公共部分采用单独文件，并被包含。开发过程采用 Eclipse 和 Dreamweaver 搭配开发，设计显示界面部分全部用 Dreamweaver 实现，JSP 程序部分在 Eclipse 中编写，最后在 Eclipse 中测试运行。

图 2-4 酒店网站首页

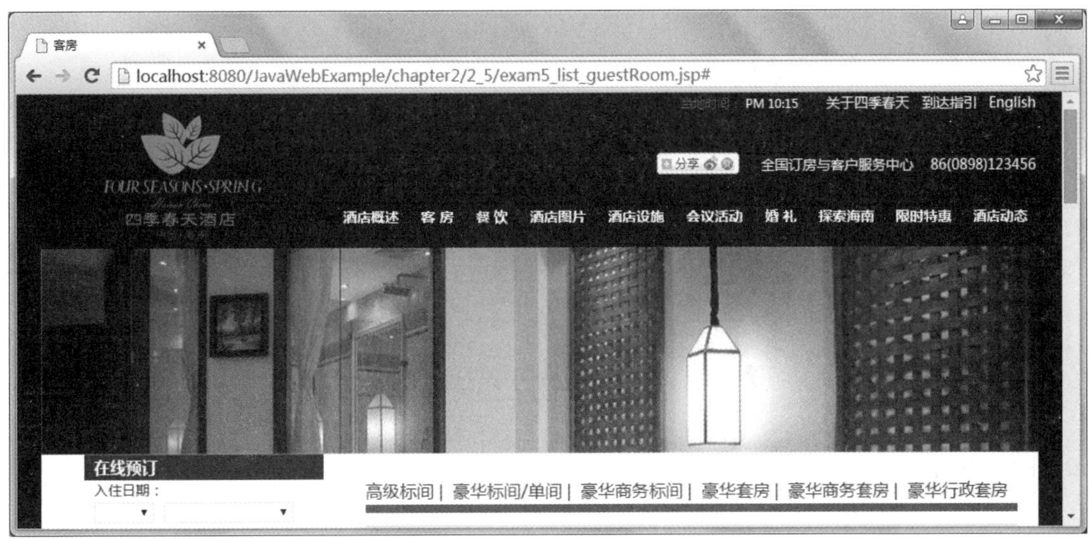

图 2-5　酒店订房页面

图 2-6　酒店网站会议页面

实现过程：

从任务需求可以分析出，此网站各页面 Top 部分相同，Bottom 部分也相同，因此在页面制作时可将公共部分单独创建，作为一个文件包含。实现过程为从设计图首先实现出 HTML 页面，然后将公共部分单独提取，放入创建的新文件中，以作为包含文件包含。

1. 制作首页显示效果。

用 Dreamweaver 所见即所得方式，从设计图直接实现 exam5_index.html 页面。实现后，其代码见程序 2-7。

【程序 2-7】　exam5_index.html

```
<!DOCTYPE html PUBLIC "-//W3C//DTD XHTML 1.0 Transitional//EN" "http://www.w3.org/TR/xhtml1/DTD/xhtml1-transitional.dtd">
```

```
<html xmlns="http://www.w3.org/1999/xhtml">
<head>
<meta http-equiv="Content-Type" content="text/html; charset=UTF-8"/>
<title>首页--海南四季春天酒店</title>
<link href="css/style.css" rel="stylesheet" type="text/css"/>
<script src="js/swfobject_modified.js" type="text/javascript" charset="UTF-8">
</script>
<script type="text/javascript" src="js/nav.js" charset="UTF-8"></script>
</head>
<body>
<div class="box">
<!--top 导航部分-->
<div class="top">
<div class="top_right">
<div class="top_right_top">
<div class="top_right_time">当地时间:
<script type="text/javascript" src="js/time.js" charset="UTF-8"></script>
</div>
<div class="topnav">
<a href="#">关于四季春天</a>  
<a href="#">到达指引</a>  
<a href="#">English</a>
</div>
</div>
......
<div class="clear"></div>
</div>
</div>
<!--top 导航部分结束-->
<div class="main">
<div id="main_banner">
<object id="FlashID" classid="clsid:D27CDB6E-AE6D-11cf-96B8-444553540000" width="1000"
height="365">
<param name="movie" value="swf/index_banner.swf"/>
<param name="quality" value="high"/>
<param name="wmode" value="transparent"/>
<param name="swfversion" value="6.0.65.0"/>
<param name="expressinstall" value="swf/expressInstall.swf"/>
<object type="application/x-shockwave-flash" data="swf/index_banner.swf" width="1000" height=
"365">
<!--<![endif]-->
<param name="quality" value="high"/>
<param name="wmode" value="opaque"/>
<param name="swfversion" value="6.0.65.0"/>
```

```
<param name="expressinstall" value="swf/expressInstall.swf"/>
<div>
<h4>此页面上的内容需要较新版本的 Adobe Flash Player。</h4>
<p><a href="http://www.adobe.com/go/getflashplayer"><img src="http://www.adobe.com/images/shared/download_buttons/get_flash_player.gif" alt="获取 Adobe Flash Player"/></a></p>
</div>
<!--[if!IE]>-->
</object>
<!--<![endif]-->
</object>
……
<!--bottom 部分-->
<div id="bottom">
<div id="bottom_left">
<a href="#">隐私政策</a> | 
<a href="#">细则及条款</a> | 
<a href="#">安全与防护</a> | 
<a href="#">网站地图</a>
</div>
<div id="bottom_right">
<a>四季春天版权所有  琼 ICP 备 011000 号</a>
</div>
</div>
<!--bottom 部分结束-->
</div>
</body>
</html>
```

代码分析：该代码为首页的 HTML 界面，中间省略当前显示主题部分，完整代码参见源码。

2. 提取公共部分，创建 exam5_top.jsp 文件、exam5_bottom.jsp 文件。

通过分析，提取<!--top 导航部分-->到<!--top 导航部分结束-->的 HTML 内容，创建导航的公共部分，即程序 2-8。提取<!--bottom 部分-->到<!--bottom 部分结束-->的 HTML 内容，创建版权信息文件，见程序 2-9。

【程序 2-8】 exam5_top.jsp

```
<%@ page language="java" contentType="text/html; charset=UTF-8"
pageEncoding="UTF-8"%>
<div class="top">
<div class="top_right">
<div class="top_right_top">
<div class="top_right_time">当地时间：
<script type="text/javascript" src="js/time.js" charset="UTF-8"></script>
</div>
<div class="topnav">
<a href="#">关于四季春天</a>  
<a href="#">到达指引</a>  
```

```
<a href="#">English</a>
</div>
</div>
……
<div class="clear"></div>
</div>
</div>
```

【程序 2-9】 exam5_bottom.jsp

```
<%@ page language="java" contentType="text/html; charset=UTF-8"
pageEncoding="UTF-8"%>
<div id="bottom">
<div id="bottom_left">
<a href="#">隐私政策</a> | 
<a href="#">细则及条款</a> | 
<a href="#">安全与防护</a> | 
<a href="#">网站地图</a>
</div>
<div id="bottom_right">
<a>四季春天版权所有  琼 ICP 备 011000 号</a>
</div>
</div>
```

3. 为了显示代码简洁，将首页主体部分单独创建一个文件 exam5_index_list.jsp，从 exam5_index.html 中提取<! --top 导航部分结束-->到<! --bottom 部分-->标签之间的 HTML 内容，因为程序简单，此处不再列出。

4. 创建 exam5_index.jsp。

将 exam5_index.html 中被提取的部分删除后剩余的部分复制到 exam5_index.jsp，并在被提出代码处用包含动作指令包含提取出代码新建的文件，详细代码见程序 2-10。

【程序 2-10】 exam5_index.jsp

```
<%@ page language="java" contentType="text/html; charset=UTF-8"
pageEncoding="UTF-8"%>
<! DOCTYPE html PUBLIC "-//W3C//DTD XHTML 1.0 Transitional//EN" "http://www.w3.org/TR/xhtml1/DTD/xhtml1-transitional.dtd">
<html xmlns="http://www.w3.org/1999/xhtml">
<head>
<meta http-equiv="Content-Type" content="text/html; charset=UTF-8"/>
<title>首页--海南四季春天酒店</title>
<link href="css/style.css" rel="stylesheet" type="text/css"/>
<script src="js/swfobject_modified.js" type="text/javascript" charset="UTF-8">
</script>
<script type="text/javascript" src="js/nav.js" charset="UTF-8"></script>
</head>
<body>
<div class="box">
<jsp:include page="exam5_1_top.jsp"></jsp:include> <div class="main">
```

```
<div id="main_banner">
<object id="FlashID" classid="clsid:D27CDB6E-AE6D-11cf-96B8-444553540000" width="1000"
height="365">
<param name="movie" value="swf/index_banner.swf"/>
<param name="quality" value="high"/>
<param name="wmode" value="transparent"/>
<param name="swfversion" value="6.0.65.0"/>
<param name="expressinstall" value="swf/expressInstall.swf"/>
<object type="application/x-shockwave-flash" data="swf/index_banner.swf" width="1000" height=
"365">
<!--<![endif]-->
<param name="quality" value="high"/>
<param name="wmode" value="opaque"/>
<param name="swfversion" value="6.0.65.0"/>
<param name="expressinstall" value="swf/expressInstall.swf"/>
<div>
<h4>此页面上的内容需要较新版本的 Adobe Flash Player。</h4>
<p><a href="http://www.adobe.com/go/getflashplayer"><img src="http://www.adobe.com/
images/shared/download_buttons/get_flash_player.gif" alt="获取 Adobe Flash Player"/></a></p>
</div>
<!--[if!IE]>-->
</object>
<!--<![endif]-->
</object>
<jsp:include page="exam5_index_list.jsp"></jsp:include>
<jsp:include page="exam5_bottom.jsp"></jsp:include>
</div>
</body>
</html>
```

代码分析:程序中,采用 JSP 动作指令<jsp:include>包含了文件 exam5_top.jsp、exam5_index_list.jsp 和 exam5_bottom.jsp。

5.实现其他相关业务页面。

客房预订、会议活动等页面制作过程和首页相同,在制作过程对于通用部分,即 exam5_top.jsp 和 exam5_bottom.jsp 不再重复制作,在新开发的页面中用动作指令包含即可。此处不再赘述。

思政小贴士

美好的事物总会让人有种愉悦的感觉。在制作网站界面设计时,也要注重美观度的加强,体现软件之美。

5.2 新知识点——JSP 动作指令、<jsp:include>

在 JSP 中,还存在另外一类标记,其符合 XML 的语法格式。利用这些标记可以达到控制 Servlet 引擎的作用,如动态地插入文件、调用 JavaBean、页面重定向等,这类标记称为 JSP 动作标记。

JSP 的常用动作标记有<jsp:include>、<jsp:useBean>、<jsp:setProperty>、<jsp:getProperty>、<jsp:forward>、<jsp:plugin>、<jsp:params>等。

常用的 JSP 动作见表 2-2。

表 2-2　　JSP 常见动作指令表

动作名称	动作说明
<jsp:include>	包含一个静态的或者动态的文件
<jsp:useBean>	用来在 JSP 页面中创建一个 bean 实例并指定它的名字以及作用范围
<jsp:setProperty>	用来设置 bean 的属性值
<jsp:getProperty>	获取 bean 的属性的值并将之转化为一个字符串，然后将其插入输出的页面中
<jsp:forward>	重定向一个静态 html/jsp 的文件，或者是一个程序段
<jsp:params>	用于传递参数，必须与其他支持参数的标签一起使用
<jsp:plugin>	用于下载 JavaBean 或 Applet 到客户端执行

<jsp:include>指令可以完成 JSP 的动态包含操作，可以在当前的 JSP 文件中包含 TXT 文件、JSP 文件、HTML 文件、Servlet 文件等。<jsp:include>动作指令在进行 JSP 网站开发时，是被广泛使用的动作指令之一。

其动作指令的语法格式为：

```
<jsp:include page="被包含的文件路径|<%=表达式%>" flush="true|false" />
```

或

```
<jsp:include page="被包含的文件路径|<%=表达式%>" flush="true|false">
<jsp:param name="param1" value="value1"/>
<jsp:param name="param2" value="value2"/>
</jsp:include>
```

在上述语法格式中，page 属性表示被包含文件的相对路径或相对路径的表达式。Flush="true"表示是否在包含目标之前先刷新输出缓冲区，默认值为 true。<jsp:param>表示传递参数，即需要传递给被包含文件的参数，可以传递多个参数。name 属性为参数名，value 属性为参数值。

<jsp:include>动作指令第一种语法格式在项目 4 任务实现时已经使用。

<jsp:include>动作指令第二种语法格式，即带参数的语法格式，使用方法见程序 2-11。

【程序 2-11】　exam5_2_index.jsp

```
<%@ page language="java" contentType="text/html; charset=UTF-8"
pageEncoding="UTF-8"%>
<!DOCTYPE html PUBLIC "-//W3C//DTD XHTML 1.0 Transitional//EN" "http://www.w3.org/TR/xhtml1/DTD/xhtml1-transitional.dtd">
<html xmlns="http://www.w3.org/1999/xhtml">
<head>
<meta http-equiv="Content-Type" content="text/html; charset=UTF-8"/>
<title>Insert title here</title>
</head>
<body>
```

```
显示传递参数的包含文件
<jsp:include page="exam5_2_include.jsp">
<jsp:param value="Tom" name="stu"/>
</jsp:include>
</body>
</html>
```

代码分析：该程序中，采用<jsp:include>动作指令包含了文件 exam5_2_include.jsp，其主要代码为：

```
<jsp:include page="exam5_2_include.jsp">
<jsp:param value="Tom" name="stu"/>
</jsp:include>
```

在包含后，exam5_2_include.jsp 需要获取 stu 变量并显示，因此采用第二种包含形式。通过<jsp:param>动作指令传递了参数 stu，其值为 Tom。

【程序 2-12】 exam5_2_include.jsp

```
<%@ page language="java" contentType="text/html; charset=UTF-8"
pageEncoding="UTF-8"%>
<%
String stu=request.getParameter("stu");
out.println("姓名:"+stu);
%>
```

代码分析：该文件为被包含文件，因其需要显示一个传递的参数，因此需要从调用它的页面获取 stu 变量。代码中 request.getParameter()为 JSP 内置对象 request 调用了其获取变量的方法 getParameter()。out.println()为 JSP 内置对象 out 调用了输出的方法 println()。

运行 exam5_2_index.jsp，显示文件被包含后的效果，如图 2-7 所示。

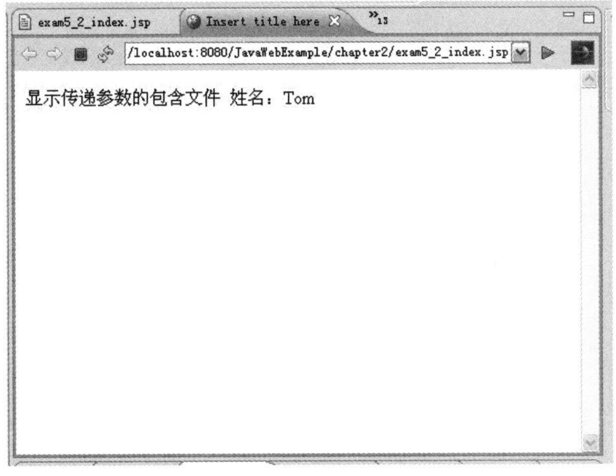

图 2-7　include 动作指令显示效果

5.3　扩展——<jsp:forward>的使用

<jsp:forward>动作指令表示把当前的页面控制权转向另外一个对象，该对象可以是一个 HTML 文件、JSP 文件或者一个 Servlet 文件。

<jsp:forward>的语法格式：

<jsp:forward page="转向的文件路径|<%=表达式%>"/>

或者

<jsp:forward page="转向的文件路径|<%=表达式%>">

<jsp:param name="param1" value="value1"/>

<jsp:param name="param2" value="value2"/>

</jsp:forward>

在上述格式中，page 属性为一个字符串或者一个表达式，用来表示转向文件的路径；<jsp:param>子句指令为传递参数的指令，name 指定参数名，value 指定参数值。

<jsp:forward>的使用示例如下：

【程序 2-13】 exam5_3_forward.jsp

```
<%@ page language="java" contentType="text/html; charset=UTF-8"
pageEncoding="UTF-8"%>
<html>
<head>
<title>跳转指令应用</title>
</head>
<body>
<h1>跳转指令应用:</h1>
<jsp:forward page="exam5_3_forward2.jsp"/>
</body>
</html>
```

代码分析：该程序采用<jsp:forward>动作指令，重定向到文件 exam5_3_forward2.jsp。

【程序 2-14】 exam5_3_forward2.jsp

```
<%@ page language="java" contentType="text/html; charset=UTF-8"
pageEncoding="UTF-8"%>
<! DOCTYPE html PUBLIC "-//W3C//DTD XHTML 1.0 Transitional//EN" "http://www.w3.org/TR/xhtml1/DTD/xhtml1-transitional.dtd">
<html xmlns="http://www.w3.org/1999/xhtml">
<head>
<meta http-equiv="Content-Type" content="text/html; charset=UTF-8"/>
<title>Insert title here</title>
</head>
<body>
重定向后的文件
</body>
</html>
```

代码分析：该页面进行了简单显示。

运行 exam5_3_forward.jsp，效果如图 2-8 所示。从运行效果可以看出，浏览器的地址栏中地址不显示变化，但内容显示为重定向后的内容，即在 exam5_3_forward.jsp 当前文件中的内容没有输出，而只输出了转向后的文件 exam5_3_forward2.jsp 中的内容。

图 2-8 跳转指令

小 结

本模块主要介绍了 JSP 页面的组成、指令、动作等技术，重点介绍了 JSP 的 page 指令、include 指令的使用，以及<jsp:include>、<jsp:forward>等动作指令的使用。

通过本模块的学习，读者可以建立一个简单功能的 JSP 网站。

习 题

一、选择题

1. 在某个 JSP 页面中存在如下代码：

   <%="51"+"24"%>，运行该 JSP 页面后，以下说法哪个正确？（ ）

   A. 此代码无对应输出　　B. 此代码对应输出为 75

   C. 此代码对应输出为 5124　　D. 此代码会引发错误

2. 与<%@page import="java.text.*,java.util.*"%>等价的是（ ）。

   A. <%@page import="java.text.*" import="java.util.*"%>

   B. <%@page import="java.text.*"%>

   C. <%@page import="java.util.*"%>

3. 下列指令中可以用来跳转到另一个页面的指令是（ ）。

   A. <jsp:plugin>　　B. <jsp:setProperty>

   C. <jsp:useBean>　　D. <jsp:forward>

二、填空题

在 JSP 文件中使用________JSP 语句进行注释。

三、判断题

1. <!-- -->用于对 JSP 页面的代码段做注释，说明程序员的意图或要实现的功能，注释不返回客户端。（ ）

2. JSP 代码会被翻译成 Java 代码。（ ）

3. JSP 声明一个方法（函数）使用<% %>标签。（ ）

四、问答题

1. 声明语句的作用是什么，使用时应注意些什么？

2. 表达式是如何显示的，使用时应注意些什么？

3. JSP 指令的主要功能是什么？

4. 静态包含和动态包含的处理过程有什么不同？

5. JSP 的默认脚本语言是什么？

6. page 指令的作用是什么？

7. JSP 动作的作用是什么？

8. jsp:include 动作与 include 指令的区别是什么？

模块 3

服务器交互

知识目标

掌握 request、response、session、application、out、page 等 JSP 的内置对象的用途及使用方法。

技能目标

掌握 JSP 常用内置对象及使用方法。

素质目标

培养学生的逻辑思维，增强其分析问题、解决问题的能力，培养团队合作精神。

项目 6　用户注册表单信息获取及显示

用户注册表单信息获取及显示

6.1　项目描述与实现

编写用户注册功能，注册信息包括用户名、密码、性别、E-mail、熟练开发语言，如图 3-1 所示，提交后，显示用户输入的数据，如图 3-2 所示。

图 3-1　输入注册信息

用户提交注册信息

用户名：	lijunqing
密码：	999000
性别：	male
E-mail：	Ljq@163.com
熟练开发语言：	java,c,c#,

图 3-2　注册信息提交后显示

为了提高开发效率，开发过程采用 Eclipse 和 Dreamweaver 搭配开发，设计显示界面部分全部用 Dreamweaver 实现，代码在界面制作自动生成基础上在 Eclipse 中编写，最后在 Eclipse 中测试运行。

实现过程：

1. 表单制作。在项目中，利用 Dreamweaver 制作表单，设置相关属性，如图 3-3 所示，使其自动生成 HTML5 风格的表单页面代码，见程序 3-1。

图 3-3　表单制作

【程序 3-1】　exam6_reg.jsp

```
<%@ page contentType="text/html; charset=utf-8" language="java"%>
<! DOCTYPE HTML>
<html>
<head>
<meta http-equiv="Content-Type" content="text/html; charset=utf-8">
<title>用户注册</title>
</head>
<body>
<form id="reg" name="reg" method="post" action="exam6_reg_do.jsp">
用户注册 <br />
用户名:<input name="username" type="text" id="username"/> <br />
密码:<input name="password" type="password" id="password"/> <br />
性别:<input type="radio" name="sex" value="male"/>男
<input type="radio" name="sex" value="female"/>女 <br />
E-mail: <input name="email" type="text" id="email"/> <br />
熟练开发语言:<input name="lan" type="checkbox" id="lan" value="java"/> Java
<input name="lan" type="checkbox" id="lan" value="c"/> C
<input name="lan" type="checkbox" id="lan" value="c#"/>C#<br />
<input type="submit" name="Submit" value="提交"/>
<input type="reset" name="Submit2" value="重置"/>
</form>
</body>
</html>
```

2. 显示页面制作。在 Dreamweaver 中制作表格，如图 3-4 所示，调整好样式后，在 Eclipse 中编写获取表单的代码。代码见程序 3-2。

图 3-4 显示页面制作

【程序 3-2】 exam6_reg_do.jsp

```
<%@ page contentType="text/html; charset=utf-8" language="java"%>
<! DOCTYPE HTML>
<html>
<head>
<meta http-equiv="Content-Type" content="text/html; charset=utf-8">
<title>显示用户注册信息</title>
<style type="text/css">
table{width:90%;border:solid 1px black;border-collapse:collapse;margin:0 auto}
table td{border:solid 1px Black;padding: 3px}
</style>
</head>
<body>
<%
String username=request.getParameter("username");
String password=request.getParameter("password");
String sex=request.getParameter("sex");
String email=request.getParameter("email");
String [] lan=request.getParameterValues("lan");
String lans="";
if(lan! =null)
{
    for(int i=0;i<lan.length;i++)
    {
        lans=lans+lan[i]+",";
    }
}
%>
```

```
<h2>用户提交注册信息</h2>
<table>
<tr> <td>用户名:</td> <td><%=username%></td> </tr>
<tr> <td>密码:</td> <td><%=password%></td></tr>
<tr> <td>性别:</td> <td><%=sex%></td> </tr>
<tr> <td>E-mail:</td> <td><%=email%></td> </tr>
<tr> <td>熟练开发语言:</td> <td><%=lans%></td> </tr></table>
</body>
</html>
```

代码分析:程序 3-1 中,通过表单提交给显示页面 exam6_reg_do.jsp,主要通过表单的 action 进行关联。具体代码为<form id="reg" name="reg" method="post" action="exam6_reg_do.jsp">,其他部分设置好各表单元素的属性。程序 3-2 中获取表单提交来的数据,这里用到了 JSP 的内置对象 request,通过 request 对象的 getParameter(String name)方法获取 name 所指定的表单元素值,通过 getParameterValues(String name)方法获取 name 所对应的所有表单元素的值。

3. 调试运行。在 Eclipse 中运行 exam6_reg.jsp,输入内容测试,提交后显示效果如图 3-5 所示。

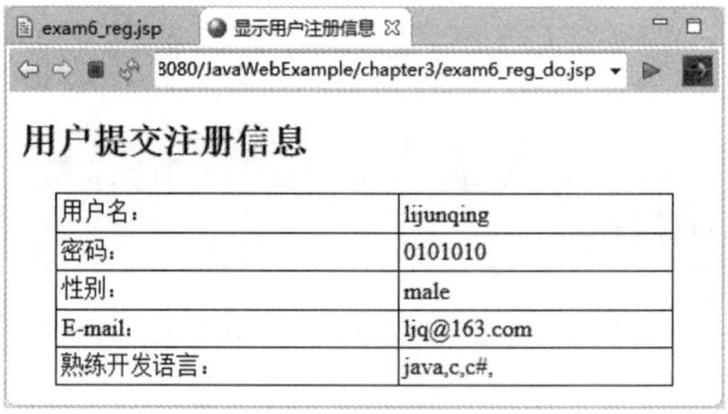

图 3-5　运行结果

6.2　新知识点——JSP 内置对象、request

1. JSP 内置对象概述

为了简化 Web 页面的开发过程,JSP 提供了一些由容器实现和管理的对象,这些对象在 JSP 中可以直接使用,不需要 JSP 页面编写进行实例化,此类对象称之为 JSP 的内置对象。

JSP 中规范定义了九个内置对象,分别是 request、response、session、application、out、page、pageContext、config 和 exception。其说明见表 3-1。

表 3-1　JSP 内置对象

对　象	所属类	说　明
request	jakarta.servlet.http.HttpServletRequest	封装了客户端的请求信息
response	jakarta.servlet.http.HttpServletResponse	包含了响应客户请求的相关信息
session	jakarta.servlet.http.HttpSession	与当前请求相关的会话
application	jakarta.servlet.ServletContext	存放全局变量,实现用户间的数据共享
out	jakarta.servlet.jsp.JspWriter	向客户端输出数据的对象

（续表）

对　象	所属类	说　明
page	java.lang.Object	指当前 JSP 页面本身，作用类似于 this
pageContext	jakarta.servlet.jsp.PageContext	提供了对 JSP 页面内所有的对象及名字空间的访问
config	jakarta.servlet.servletConfig	Servlet 初始化时，向其传递配置参数的对象
exception	java.lang.Throwable	页面运行中发生异常而产生的对象

2. request

request 对象是 JSP 内置对象中最常用的对象之一，主要用于处理客户端的请求，可以通过该对象的方法来获取相关数据。其常用方法见表 3-2。

表 3-2　request 对象的常用方法

方　法	说　明
String getParameter(String name)	返回名为 name 的请求参数的值，如果该参数不存在，则返回 null
Enumeration<String> getParameterNames()	返回包含所有请求参数名称的枚举对象
String[] getParameterValues(String name)	返回所有的名为 name 的请求参数的值，如果该参数不存在，则返回 null
Map<String, String[]> getParameterMap()	返回包含所有请求参数的 Map<参数名，参数值数组>
void setAttribute(String name, Object o)	在当前 request 中存储一个名为 name 的属性值 o
Object getAttribute(String name)	返回当前 request 中存储的名为 name 的属性值，如果该属性不存在，则返回 null
void removeAttribute(String name)	删除当前 request 中存储的名为 name 的属性
Enumeration<String> getAttributeNames()	返回包含当前 request 中所有属性名称的枚举对象
String getContentType()	返回当前请求的 MIME 类型
int getContentLength()	返回请求体的长度（以字节为单位）
String getCharacterEncoding()	返回当前请求的字符编码方式
void setCharacterEncoding(String encoding)	设定请求体的字符编码方式
String getRemoteAddr()	返回发送此请求的客户端的 IP 地址
String getRemoteHost()	返回发送此请求的客户端的完整主机名
String getScheme()	返回当前请求的发送方式，如 http、https 及 ftp
String getServerName()	获取接受此请求的服务器的主机名
int getServerPort()	获取接受此请求的端口号
String getRequestURI()	获取当前 request 所请求的 URI
String getQueryString()	获取 URL 后所带的查询字符串
ServletContext getServletContext()	返回当前 request 所在的 servlet 上下文环境，相当于 application 对象
HttpSession getSession()	获取与当前请求相关联的 HttpSession 对象
Cookie[]getCookies()	返回浏览器随着此次请求所送的所有 Cookie

request 对象的方法有很多，其他方法请查阅相关手册。

6.3 扩展——中文乱码处理、request 中其他信息获取

1. 中文乱码处理

在基于 JSP 的开发过程中，如果处理不当，经常会遇到中文乱码问题，其中比较常见的是 JSP 页面乱码和客户端提交给服务器端的中文数据乱码两种情形。JSP 页面乱码通常是由于 page 指令中的编码设置不当造成的；而客户端提交数据乱码是由于请求体字符编码设置不当造成的。

JSP 的 page 指令中，涉及字符编码的属性是 pageEncoding 及 contentType。其中 pageEncoding 属性用于设置 JSP 页面的编码方式；contentType 属性中的 charset 值表示向用户输出网页内容时使用的编码方式。在 JSP 的处理过程中，Web 服务器会将浏览器端所请求的 JSP 文件按照 pageEncoding 指定的编码转化为 Servlet 类，形成与该 JSP 页面对应的 Java 文件，然后由 JSP 引擎将生成的 Servlet 代码编译成 Class 文件，服务器执行这个 Class 文件后将执行结果以网页的形式发送给浏览器进行显示，最终的响应页面按照 contentType 指定的编码进行显示。因此，如果 JSP 文件中含有中文字符，必须使该文件的 pageEncoding 编码设定为能支持中文字符的编码，否则该文件中将出现乱码；如果最终向用户显示的 JSP 页面中含有中文字符，则其 contentType 属性的 charset 值也必须设定为支持中文字符的编码，否则也会出现页面乱码。

在 JSP 的语法标准中，如果用户设定了 pageEncoding 属性的值，则 JSP 页面的字符编码方式就由 pageEncoding 的值决定；如果未设定 pageEncoding 的值，则该属性的值默认采用 contentType 属性中的 charset 值；如果 pageEncoding 和 charset 都未设定，则按照默认的 ISO-8859-1 进行编码。假如将程序 3-1 中的 page 指令改为＜％＠ page contentType＝"text/html" language＝"java"％＞，则页面将出现如图 3-6(a)所示的结果；如果该指令改为＜％＠ page contentType＝"text/html;charset＝UTF-8" language＝"java" pageEncoding＝"ISO-8859-1"％＞，则页面将出现如图 3-6(b)所示的结果；而如果将该指令改为＜％＠ page contentType＝"text/html;charset＝ISO-8859-1" language＝"java" pageEncoding＝"UTF-8"％＞，则页面将出现如图 3-6(c)所示的结果。由此可见，page 指令中的 pageEncoding 和 contentType 属性设置不当都会造成中文乱码。

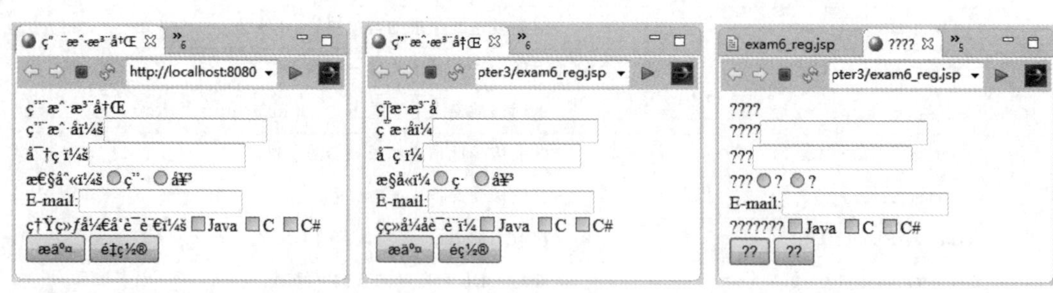

(a) pageEncoding 和 contentType 同时设置错误　(b) pageEncoding 设置错误　(c) contentType 设置错误

图 3-6　page 指令中的编码方式设置错误造成的中文乱码

当客户端提交的请求数据中含有中文时，如果没有为该请求体设置编码或者编码设置不当，则服务器端获得的中文数据将发生乱码。如将 6.1 节的表单增加个人简介后，程序为 exam6_reg_2.jsp，此处略，运行效果如图 3-7 所示，其提交后显示会是乱码，如图 3-8 所示。正是由于服务器端获得的中文数据已经是乱码，造成在该显示注册信息的结果页面中显示的中

文呈现乱码，因此对含有中文的表单数据要进行编码设置。其主要方法是在获取程序中设置能支持中文的编码方式，且使 request 的字符集与结果页面字符集保持一致，见程序 3-3。

图 3-7 含提交中文的表单

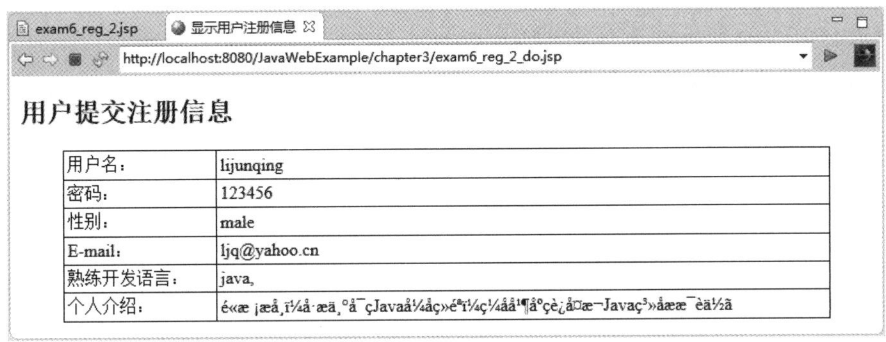

图 3-8 获取中文显示乱码

【程序 3-3】 exam6_reg_2_do. jsp 获取参数数据代码片段

```
<%
request.setCharacterEncoding("UTF-8");
String username=request.getParameter("username");
String password=request.getParameter("password");
String sex=request.getParameter("sex");
String email=request.getParameter("email");
String [] lan=request.getParameterValues("lan");
String intro=request.getParameter("intro");
String lans="";
if(lan!=null)
{
    for(int i=0;i<lan.length;i++)
    {
        lans=lans+lan[i]+",";
    }
}
%>
```

代码分析：在程序 3-3 中，调用 request 对象的 setCharacterEncoding()方法对 request 对象的字符集进行设置，使表单用 POST 方式提交的中文能正常获取。因为前后页面都采用 UTF-8 字符集，所以此处设置字符集为 UTF-8。

设置字符集后，其后获取中文参数都不再是乱码，运行效果如图 3-9 所示。

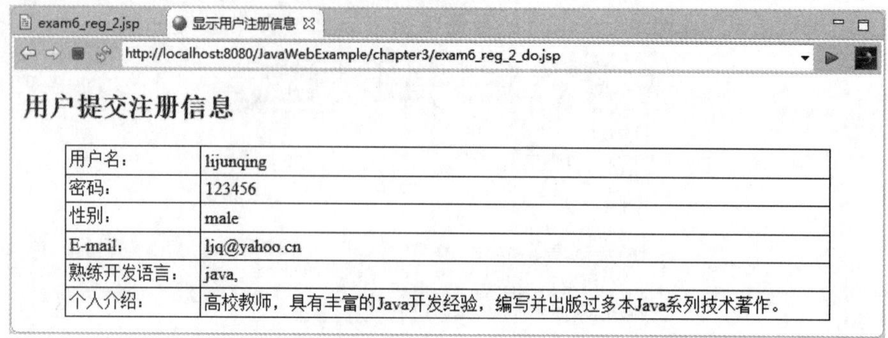

图 3-9　获取中文后正常显示

2. 获得客户端请求的相关信息

HttpServletRequest 包含很多可以获取与当前请求相关信息的方法，具体可查看 API 文档，下面的例子将展示其中一部分方法的使用，exam6_request. jsp 是提交请求的页面，exam6_showInfo. jsp 是处理请求的页面，在此页面中将调用 request 对象的各种方法，以获取与当前请求相关的一些信息。运行效果如图 3-10、图 3-11 所示。

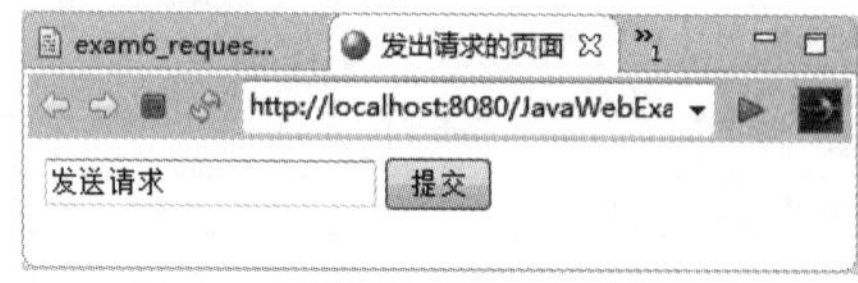

图 3-10　发出请求的页面

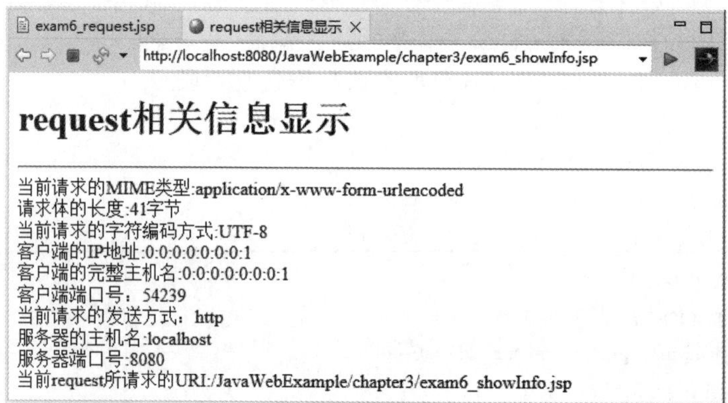

图 3-11　request 相关信息显示

说明：图 3-11 中获取的客户端 IP 地址和主机名为 0:0:0:0:0:0:0:1，这是 IPv6 的地址格式，相当于 IPv4 的 127. 0. 0. 1。

exam6_request. jsp 仅仅包含一个简单的 form，内容不再给出，exam6_showInfo. jsp 的代码见程序 3-4。

【程序 3-4】　exam6_showInfo. jsp 获取与 request 相关信息的代码片段

```
当前请求的 MIME 类型：
<%=request.getContentType()%><br/>
请求体的长度：<%=request.getContentLength()%>字节<br/>
当前请求的字符编码方式：<%=request.getCharacterEncoding()%><br/>
客户端的 IP 地址：<%=request.getRemoteAddr()%><br/>
```

客户端的完整主机名：＜%=request.getRemoteHost()%＞＜br/＞
客户端端口号：＜%=request.getRemotePort()%＞＜br/＞
当前请求的发送方式：＜%=request.getScheme()%＞＜br/＞
服务器的主机名：＜%=request.getServerName()%＞＜br/＞
服务器端口号：＜%=request.getServerPort()%＞＜br/＞
当前 request 所请求的 URI：＜%=request.getRequestURI()%＞＜br/＞

思政小贴士

网站开发过程中，中文出现乱码是比较常见的问题：页面乱码、获取信息乱码、数据库乱码等，这都是由于选取的编码方式不合适或者交互的双方编码方式不一致造成的，这就要求我们在开发过程中务必认真严谨，不能忽略每一个小细节。这也是我们应该培养的工作态度和工作作风，正如航天工程作业中，必须一丝不苟地完成每一个小细节，确保所有零件都不出差错，才能造就伟大的航天工程。

项目 7　处理服务器响应

处理服务器响应

7.1　项目描述与实现

1. 实现四则运算测试功能

针对刚学会整数四则运算的小学生，开发一个测试网站。要求在测试页面中能随机产生一个四则运算式，当用户在 userAnswer 表单域内填写答案并提交后，获取用户所填的答案，判断答案的对错：如果错误则进入错误提示页面；如果正确则进入正确页面。测试页面效果如图 3-12 所示，答对后的显示页面如图 3-13 所示，答错后的提示页面如图 3-14 所示。

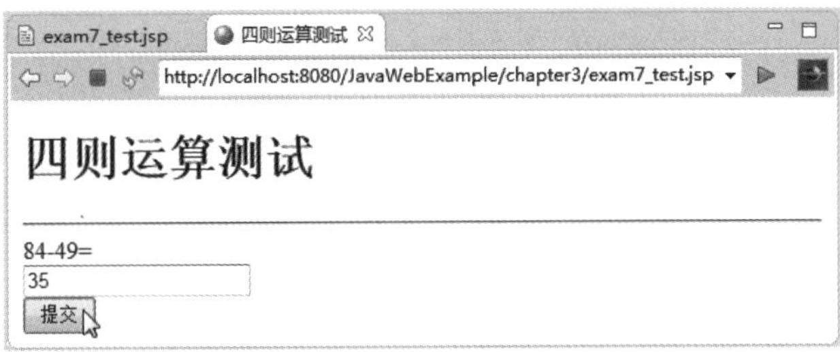

图 3-12　测试页面

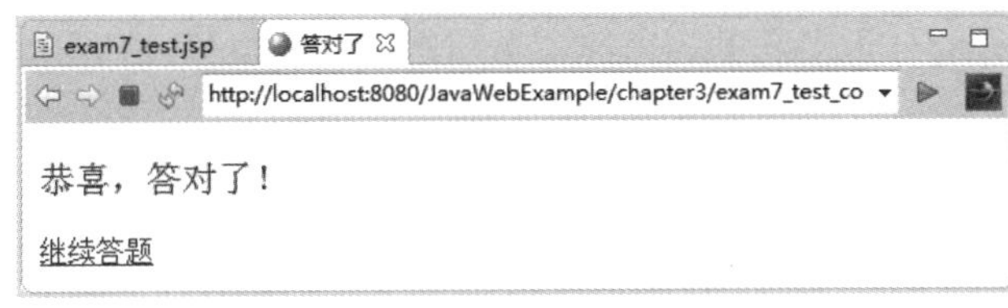

图 3-13　答题正确时的页面

图 3-14　答题不正确时的提示页面

实现过程：

(1)测试页面。在测试页面 exam7_test.jsp 中，需要生成一个简单的四则运算式，即生成两个操作数和一个操作符，并制作一个表单，将用户所填的答案传递到处理页面。具体代码见程序 3-5。

【程序 3-5】 exam7_test.jsp

```
<%@ page contentType="text/html; charset=utf-8" language="java" import="java.util.Random"%>
<! DOCTYPE HTML>
<html>
<head>
<meta http-equiv="Content-Type" content="text/html; charset=utf-8">
<title>四则运算测试</title>
</head>
<body>
<h1>四则运算测试</h1>
<hr/>
<%
Random rand=new Random();
int a=rand.nextInt(100);//随机生成第一个操作数，操作数控制在 100 以内
int b=rand.nextInt(100);//随机生成第二个操作数
int operator=rand.nextInt(4);//生成代表操作符的整数
int answer=0;//参考答案
out.print(a);
switch(operator){
    case 0:
        out.print("+");
        answer=a+b;
        break;
    case 1:
        out.print("-");
        answer=a-b;
        break;
    case 2:
        out.print("*");
        answer=a*b;
        break;
    case 3:
        answer=a/b;
        out.print("/");
}
out.print(b);
out.print("=");
%>
<form action="exam7_test_do.jsp" method="get">
<input type="hidden" name="answer" value="<%=answer%>"/>
```

```
<input type="text" name="userAnswer"/><br/>
<input type="submit" value="提交"/>
</form>
</body>
</html>
```

代码分析：程序 3-5 中，利用 java. util. Random 类的 nextInt(int a)方法来生成整型随机数，该方法能够随机生成一个[0，a)范围的整数，为了降低用户的答题难度，将两个操作数的范围都控制在 100 以内。此外，操作符的产生也是通过产生一个 0～3 的整数，然后将 0 至 3 这四个不同的整数值对应成加、减、乘、除这四个操作符。为了在处理页面中能够判断用户答案的正确性，所以在表单中使用了一个隐藏域<input type="hidden" name="answer" value="<%=answer%>"/>将参考答案的值传递给相应的 action，并使用一个文本域 userAnswer 来传递用户所填写的答案。

注意：在本代码中，form 的提交方式，即 method 属性被设置为"get"方式(这是 method 属性的默认值，不用显式设置也可)，这是 html 表单除"POST"外的另一种提交方式，这两种方式的区别是：

①get 方式将 form 中提交的用户数据作为查询字符串附加到 action 属性所指定的 url 后进行传递，如程序 3-5 中的表单某一次提交后的 url 将会变为"http://localhost:8080/JavaWebExample/chapter3/exam7_test_do. jsp? answer=83&userAnswer=0"，即查询字符串和 URL 之间用"?"隔开，每个参数之间用"&"隔开。虽然 HTTP 协议规范并没有对 URL 长度进行限制，但是由于各种浏览器和服务器对 URL 的长度都有自己的长度限定，所以我们在使用 get()方法提交数据时，要注意其长度不能超出使用浏览器的 URL 长度限制。虽然 get 方式传输的数据量比较小，但执行效率要比 POST 方式高。

②POST 方式将表单内的提交数据封装在 HTTP 请求体内进行传递，传递数据大小一般没有限制，可以传递较大的数据量。但是有时为了避免恶意用户使用大量数据对服务器进行攻击，服务器也会做相应的限制。

(2)测试结果处理页面。exam7_test_do. jsp 获取测试页面传递过来的参考答案以及用户输入的答案之后，通过对比，判断出需要跳转到的结果页面。此 JSP 的 body 部分的代码见程序 3-6。

【程序 3-6】 exam7_test_do. jsp 中<body>标签内的代码

```
<body>
<%
try{
    int answer=Integer. parseInt(request. getParameter("answer"));
    int userAnswer=Integer. parseInt(request. getParameter("userAnswer"));
    if(answer==userAnswer){
        response. sendRedirect("exam7_test_correct. jsp");
    }else{
        response. sendRedirect("exam7_test_error. jsp? answer="+answer);
    }
}catch(NumberFormatException e){
    out. println("您必须输入整数作为答案!");
}
```

```
%>
</body>
```

代码分析：程序 3-6 中，获取请求参数 answer 和 userAnswer 后，将其转换为整型，由于用户可能会在测试页面填入其他字符，导致类型转换出错而抛出异常，所以此处将所有逻辑代码放在一个 try 块中，即一旦抛出 NumberFormatException，便不再继续执行，而是打印出“您必须输入整数作为答案！”的提示。对比用户输入的答案和参考答案后，如果二者相等，则使用内置对象 response 的 sendRedirect()方法重定向到 exam7_test_correct.jsp（代码见程序 3-7）页面；如果不相等，则重定向到错误提示页面 exam7_test_error.jsp（代码见程序 3-8），且为了在提示页面中能够提示用户正确答案，将参考答案作为 URL 查询参数传递过去。

【程序 3-7】 exam7_test_correct.jsp 中<body>标签内的代码

```
<body>
<p style="font-size:20px;color:blue">
恭喜，答对了！
</p>
<a href="exam7_test.jsp">继续答题</a>
</body>
```

【程序 3-8】 exam7_test_error.jsp 中<body>标签内的代码

```
<body>
<p style="font-size:20px;color:red">
您的答案不正确，正确答案应该是<%=request.getParameter("answer") %>!
</p>
<a href="exam7_test.jsp">继续答题</a>
</body>
```

2. 定时刷新页面

某些网站，会定时刷新页面以便让读者及时看到最新的信息。请完成网页定时刷新任务，即每 5 秒钟刷新一次页面，页面上须显示出当前的时间（精确到秒）。

实现过程：创建 exam7_showTime.jsp，完成上述功能，具体代码见程序 3-9。

【程序 3-9】 exam7_showTime.jsp

```
<%@ page contentType="text/html; charset=utf-8" language="java"
import="java.util.Date,java.text.SimpleDateFormat"%>
<! DOCTYPE HTML>
<html>
<head>
<meta http-equiv="Content-Type" content="text/html; charset=utf-8">
<title>定时刷新页面</title>
</head>
<body>
现在时间：
<%
//创建 Date 对象，获取当前时间
Date date=new Date();
SimpleDateFormat f=new SimpleDateFormat("yyyy 年 MM 月 dd 日 hh:mm:ss");
out.println(f.format(date));
```

```
//设定名为"Refresh"的响应头,值"5"代表每 5 秒刷新一次本页面
response.setHeader("Refresh", "5");
%>
</body>
</html>
```

代码分析:本程序采用 response 对象的 setHeader()方法,对于 HTTP 扩展头 Refresh 进行设置,设置为 5 秒刷新一次当前页面。运行程序,某一个时间点的显示效果如图 3-15 所示。

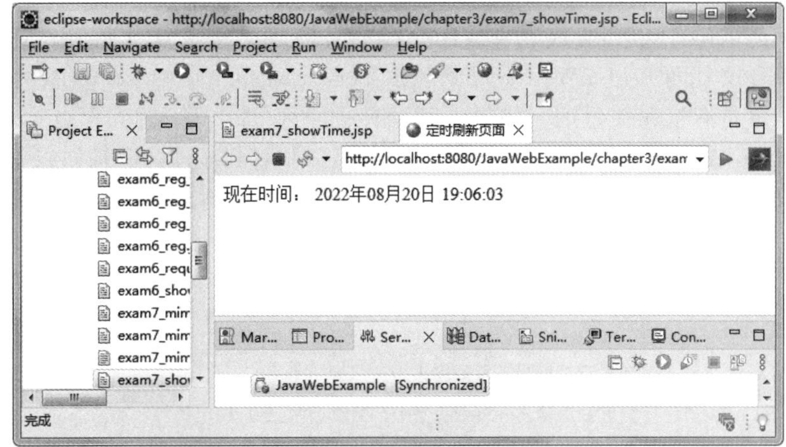

图 3-15 exam7_showTime.jsp 页面效果图

7.2 新知识点——response、out

1. response

JSP 的内置对象 response 代表服务器端返回给客户端的响应,其主要用于处理响应数据。该对象的方法主要包括处理响应头的相关属性的方法、设定响应状态码的方法、重定向方法、设置响应体相关内容和属性的方法等。其常用方法见表 3-3。

表 3-3 response 对象的常用方法

方 法	说 明
void setHeader(String name, String value)	为名为 name 的响应头设定值为 value
boolean containsHeader(String name)	判断响应对象中是否有名为 name 的头
void addCookie(Cookie cookie)	将参数指定的 cookie 添加到 response 对象中
void sendRedirect(String location)	将页面重定向到参数指定的 URL
void setContentType(String type)	设置响应的 MIME 类型
PrintWriter getWriter()	返回客户端的打印流

setHeader()方法用来设置响应头报文。常用的响应头属性有"Content-Type""Refresh""Expires"等。其中较常用的是"Refresh"属性,可以用来定时刷新页面或者定时跳转到其他页面。

如:response.setHeader("Refresh", "5"); 表示每 5 秒刷新一下当前页面。

response.setHeader("Refresh", "5;url=a.jsp");表示 5 秒后跳转到 a.jsp 页面。

sendRedirect()方法和<jsp:forward>指令的区别:

(1)sendRedirect()方法不仅可以重定向到当前应用程序的其他资源,而且可以跳转到 URL 参数指定的其他任何站点的可访问资源。这种跳转可以说是一种完全的跳转,浏览器将

请求新的 URL 地址，在地址栏上显示的是新的 URL 地址。原页面和新页面之间不能共享 request 数据。

(2)<jsp:forward>指令只能转发到同一个 Web 应用程序内的资源，它只是向服务器请求目标地址的资源，服务器将相应的响应资源读取过来之后发送给浏览器，所以在客户端浏览器地址栏中不会显示出转向后的地址。转发页面和转发到的页面可以共享 request 里面的数据。

response 对象的其他方法请查阅相关手册。

2. out 对象

out 对象是 jakarta.servlet.jsp.JspWriter 类的实例，表示一个输出流，用于向客户端输出数据。查阅 API 文档可知，JspWriter 对象和由 ServletResponse 的 getWriter()方法得到的 PrintWriter 对象是有依赖关系的。如果页面没有缓冲区，那么写入 JspWriter 对象的数据将直接通过 PrintWriter 对象进行输出；如果页面有缓冲区，则直到缓冲区满且如 setContentType()等操作都合法时才创建 PrintWriter 对象，由 PrintWriter 对象进行输出。out 对象的常用方法见表 3-4。

表 3-4　　out 对象的常用方法

方　法	说　明
void print(xxxx)	向客户端输出各种数据类型的数据
void println(xxxx)	向客户端输出各种数据类型的数据，并在最后结束该行
void clear()	清空缓冲区。如果执行本操作时缓冲区已经被清空输出，则抛出 IOException
void clearBuffer()	清空缓冲区
void flush()	输出缓冲区中的所有数据并清空缓冲区
void close()	关闭输出流，关闭前会将缓冲区中的数据输出。在 JSP 中无须亲自调用此方法，因为 JSP 容器产生的代码已经包括了此方法的调用
int getBufferSize()	以字节为单位返回缓冲区的大小
int getRemaining()	获取缓冲区中尚未使用的空间的大小
boolean isAutoFlush()	当缓冲区满时，是否自动清空缓冲区

7.3　扩展——设置响应的 MIME 类型

将一个文本文件包含在 JSP 页面中，且在显示页面内容之前先让用户选择查看文件所使用的方式，将三种可选方式(文本方式、网页方式、Word 文档方式)放在下拉框中供用户选择。当用户选择并单击“查看”按钮后，按用户所选方式展现内容。

实现过程：

(1)创建一个名为 exam7_mimeSetting.jsp 的页面，该页面包含让用户选择查看文件方式的表单。其中<body>标签内的代码见程序 3-10，页面效果如图 3-16 所示。

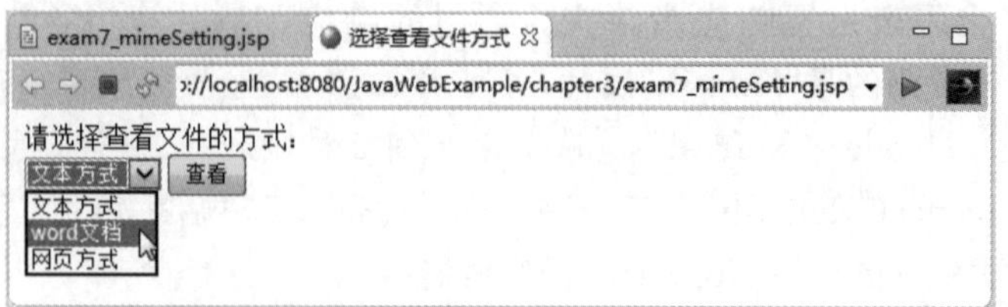

图 3-16　exam7_mimeSetting.jsp 页面效果图

【程序 3-10】 exam7_mimeSetting.jsp 中<body>标签内的代码

```
<body>
请选择查看文件的方式:
<form action="exam7_mimeSetting_do.jsp">
<select name="type">
<option value="txt">文本方式</option>
<option value="word">Word 文档</option>
<option value="html">网页方式</option>
</select>
<input type="submit" value="查看"/>
</form>
</body>
```

(2)创建一个名为 exam7_mimeSettingTest.txt 的文本文档,与上述的 JSP 文件放置在同一个文件夹中。文档的内容如图 3-17 所示。

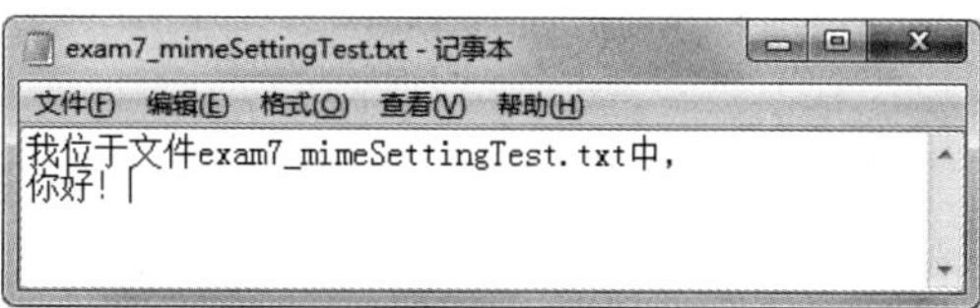

图 3-17 exam7_mimeSettingTest.txt 文档的内容

(3)创建响应页面 exam7_mimeSetting_do.jsp,代码见程序 3-11。

【程序 3-11】 exam7_mimeSetting_do.jsp

```
<%@ page contentType="text/html; charset=utf-8" language="java"%>
<! DOCTYPE HTML>
<html>
<head>
<meta http-equiv="Content-Type" content="text/html; charset=utf-8">
<title>显示文件</title>
</head>
<body>
<%
String type=request.getParameter("type");
if(type.equals("html")){
    response.setContentType("text/html;charset=UTF-8");
}else if(type.equals("txt")){
    response.setContentType("text/plain;charset=UTF-8");
}else if(type.equals("word")){
    response.setContentType("application/msword;charset=UTF-8");
}
%>
文件内容如下:
<jsp:include page="exam7_mimeSettingTest.txt"></jsp:include>
</body>
</html>
```

代码分析：程序 3-11 首先获取请求参数“type”的值，该值表示用户所选取的查看文件的方式。当用户选择使用网页形式查看内容时，调用 response. setContentType("text/html; charset=UTF-8")来将响应的 MIME 设置为 html 类型，实际上这种类型是本页面的默认类型，因为在 page 指令中已经设定了 contentType 属性的值为“text/html; charset=UTF-8”，所以这句代码去掉也可以。当用户选择使用普通文本方式查看内容时，将 contentType 设置为“text/plain”，这样将会把本页面的所有内容(包括 HTML 标签)以普通文本的形式全部显示出来。当用户选择使用 Word 文档形式查看内容时，将 contentType 设置为“application/msword”，那么当客户端接收到此页面响应时，将会试图调用客户端打开 Word 文档的默认应用程序来显示此页面 body 中所包含的数据。

当用户选择以网页形式查看内容，即 MIME 类型为“text/html”时的响应页面如图 3-18 所示。

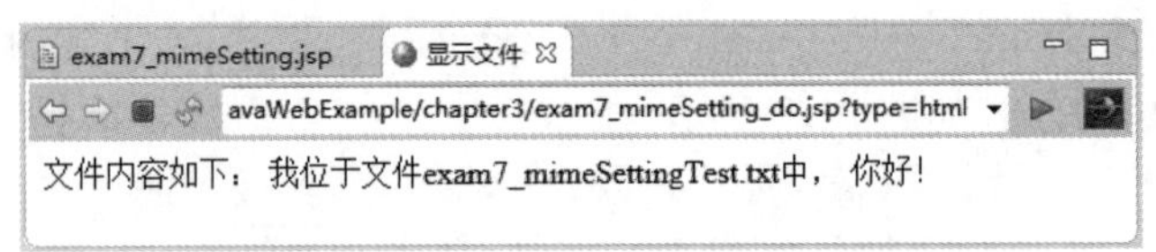

图 3-18　MIME 类型为“text/html”时的响应页面

当用户选择以普通文本方式查看网页内容时，即 MIME 类型为“text/plain”时的响应页面如图 3-19 所示。

图 3-19　MIME 类型为“text/plain”时的响应页面

当用户选择以 Word 文档的形式查看该网页数据时，即 MIME 类型为“application/msword”时的响应页面将试图调用客户端的 Word 文档默认程序来打开网页内容，图 3-20 为网页在调用 Microsoft Word 程序前的询问对话框，图 3-21 为用户在图 3-20 所示窗口中单击“打开”按钮后打开的 Word 窗口。

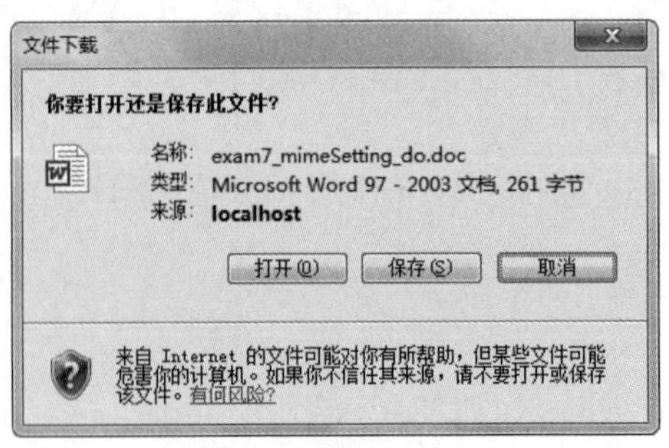

图 3-20　以 Word 文档形式显示数据前的询问对话框

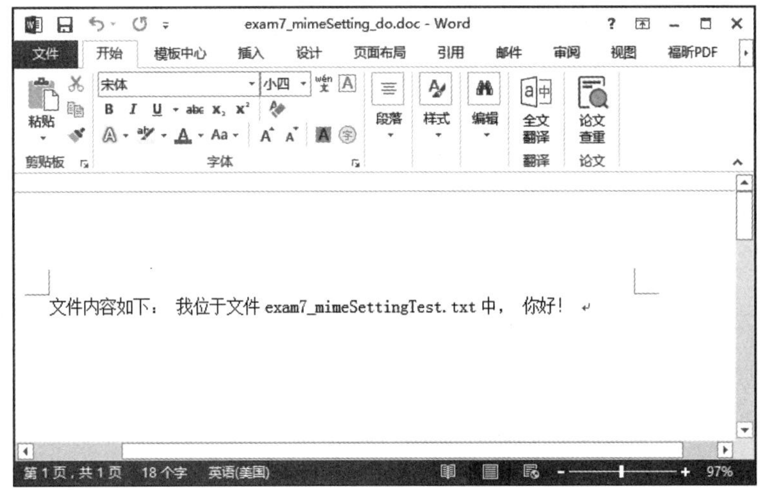

图 3-21　在 Word 窗口内显示的网页数据

项目 8　存储用户会话

存储用户会话

8.1　项目描述与实现

1. 判断用户是否已登录

实现如下功能：用户成功登录后，只要在未关闭浏览器的情况下，可随时访问本站点的任何页面(当然此处本站点只有登录页面和欢迎页面)，如果用户在未登录的情况下访问欢迎页面，则给出相应的提示，并在 5 秒后跳转到登录页面。

实现过程：当用户在登录页面(exam8_login.jsp)输入用户名和密码并单击“登录”按钮后，在处理页面 exam8_login_do.jsp(代码见程序 3-12)中判断用户名和密码是否正确。如果正确，即登录成功，则将名为“username”值为用户所输入用户名的属性添加到 session 对象中，然后进入 exam8_welcome.jsp(代码见程序 3-13)中；如果用户名或密码不正确，则输出提示“用户名或密码不正确，5 秒后为您跳转回登录页面...”，并在 5 秒后跳转回登录页面。如果用户没有登录，而直接访问 exam8_welcome.jsp，则输出提示“您必须先登录，5 秒后为您跳转回登录页面...”，并在 5 秒后跳转回登录页面。

以上提到的页面中，exam8_login.jsp 仅包含登录表单域，具体代码不再给出。

【程序 3-12】　exam8_login_do.jsp

```
<%@ page contentType="text/html; charset=utf-8" language="java"%>
<! DOCTYPE HTML>
<html>
<head>
<meta http-equiv="Content-Type" content="text/html; charset=utf-8">
<title>登录结果</title>
</head>
<body>
<%
String username=request.getParameter("username");
```

```
String password=request.getParameter("password");
//为了简化实现,假设用户名和密码分别为 tom 和 123 就算登录成功
if(username!=null&&password!=null&&
username.equals("tom")&&password.equals("123")){
    //将用户名存入 session 中
    session.setAttribute("username",username);
    response.sendRedirect("exam8_welcome.jsp");
}else{
    out.println("用户名或密码不正确,5 秒后为您跳转回登录页面...");
    response.setHeader("refresh","5;url=exam8_login.jsp");
}
%>
</body>
</html>
```

代码分析:用户成功登录后,将用户名存入 session 中,意味着只要是同一个用户,在没有关闭浏览器的情况下,访问本 Web 应用的任何页面,都能通过 session 识别该用户。

【程序 3-13】 exam8_welcome.jsp 部分代码

```
<body>
<%
//获取 session 中名为"username"的对象
Object usernameObj=session.getAttribute("username");
//对象为空,表示用户并没有登录
if(usernameObj==null){
    out.println("您必须先登录,5 秒后为您跳转回登录页面...");
    response.setHeader("refresh", "5;url=exam8_login.jsp");
}else{
    String username=(String)usernameObj;
    out.println(username+",欢迎您!");
}
%>
</body>
```

代码分析:由登录处理程序 3-12 可知,当用户成功登录后便立即把该用户的用户名存入 session 对象中,即如果用户登录过,且过程中并没有关闭浏览器,那么在访问本页面时应能在 session 对象中获取到名为"username"的属性,即程序 3-13 中的 usernameObj 不应为 null;否则便是没有登录,做相应的提示后便跳转回登录页面。用户没有登录,直接访问 exam8_welcome.jsp 的效果如图 3-22 所示。

图 3-22 未登录访问网站资源时的效果

2. 使用 application 对象制作简易留言板

制作一个简易的留言板，当用户进入留言板页面（exam8_messageBoard.jsp）时，该页面显示所有用户留言中的最新的十条，该页面的下方有留言输入框，当用户提交留言后，刷新显示本页。由于至本模块尚未介绍连接数据库的相关知识，所以本任务不要求将相关数据存入数据库，而是采用 JSP 内置的 application 对象来存储用户的留言。留言板页面的显示效果如图 3-23 所示。

图 3-23 留言板

主要的设计思路为：将所有的留言信息存入一个 List 中，而每一条留言信息包括留言的用户名、留言标题、内容以及时间，将这些项都以字符串的形式表示，然后拼接成一个表示一条留言的字符串，拼接时以分号“;”作为分隔符。每当增加一条用户留言时，就将新留言信息（即新的字符串对象）添加到 List 中。为了让所有用户都能共享留言信息，所以将上述持有留言的 List 对象存入 application 中。

实现过程：

（1）创建名为 exam8_messageBoard.jsp 的 JSP 页面，其内容为留言板主页的代码，见程序 3-14。

【程序 3-14】 留言板主页 exam8_messageBoard.jsp

```
<%@ page contentType="text/html; charset=utf-8" language="java" import="java.util.*"%>
<!DOCTYPE HTML>
<html>
<head>
<link href="style/msg.css" type="text/css" rel="stylesheet"/>
<title>留言板</title>
</head>
<body>
<%
//从 application 对象中获取存储留言信息的 List 对象
List<String> msgList=(List<String>)application.getAttribute("msgList");
if(msgList!=null){
    Iterator<String> iter=msgList.iterator();
    //遍历留言 List,将各条留言显示在本页面上
    while(iter.hasNext()){
        String msg=iter.next();
```

```
            //以分号为分隔符将留言的各部分内容拆分出来
            String[] splitMsg=msg.split(";");
    %>
    <div class="message">
    <div class="title">
    标题:<%=splitMsg[1] %>
    </div>
    <div class="content">
    <div class="author"><%=splitMsg[0] %>    发表于:<%=splitMsg[3] %></div>
    内容:<%=splitMsg[2] %>
    </div>
    </div>
    <%
        }
    }
    %>
    <div class="writeMsg">
    <form action="exam8_writeMsg.jsp" method="post" class="form1">
    用户名:<input type="text" name="username"/><br/>
    标题:<input type="text" name="title"/><br/>
    内容:<textarea name="content" rows="4" cols="30"></textarea><br/>
    <input type="submit" value="留言"/>
    </form>
    </div>
    </body>
    </html>
```

代码分析：本程序分为两个部分，第一部分用来显示已有留言，第二部分为输入新留言的输入框。本例用一个 List 来持有留言对象，所以显示留言的第一步便是调用 application.getAttribute(String name)方法将存放在 application 对象中的留言 List 获取出来，为了预防尚未有留言时 msgList 为 null 而产生空指针异常的情况，在遍历显示留言之前先用 if(msgList!=null)来做限制。当从 List 中遍历显示每一条留言信息时，先将表示留言的 String 对象以分号“;”作为分隔符进行拆分，依据该 String 的组成规则“用户名;标题;内容;留言时间”，分别把拆分出来的字符串数组的各元素显示在相应的位置上。本页面所使用的样式文件可到本书官方网站下载查看完整源码，此处不再给出。

(2)编写提交留言后的处理逻辑程序，代码见程序 3-15。

【程序 3-15】 添加留言的处理逻辑 exam8_writeMsg.jsp

```
<%@ page contentType="text/html; charset=utf-8" language="java" import="java.util.*"%>
<!DOCTYPE HTML>
<html>
<body>
<%
request.setCharacterEncoding("UTF-8");
```

```
String username=request.getParameter("username");
String title=request.getParameter("title");
String content=request.getParameter("content");
Date time=new Date();
//将当前请求中包含的留言信息组合到一个字符串中
String msg=username+";"+title+";"+content+";"+time.toString();
List<String> msgList=(List<String>)application.getAttribute("msgList");
//如果当前 application 范围内不存在留言 List,则新建一个 List
if(msgList==null){
    msgList=new LinkedList<String>();
}
msgList.add(msg);//将新留言添加到留言记录中
/* 由于本任务只要求保留最新的 10 条留言记录,
所以当超出 10 条留言时,删除最早的一条 */
if(msgList.size()>10){
    msgList.remove(0);
}
//将更新过的留言 List 存入 application 中
application.setAttribute("msgList", msgList);
response.sendRedirect("exam8_messageBoard.jsp");
%>
</body>
</html>
```

代码分析:首先获取由 request 所提交的用户名、留言标题、内容信息,以及系统的当前时间,然后将这些内容以分号分隔组合起来存到字符串对象 msg 中;得到 application 中持有留言的 msgList 之后,将 msg 加入其中,然后再用这个更新后的 msgList 覆盖 application 中旧的 msgList。

8.2 新知识点——session、application

1. session

session(会话)是用来在访问一个网站时发出多个页面请求或者在多次页面跳转之间识别同一个用户并且存储这个用户的相关信息的一种方式。通常将从一个客户连接到某个服务器开始,直到他关闭浏览器离开这个服务器为止,称为一次会话。Servlet 容器使用 jakarta.servlet.http.HttpSession 这个接口在 HTTP 客户端和服务器端之间创建一个会话,JSP 的内置对象 session 就是这个接口的一个实例。一个 session 通常只对应一个用户,它有一定的生存时间,它可以使同一个用户在访问同一个 Web 站点时在多个页面连接和请求之间共享数据。服务器通常通过 cookie 或者重写 URL 的方式来维持 session,不过开发者无须关心这些细节。

HttpSession 接口的方法主要分为两类:一类是查看和操作关于 session 信息的方法,如 session 的 ID、创建时间、最近访问时间等;另一类方法是将对象绑定到 session 中,使用户信息在客户端与服务器端的多次连接中能够共享。session 对象的常用方法见表 3-5。

表 3-5　　session 对象的常用方法

方　法	说　明
void setAttribute(String name, Object value)	将对象 value 绑定到 session 中，以 name 为名字。如果已有名为 name 的对象与此 session 绑定，则覆盖原来的对象
Object getAttribute(String name)	返回与此 session 绑定的名为 name 的对象；如没有，则返回 null
void removeAttribute(String name)	删除与此 session 绑定的名为 name 的对象
Enumeration<String>getAttributeNames()	以 Enumeration 对象的形式返回所有与此 session 绑定的对象的名称
long getCreationTime()	返回此 session 的创建时间，即创建时距离格林尼治时间的毫秒数
String getId()	返回标识此会话的唯一的 ID，此 ID 是 Servlet 容器赋予的
long getLastAccessedTime()	返回最近一次客户发送请求的时间，以距离格林尼治时间的毫秒数计
void setMaxInactiveInterval(int interval)	设置客户端发送请求的最大时间间隔(以秒计)，如果超过这个时间客户端都没有发送过请求，则使当前 session 失效。参数的值如果小于等于 0 的话，意味着 session 不会自动失效
int getMaxInactiveInterval()	返回以秒计的最大不活动时间间隔
ServletContext getServletContext()	返回当前 session 对象所属的 ServletContext
void invalidate()	使 session 对象失效，所有与之绑定的对象都解除绑定
boolean isNew()	判断当前 session 对象是否为服务器端新创建的 session，还尚未被客户端所使用

2. application

JSP 内置的 application 对象是 jakarta. servlet. ServletContext 类的一个实例，可以通过它和 Servlet 容器进行通信，如获取一个文件的 MIME 类型、转发请求、写日志文件等，也可以通过它共享一些全局信息。

application 对象表示 Servlet 的上下文，每台 Java 虚拟机上的同一个 Web 应用只有一个上下文，即当 Web 应用被部署到服务器上，服务器启动时就创建一个 application 对象，所有访问该应用的客户都共享同一个 application 对象，直到服务器关闭。因此可以通过将一些信息放在 application 对象里，以实现全局共享，当然要注意这个“全局”只是相对的，因为不同的 Java 虚拟机上的 Servlet 上下文也是不同的。其主要方法见表 3-6。

表 3-6　　application 对象的常用方法

方　法	说　明
Object getAttribute(String name)	获取 application 中名为 name 的属性
Enumeration<String>getAttributeNames()	返回包含当前 application 中所有属性名称的 Enumeration 对象
void setAttribute(String name, Object object)	将指定的对象 object 与名字 name 绑定并存入当前 application 中
void removeAttribute(String name)	删除 application 中名为 name 的属性
void log(String msg)	将指定的消息写入 Servlet 日志文件中，日志的名称和类型都是 Servlet 容器已定义好的
void log(String message, Throwable throwable)	将说明性的消息以及指定的异常的跟踪栈内容写到日志文件中，日志的名称和类型都是 Servlet 容器已定义好的

（续表）

方 法	说 明
String getContextPath()	返回当前 Web 应用的上下文路径。如本书的例子所在的应用的上下文路径就是/JavaWebExample
String getRealPath(String path)	返回参数给定的虚拟路径所对应的真实文件系统路径
java. net. URL getResource(String path)	返回指定路径的 URL
String getServerInfo()	获取服务器信息
String getMimeType(String file)	获取指定文件的 MIME 类型

8.3 扩展——cookie

1. 记录用户以往访问当前站点的相关信息

当用户访问本网站的登录页面时，能够自动显示出该用户上一次访问本网站时曾经使用过的用户名。

实现过程：这样的功能一般都是基于 cookie 实现的。首先创建一个 Web 应用，当用户访问本网站的登录页面 exam8_cookie_login. jsp（代码见程序 3-16）时，该页面读取客户端的 cookie，如果 cookie 中存在 username 记录，则在登录表单的用户名一栏中自动填入该 username 值。当用户成功登录后，将该 username 存入 cookie 中。登录处理页面 exam8_cookie_login_do. jsp 见程序 3-17。

【程序 3-16】 exam8_cookie_login. jsp

```
<%@ page contentType="text/html; charset=utf-8" language="java"%>
<! DOCTYPE HTML>
<html>
<head>
<meta http-equiv="Content-Type" content="text/html; charset=utf-8">
<title>登录</title>
</head>
<body>
<h6>用户登录</h6>
<%
String username="";//准备用来存储从 cookie 中读取的用户名的变量
Cookie[] cookies=request. getCookies();//获取客户端与本站点相关的所有 cookie
if(cookies! =null){
    //遍历 cookies
    for(int i=0;i<cookies. length;i++){
        Cookie currentC=cookies[i];
        //如果找到名为"username"的 cookie，则将其值存入变量 username 中
        if(currentC. getName(). equals("username")){
            username=currentC. getValue();
        }
    }
}
%>
```

```
<form action="exam8_cookie_login_do.jsp" method="post">
用户名：<input type="text" name="username" value="<%=username %>"/><br/>
密码：<input type="text" name="password"/><br/>
<input type="submit" value="登录"/>
</form>
</body>
</html>
```

代码分析：程序 3-16 中，使用 request.getCookies()方法能够获取当前客户端与本站点相关的所有 cookie，注意当客户端没有相关 cookie 存在时，此方法返回的参数是 null。当遍历获取名为 username 的 cookie 值后，在名为"username"的表单域中将此值作为其 value 属性的值，这样便可以达到记录用户上次使用的登录名的效果。

【程序 3-17】 exam8_cookie_login_do.jsp

```
<%@ page contentType="text/html; charset=utf-8" language="java"%>
<! DOCTYPE HTML>
<html>
<head>
<meta http-equiv="Content-Type" content="text/html; charset=utf-8">
<title>登录结果</title>
</head>
<body>
<%
String username=request.getParameter("username");
String password=request.getParameter("password");
//假设用户名和密码分别为 tom 和 123 就算登录成功
if(username! =null&&password! =null&&
username.equals("tom")&&password.equals("123")){
    out.println(username+",欢迎您!");
    //创建一个名为 username 的 cookie
    Cookie c=new Cookie("username",username);
    //设置该 cookie 的最长保留时间为 30 天
    c.setMaxAge(60 * 60 * 24 * 30);
    //将该 cookie 添加到 response 对象中发到客户端
    //如果该客户端已经存在同名 cookie,则新的 cookie 将覆盖原有的 cookie
    response.addCookie;
}else{
    out.println("登录出错!");
}
%>
</body>
</html>
```

代码分析：由于到本模块为止尚未介绍访问数据库的知识，所以登录功能只简单实现，暂不涉及访问数据库数据，即假设用户名和密码分别为"tom"和"123"便算登录成功。当登录成功时，使用 out 对象的 println()方法直接在本页打印出欢迎语句；且将当前的用户名添加到一个名为 username 的 cookie 中，使用 response 对象的 addCookie()方法即可将该 cookie()发送到客户端，以备下一次登录时能够自动检测到用户名。

当在 cookie 的有效期内再次访问登录页面时，登录页面将直接把上次的登录名"tom"显示在用户名输入框内，效果如图 3-24 所示。

图 3-24 自动检测曾用登录名的登录页面

2. 知识点：Cookie 简介

Cookie 是 Web 服务器发送给客户端的一小段信息。如果服务器需要在客户端记录某些数据时，就可以向客户端发送 Cookie，客户端接收并保存该 Cookie，而且客户端每次访问该服务器上的页面时就会将 Cookie 随请求数据一同发送给服务器。下面从向客户端发送 Cookie 以及从客户端读取 Cookie 两方面来介绍 Cookie 的使用方法。

(1)向客户端发送 Cookie

首先需要创建 Cookie 对象：Cookie c=new Cookie("cookieName", "cookieValue")；然后需要调用 setMaxAge(long time)为 Cookie 对象设置有效时间(该时间参数以秒为单位)，不然浏览器关闭时 Cookie 就会被删除；最后使用 HttpServletResponse 对象的 addCookie(Cookie c)方法把 Cookie 对象添加到 HTTP 响应头中发送到客户端。

(2)从客户端读取 Cookie

首先获取客户端上传的 Cookie 数组：调用 HttpServletRequest 对象的 getCookies()，得到一个 Cookie 对象的数组；然后遍历该数组，找寻需要的 Cookie 对象，通过 Cookie 的 getName()方法，获取 Cookie 对象的 name 属性，通过 getValue()方法获取 Cookie 对象的值。

项目 9 电子商务网站的购物模块制作

微课

电子商务网站的购物模块制作

9.1 项目描述与实现

实现一个简易的购物车，能够将同一个用户在本购物网站的不同页面所选的商品加入购物车，用户能够填写商品的数量。商品显示页面所显示的商品内容需动态读取，由于至此尚未学习连接数据库的知识，所以本任务假定将商品信息存入文本文档中。本任务通过两类商品(书籍和食品，分别显示在两个购物页面上)，让读者理解如何将同一个用户在不同页面所选择的商品关联起来。书籍信息页面效果如图 3-25 所示，食品信息页面效果图如图 3-26 所示，这两个图是用户还没添加任何商品到购物车时的效果。当用户在任意的购物页面中填入购买某种商品的数量并单击"购买"按钮后，购物车中会按用户的操作添加相应的商品和数量，并返回购物页面，并在该页的右上角显示购物车中的内容，效果如图 3-27 所示。

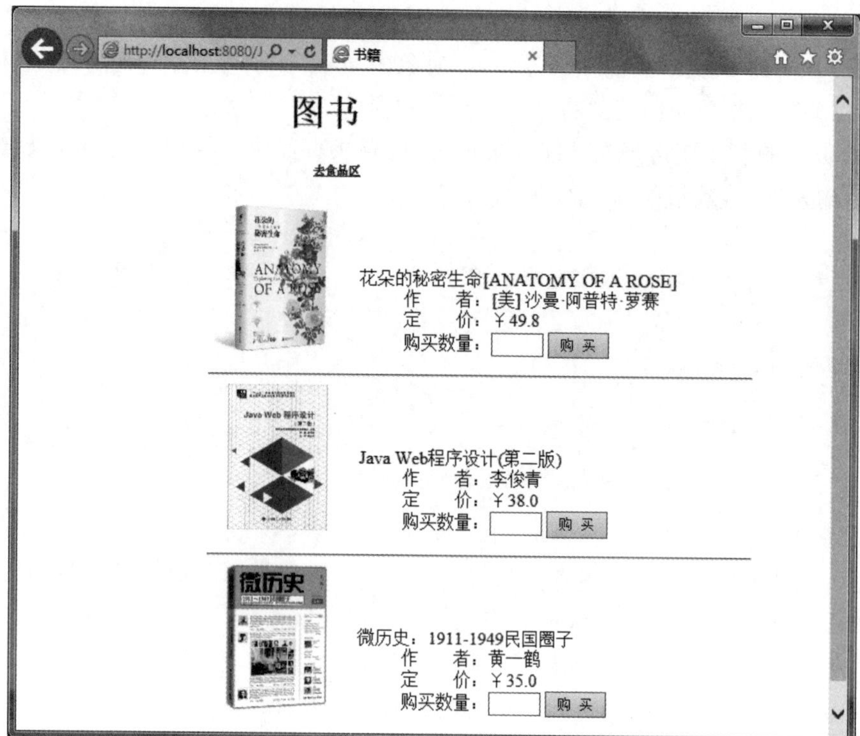

图 3-25　书籍信息页面 books.jsp

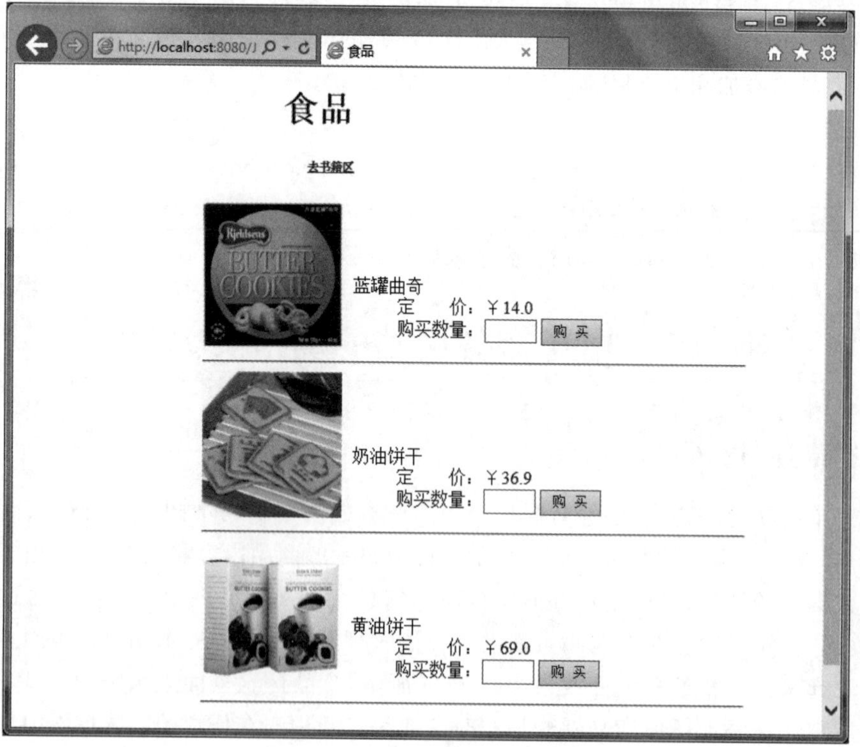

图 3-26　食品信息页面 foods.jsp

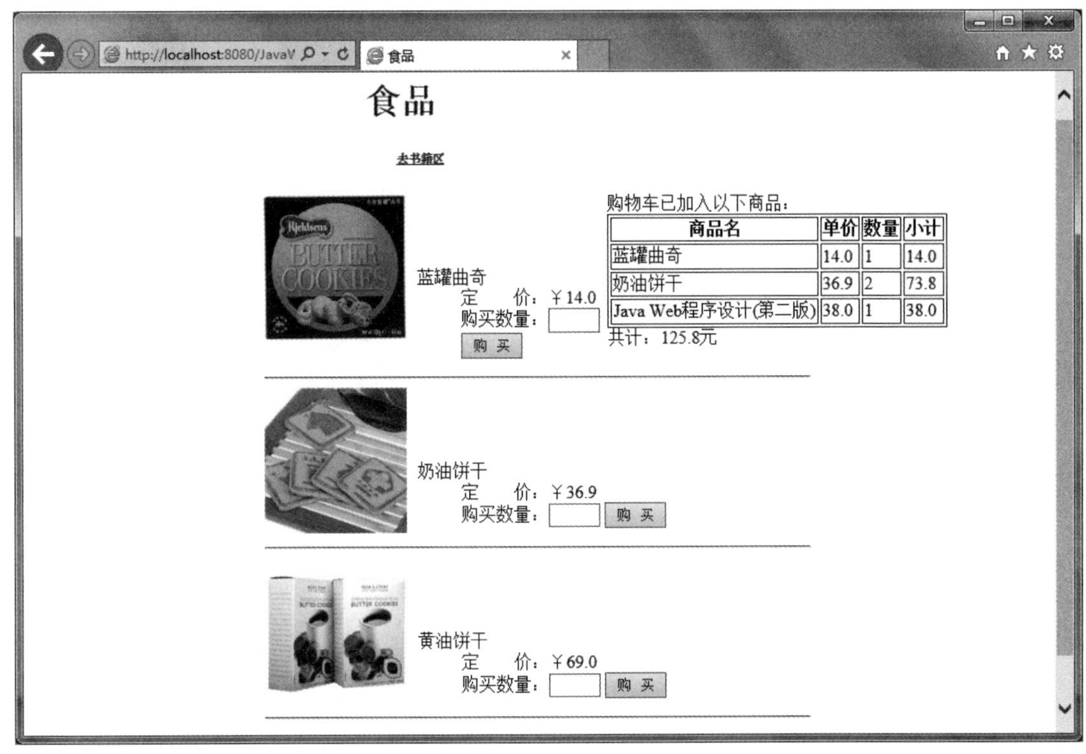

图 3-27 添加了若干商品到购物车后的购物页面 foods.jsp

实现过程：

在实现本任务的过程中，为了封装商品属性，对每类商品都采用一个实体类来进行封装，而因为在购物车的处理过程中，需要对所有的商品进行统一处理，而不是分类写不同的代码，所以采用一个接口来封装所有类别的商品。表示商品的接口见程序 3-18，食品类和书籍类分别见程序 3-19 和程序 3-20。

说明：在 Eclipse IDE 中，项目的源文件夹下的类将会被自动编译，然后依据包的层次，将编译好字节码文件放到 class path 中，又称项目的输出文件夹，在 class path 中的类可以被 JSP 脚本所使用，注意，该类如果有包名的话，在使用前要在 page 指令中使用 import 属性来导入该类。

【程序 3-18】 商品接口 Goods.java

```
package chapter3.shoppingCart;
//商品
public interface Goods {
    String getId();
    double getPrice();
    String getName();
}
```

代码分析：因为在购物车对商品进行的统一处理中，需要读取商品 ID、商品价格和商品名称，所以在此接口中声明了三个方法来获取这三种属性，要求所有实现此接口的商品类都要能提供对这三种属性的访问。

【程序 3-19】 书籍类 Book. java

```
package chapter3. shoppingCart;
public class Book implements Goods{
    private String id;//书籍的 ISBN 号
    private String name;//书名
    private double price;//价格
    private String author;//作者
    private String imgName;//图片的名称
    public String getId(){
        return id;
    }
    public String getName(){
        return name;
    }
    public double getPrice(){
        return price;
    }
    ……此处省略各属性其余的 setter()和 getter()方法
}
```

【程序 3-20】 食品类 Food. java

```
package chapter3. shoppingCart;
public class Food implements Goods{
    private String id; //食品 id
    private String name;//食品名称
    private double price;//食品价格
    private String imgName;//图片的名称
    public String getId(){
        return id;
    }
    public String getName(){
        return name;
    }
    public double getPrice(){
        return price;
    }
    ……此处省略各属性其余的 setter()和 getter()方法
}
```

购物页面(即商品的显示页面)分为两个部分,其中第一部分为商品信息的显示区域,第二部分为购物车内容显示区域。商品显示区域的实现思路是:进入某类商品页面时(以书籍 books. jsp 为例),首先获取 application 中存储着所有书籍信息的 Map,如没有,则从一个文本文档 books. txt 中读取书籍相关信息,并将其存入一个 Map 中,为了避免以后重复读取文件降低效率,将该 Map 存入 application 对象中。然后遍历所有书籍,将书籍信息显示在页面上。具体代码见程序 3-21。

【程序 3-21】 书籍购物页面 books.jsp

```
<%@ page contentType="text/html; charset=utf-8" language="java"
import="java.util.*,chapter3.shoppingCart.*"%>
<!DOCTYPE HTML>
<html>
<head>
<meta http-equiv="Content-Type" content="text/html; charset=utf-8">
<link rel="stylesheet" type="text/css" href="css/books.css"/>
<title>书籍</title>
</head>
<body>
<h1>图书</h1>
<h6><a href="foods.jsp">去食品区</a></h6>
<!--购物车信息 -->
<div class="shopCart"><jsp:include page="shopCart.jsp"/></div>
<%
//存储书籍信息的 map<ISBN 号,Book 对象>
Map<String,Book> bookMap=(Map<String,Book>)application.getAttribute ("bookMap");
if(bookMap==null){
    bookMap=ReadGoodsInfoUtil.getBooks("D:/books.txt");
    application.setAttribute("bookMap", bookMap);
}
//将书籍 Map 中的所有 Book 对象获取出来,并取得其遍历器
Iterator<Book> iter=bookMap.values().iterator();
//在此循环中遍历所有书籍,并将其信息显示在本页面上
while(iter.hasNext()){
    Book book=iter.next();
%>
<div class="book">
<div class="img">
<img src="img/book/<%=book.getImgName()%>" width="130" height="130"/>
</div>
<div class="book-info">
<dl>
<dt class="bookname">
<%=book.getName()%>
</dt>
<dd>
<div class="author">作　者:<%=book.getAuthor()%><br/>/div>
<div class="price">定　价:￥<%=book.getPrice()%>
</div>
<div class="btns">
<form action="add2Cart.jsp" method="post">
购买数量:<input type="text" size=2 name="amount"/>
```

```
<! --使用一个隐藏域将"book_书籍 ID"这个值作为商品的 ID 传到处理页面-->
<input type="hidden" name="goodsID" value="book_<%=book.getId()%>">
<input id="buy" type="submit" value="购  买"/>
</form>
</div>
</dd>
</dl>
</div>
<hr/>
</div>
<%
}
%>
</body>
</html>
```

代码分析：将所有的书籍信息读取出来后保存在一个 Map 中，书籍的 ID 作为 key，书籍对象作为 value，上面的代码首先检测 application 对象中是否已经存在这个 Map，如果存在，就直接使用；如果不存在，则调用 ReadGoodsInfoUtil 类的静态方法 getBooks(String fileName)从指定的文件中读取书籍信息，并返回持有书籍信息的 Map，此方法的代码见程序 3-22。这样做的好处是一旦有用户访问过此页面，便会将文件形式的书籍信息读取出来保存在服务器内存中，这样可以避免不断读取文件，加快了访问速度，也减轻了服务器的压力；但是这种做法的弊端是，当书籍信息有所更新时，即 books.txt 做了更新时，内存中的书籍 Map 不会随之更新，所以需额外添加更新 application 中的书籍信息的操作模块，让网站运营商手动进行更新而不必重启服务器，此方法比较简单，这里侧重说明购物车的实现，便不再涉及。获取到所有的书籍信息后，便可以循环遍历这些书籍，然后在循环体内添加显示书籍信息的标签，每本书的信息都被放置在一个样式类型为 Book 的 div 中进行显示。

【程序 3-22】 ReadGoodsInfoUtil 类的静态方法 getBooks(String fileName)

```
public static Map<String,Book> getBooks(String fileName){
    //书籍信息 Map<书籍 ISBN,Book 对象>
    Map<String,Book> bookMap=new HashMap<String,Book>();
    File booksFile=new File(fileName);
    try {
        //用来读取存储书籍信息的文件
        BufferedReader br=new BufferedReader(new InputStreamReader(new
            FileInputStream(booksFile)));
        String line;
        //循环读取文件内容,每次读取一行
        while((line=br.readLine())!=null){
            //由于文件中书籍的各项信息以";"作为分隔,
            //所以以分号为分隔将当前行拆分成字符串数组
            String s[]=line.split(";");
            Book book=new Book();
            book.setId(s[0]);
```

```
                book.setName(s[1]);
                book.setPrice(Double.parseDouble(s[2]));
                book.setAuthor(s[3]);
                book.setImgName(s[4]);
                bookMap.put(s[0], book);
            }
        } catch (FileNotFoundException e){
            System.out.println("异常:找不到文件"+fileName);
        }catch(IOException ee){
            System.out.println("异常:读文件"+fileName+"时发生 IO 异常");
        }
        return bookMap;
    }
```

代码分析：书籍信息文件的内容形式为，每本书籍信息占一行，每行的格式为“书籍 ISBN 号；书籍名称；价格；作者；图像名称”。所以本段代码使用 BufferedReader 对象来逐行读取文件内容，并将每行内容以“;”分隔，分别对应赋值给一个 Book 对象的各属性，再把这个 Book 对象添加到书籍 Map 中。

在购物页面 books.jsp 中专门有一个 div 块是用来显示购物车内容的，购物车的相关代码并未直接写在此页面中，而是采用一个 JSP 包含指令引入了另一个 JSP 页面，即：

```
<div class="shopCart"><jsp:include page="shopCart.jsp"/></div>
```

之所以这样做，是因为同一个 session 中使用的购物车是同一个，而此购物车的内容可能在很多个页面都需要进行显示（如在本任务中每个购物页面上都需要显示购物车内容），所以为了增强代码复用性，将购物车的显示代码单独写在一个 JSP 文件中，在需要显示购物车的页面中只需包含此页面即可。购物车的代码见程序 3-23。

【程序 3-23】 购物车 shopCart.jsp

```
<%@ page language="java" contentType="text/html; charset=UTF-8"
pageEncoding="UTF-8" import="java.util.*,chapter3.shoppingCart.*"%>
<%
//加载购物车的信息
Map<String,Integer> addedGoodsMap=(Map<String,Integer>)session.getAttribute ("addedGoodsMap");
//当 session 中存在购物车信息时才显示下面的购物车内容
if(addedGoodsMap!=null){
    //获得所有的商品 ID,此 ID 的形式是:商品类型_ID,如 book_9787535455161
    Iterator<String> goodsIDs=addedGoodsMap.keySet().iterator();
%>
<div class="shopCart">
购物车已加入以下商品:
<table border=1>
<tr><th>商品名</th><th>单价</th><th>数量</th><th>小计</th></tr>
<%
double totalPrice=0;//购物车中商品的总金额
while(goodsIDs.hasNext()){
    String goodsID=goodsIDs.next();
```

```
        String str[]=goodsID.split("_");
        Goods goods=(Goods)((Map)application.getAttribute(str[0]+"Map")).get(str[1]);
    %>
    <tr>
    <td><%=goods.getName()%></td>
    <td><%=goods.getPrice()%></td>
    <td><%=addedGoodsMap.get(goodsID)%></td>
    <td>
    <%
    //小计:商品单价 * 商品数量
    double subPrice=goods.getPrice() * addedGoodsMap.get(goodsID);
    out.print(subPrice);
    //将小计累加到总金额上
    totalPrice+=subPrice;
    %>
    </td>
    </tr>
    <%
    }
    %>
    </table>
    共计:<%=totalPrice %>元
    </div>
    <%
    }
    %>
```

代码分析:设定使用一个 Map 表示购物车,Map 中的每一对数据的内容为<商品类型_ID,商品数量>。因为存储在 application 中的不同类别的商品使用不同的 Map,且 Map 的命名规则是“商品类型 Map”,如存储书籍的 Map 对象名为 bookMap,存储食品的 Map 对象名为 foodMap,读取这两类商品的具体信息时所访问的对象是不同的。为了能够识别到底该从哪个对象读取商品信息,表示购物车的 Map 的 key 是由商品类型和商品的 ID 组合而成的字符串,这样就可以通过该 key 的第一部分辨别商品的类别,在读取商品信息时使用如下代码:

```
Goods goods=(Goods)((Map)application.getAttribute(str[0]+"Map")).get(str[1]);
```

str[0]表示将购物车中的当前记录的 key 以“_”为分隔符分开后的第一部分,即商品类别;str[0]即商品的 ID。

在循环遍历整个购物车,获取出购物车中所有商品的具体信息后,便可以将每一项商品信息作为购物车表格的一行,分别将商品名称、单价、数量、小计(单价 * 数量)放到这一行中。并在读取每项商品信息后,将其小计价格累加到表示购物车总金额的变量 totalPrice 上。

在程序 3-21 中,每项商品后都有提交用户购买请求的表单,该表单中包含让用户填写购买数量的表单域,还有一个名为 goodsID 的隐藏域,将“book_书籍 ID”组成的字符串作为其值传递到 action 中,这里的 goodsID 传到处理页面后就会作为上面所描述的购物车 Map 中的 key。表单提交后由 add2Cart.jsp 进行处理,该页面中将用户所请求购买的商品及商品数量添加到购物车中。具体代码见程序 3-24。

【程序 3-24】 添加商品到购物车 add2Cart.jsp

```
<%@ page contentType="text/html; charset=utf-8" language="java" import="java.util.*"%>
<!DOCTYPE HTML>
<html>
<head>
<meta http-equiv="Content-Type" content="text/html; charset=utf-8">
<title>Insert title here</title>
</head>
<body>
<%
//获取用户所填的商品数量(字符串形式)
String amountStr=request.getParameter("amount");
int amount;
try{
    //将字符串形式的数量转成整型
    amount=Integer.parseInt(amountStr);
}catch(NumberFormatException e){
    //如果发生数字格式异常(可能是用户填了其他字符或者没填)
    //则将数量置为 0
    amount=0;
}
//当商品数量大于 0 时,才进行下面的将商品加入购物车的处理
if(amount>0){
    //获取 session 中表示购物车的 Map<商品 ID,商品数量>
    /* 注意:此处的商品 ID 不是单纯的商品的 ID 属性,而是"商品类型_商品 ID 属性值"这样重新组
       合过的 ID */
    Map<String,Integer> addedGoodsMap=(Map<String,Integer>)session.getAttribute
    ("addedGoodsMap");
    //如果购物车还不存在,则创建一个 Map
    if(addedGoodsMap==null)
        addedGoodsMap=new HashMap<String,Integer>();
    //获取请求页发送过来的"商品 ID"
    String goodsID=request.getParameter("goodsID");
    //如果此商品已在购物车中,则增加其数量
    if(addedGoodsMap.containsKey(goodsID)){
        amount+=addedGoodsMap.get(goodsID);
    }
    addedGoodsMap.put(goodsID, amount);
    //保存或更新购物车
    session.setAttribute("addedGoodsMap", addedGoodsMap);
}
//获取上一个访问的 URL 地址
```

```
String lastPage=request.getHeader("userName");
response.sendRedirect(lastPage);
%>
</body>
</html>
```

代码分析：程序 3-24 中添加商品到购物车的代码的实现思路是，如果用户没填商品数量或所填的不是数字时，将表示商品数量的变量置为 0。而只有当商品数量大于 0 时，才进行添加商品到购物车的操作。添加商品之前先在表示购物车的 Map<商品 ID，数量>中查找购物车中是否已经存在该商品，如果已经存在，在原来的基础上将数量累加，并覆盖原有记录；如果没有，则添加一条新记录。

上面完整地描述了整个购物车实现的思路以及方法，其中表示食品的页面 foods.jsp 与 books.jsp 很相似，这里不再给出代码。各页面的样式文件也不再给出。请到本教材相关网站下载代码，查阅相应内容。本例所在的项目的目录结构如图 3-28 所示，其中方框内的文件为本例涉及的内容。

```
JavaWebExample
  Deployment Descriptor: JavaWebExample
  JAX-WS Web Services
  Java Resources
    src
      chapter3.shoppingCart
        Book.java
        Food.java
        Goods.java
        ReadGoodsInfoUtil.java
    Libraries
  JavaScript Resources
  JavaWebExample
  WebContent
    chapter3
      shoppingCart
        css
          books.css
          foods.css
        img
          book
          food
        add2Cart.jsp
        bookinfo.jsp
        books.jsp
        foods.jsp
        shopCart.jsp
```

图 3-28　本例项目结构图

9.2　新知识点——读文件、写文件

1. 读文件

JSP 中读取文本文件内容主要是通过 Java 的读取文件类，由 JSP 通过浏览器显示结果。可以使用 JDK 中的 BufferedReader 类和 FileReader 类相结合实现文件读取。

BufferedReader 类用来从字符输入流中读取文本并将字符存入缓冲区以便能提供字符、数组的高效读取。BufferedReader 的常用方法见表 3-7。

表 3-7　BufferedReader 类的常用方法

方　法	说　明
int read( )	以整数的形式返回所读取的一个字符。返回 −1 表示到达字符流末尾
int read(char cbuf[])	读字符放入数组中，返回所读的字符
int read(char cbuf[],int offset,int length)	读字符放入数组中的指定位置，返回所读的字符数
String readLine( )	读取一文本行
void close( )	关闭流
long skip(long n)	跳过 n 个字符
void mark(int buf)	标记当前流，并建立由参数 buf 指示大小的缓冲区
void reset( )	重置字符流，返回到最近一次的标记处
boolean ready( )	测试当前流是否准备好进行读
boolean markSupported( )	报告此流是否支持 mark()实现的操作

FileReader 类用来读取字符文件。FileReader 的常用方法见表 3-8。

表 3-8　　FileReader 类的常用方法

方　法	说　明
int read( )	读取一个字符并以整数的形式返回。返回－1 表示到达文件流末尾
String getEncoding( )	返回此流使用的字符编码的名称
int read(char cbuf[],int offset,int length)	读字符放入数组中的指定位置,返回所读的字符数
void close( )	关闭流
boolean ready( )	测试当前流是否准备好进行读

通过 BufferedReader 类和 FileReader 类从文件中读取数据信息,并将读取到的文本中的信息进行显示。整体上看就是在 JSP 中将指定的文本文件内容读取出来。

如:

```
<%
String record=null; //用于存储从文本中读取出来的内容信息
BufferedReader br=null; //用于读取文本文件中的数据
String FilePath="c:\books. txt"; //文本文件路径
br=new BufferedReader(new FileReader(FilePath)); //利用 BufferedReader 读取文件中内容
record=br. readLine(); //读取文本文件中的一行内容
%>
```

2. 写文件

JSP 向文本文件中写入内容主要是通过 Java 写入文件类。可以使用 JDK 中的 FileOutputStream 类和 PrintWriter 类实现文件写入。

FileOutputStream 类是用来向 File 或 FileDescriptor 输出数据的一个输出流。FileOutputStream 类的几个常用方法见表 3-9。

表 3-9　　FileOutputStream 类的常用方法

方　法	说　明
void close( )	关闭当前文件输出流,且释放与它相关的任一系统资源
void finalize( )	关闭与当前文件的连接;当这个文件输出流不再有引用时,确保调用它的 close 方法
FileDescriptor getFD( )	返回与当前流相关的文件描述符
void write(byte[]b)	将指定字节数组中的 b. length 字节写入当前文件输出流
void write(byte[]b,int off,int len)	将指定字节数组中以偏移量 off 开始的 len 个字节写入当前文件输出流
void write(int i)	将指定字节写入当前文件输出流

PrintWriter 类将格式化对象打印到一个文件输出流。这个类实现 PrintStream 中的所有打印方法。PrintWriter 类的几个常用方法见表 3-10。

表 3-10　　PrintWriter 类的常用方法

方　法	说　明
PrintWriter append(char c)	将指定字符追加到此 writer
PrintWriter append(CharSequence csq)	将指定字符序列追加到此 writer

（续表）

方 法	说 明
PrintWriter append（CharSequence csq，int start，int end）	将指定字符序列的子序列追加到此 writer
boolean checkError( )	如果流没有关闭，则刷新流且检查其错误状态
void close( )	关闭流
void flush( )	刷新该流的缓冲
PrintWriter format(Locale l，String format，Object args)	使用指定格式字符串和参数将一个格式化字符串写入此 writer 中
PrintWriter format（String format，Object args）	使用指定格式字符串和参数将一个格式化字符串写入此 writer 中
void print(boolean b)	打印 boolean 值
void setError( )	指示已发生错误
void write(char[]buf)	写入字符数组

通过 FileOutputStream 类和 PrintWriter 类向文本文件中写入内容。

如：

```
<%
String record="你好"; //要写入文本文件中的内容信息
String FilePath="c:\books.txt"; //文本文件的路径
//利用 PrintWriter 将数据写入文件中
PrintWriter pw=new PrintWriter(new FileOutputStream(FilePath));
pw.write(record); //将内容写入文本文件中
pw.close(); //关闭输出流
%>
```

思政小贴士

Java 读、写文件的接口和类很多，在完成不同的文件读写任务中，我们必须具体问题具体分析，选取合适的类以及合适的方法来实现功能。坚持具体地分析具体情况，就是坚持辩证唯物论为基础的唯物辩证法。

小 结

本模块介绍了 JSP 的各个内置对象，并着重讲解了 request、response、session、application、out 这几个最常用的对象，这些对象在 JSP 开发中具有很重要的地位，希望读者能够结合本模块任务理解这些对象，并能够掌握其用法。对于其他未详解的对象，可参考相关的 API 文档。

习 题

一、选择题

1. 下列哪个 request 对象的方法能够获取用户提交的变量？（　　）

A. getScheme　　B. getServerPort

C. getParameter　　D. getRealPath

2. 下列哪个 response 对象的方法能够进行页面跳转？（　　）

A. getOutputStream　　B. addHeader

C. setContentType　　D. sendRedirect

二、填空题

1. JSP 主要内置对象有________。

2. request 对象用来获取名为“username”的请求参数的方法是________。

三、问答题

1. session、request、application 这三个对象作用域由小到大如何排列？请分别说明各自作用域的范围。

2. response 对象的 sendRedirect 方法和<jsp:forward>指令所完成的页面跳转有什么区别？

四、编程题

1. 实现一个登录功能，在登录页面让用户填写用户名和密码，如果用户名和密码分别是“tom”和“123”就算登录成功，跳转到欢迎页面；如果不成功，则给出提示“您的用户名不存在”或者“您的密码不正确”，5 秒后跳转回登录页面。

2. 实现一个网页访问计数功能，每一个用户登录到本网站，就将网页的计数器加 1。注意：同一个用户在没关闭浏览器的情况下重新请求页面不用计数。

模块 4

数据库操作

知识目标

掌握 JDBC 连接 MySQL、SQLServer、Oracle 等数据库的方法，掌握常用的与数据库进行交互的 JDBC API 的使用方法，掌握 Connection、Statement、ResultSet 等对象的常用方法及数据分页显示的方法。

技能目标

掌握通过 JDBC 连接数据库并进行数据操作的方法。

素质目标

培养学生逻辑与抽象思维能力，利用数据库解决实际问题的能力。

项目 10　显示用户信息列表

显示用户信息列表

10.1　项目描述与实现

通过 JDBC 连接 MySQL 数据库，查询 hncst 数据库中 users 数据表中的数据，并以表格形式显示，见表 4-1。users 表的结构见表 4-2。

表 4-1　任务执行结果

用户名	密码	性别	E-mail	熟练开发语言
leiyanrui	123456	female	leiyanrui@hnspi.edu.cn	Java,C,C#
…	…	…	…	…

表 4-2　users 表结构

字段名	数据类型	长度	是否为空	约束	备注
id	int		否	主键	编号
username	varchar	50	否		用户名
passwords	varchar	50	否		密码
sex	varchar	10	是		性别
email	varchar	50	是		E-mail
lan	varchar	50	是		熟练开发语言
intro	varchar	100	是		简介
times	int		是		登录次数
lasttime	datetime	8	是		上次登录时间

实现过程：

在 Eclipse 中创建数据读取程序，具体代码见程序 4-1。

【程序 4-1】 exam10_list.jsp

```
<%@ page language="java" contentType="text/html; charset=UTF-8"
pageEncoding="UTF-8" import="java.sql.*"%>
<!DOCTYPE html PUBLIC "-//W3C//DTD HTML 4.01 Transitional//EN" "http://www.w3.org/TR/html4/loose.dtd">
<html>
<head>
<meta http-equiv="Content-Type" content="text/html; charset=UTF-8">
<title>用户信息</title>
</head>
<body>
<h2>用户信息列表</h2>
<%
Connection conn=null;
Statement stat=null;
ResultSet rs=null;
Class.forName("com.mysql.jdbc.Driver").newInstance();
String url="jdbc:mysql://127.0.0.1:3306/hncst";
String user="hncst";
String passwords="123456";
conn=DriverManager.getConnection(url, user, passwords);
stat=conn.createStatement();
String sql="SELECT * FROM users";
rs=stat.executeQuery(sql);
%>
<table width="90%" border="1" align="center" cellspacing="1">
<tr>
<td>用户名:</td>
<td>密码:</td>
<td>性别:</td>
<td>E-mail:</td>
<td>熟练开发语言:</td>
</tr>
<%
while (rs.next()){
    out.print("<tr>");
    out.println("<td>" +rs.getString("username")+"</td>");
    out.println("<td>" +rs.getString("passwords")+"</td>");
    out.println("<td>" +rs.getString("sex")+"</td>");
    out.println("<td>" +rs.getString("email")+"</td>");
    out.println("<td>" +rs.getString("lan")+"</td>");
```

```
        out.print("</tr>");
    }
    rs.close();
    stat.close();
    conn.close();
    %>
    </table>
    </body>
    </html>
```

代码分析：在本程序中，使用 MySQL 的 JDBC 驱动连接了数据库，并读取数据。其连接过程代码为：

```
Class.forName("com.mysql.jdbc.Driver").newInstance();
String url="jdbc:mysql://127.0.0.1:3306/hncst";
String user="hncst";
String passwords="123456";
conn=DriverManager.getConnection(url, user, passwords);
stat=conn.createStatement();
```

Class.forName("")用来动态加载数据库驱动类，并使用 newInstance()静态方法来实例化对象，在本例中，加载的驱动为 com.mysql.jdbc.Driver。

通过 DriverManager 对象的 getConnection()方法建立和指定数据库的连接，url 为数据库连接串，user 为数据库登录帐号，passwords 为数据库登录密码。

通过 Connection 对象的 createStatement()方法创建 Statement 对象，至此，数据库便可以操作了。可以通过 Statement 对象的 executeQuery()方法执行 SQL 语句，从而得到一个 ResultSet 记录集，使用 ResultSet 接口的 getString()方法获得字段的值。最后，关闭所有对象。程序执行效果如图 4-1 所示。

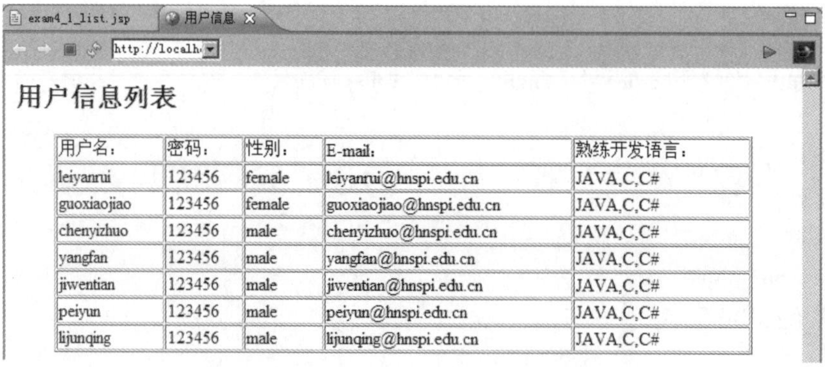

用户信息列表

用户名：	密码：	性别：	E-mail：	熟练开发语言：
leiyanrui	123456	female	leiyanrui@hnspi.edu.cn	JAVA,C,C#
guoxiaojiao	123456	female	guoxiaojiao@hnspi.edu.cn	JAVA,C,C#
chenyizhuo	123456	male	chenyizhuo@hnspi.edu.cn	JAVA,C,C#
yangfan	123456	male	yangfan@hnspi.edu.cn	JAVA,C,C#
jiwentian	123456	male	jiwentian@hnspi.edu.cn	JAVA,C,C#
peiyun	123456	male	peiyun@hnspi.edu.cn	JAVA,C,C#
lijunqing	123456	male	lijunqing@hnspi.edu.cn	JAVA,C,C#

图 4-1　exam10_list.jsp 运行效果

10.2　新知识点——JDBC 概述、JDBC 连接 MySQL 数据库

1. JDBC 简介

JDBC(Java Database Connectivity，Java 数据库连接)，它是一种用于执行 SQL 语句的 Java API 类包，由一组用 Java 语言编写的类和接口组成，通过它可以构建更高级的工具和接口，使数据库开发人员能够用纯 Java API 编写数据库应用程序。

JDBC 是 Java 操作数据库的方法，有了 JDBC，向各种关系数据库发送 SQL 语句就是一件很容易的事。换言之，有了 JDBC API，就不必为访问 MySQL 数据库专门写一个程序，为访问 Oracle 数据库又专门写一个程序。使用 JDBC API，程序员只需用 JDBC API 写一个程序就够了，它可向相应数据库发送 SQL 调用，这和 Microsoft 的 ODBC 技术是类似的，ODBC 是由 Microsoft 公司倡导并得到业界普遍响应的数据库连接技术，通过它可以使用一组通用的接口与各种数据库进行连接，但这仅限于 Windows 平台。而 JDBC 不同，使用 Java 编写的应用程序可以在任何支持 Java 的平台上运行，程序员甚至不必在不同的平台上编写不同的应用。这也是 Java 语言“编写一次，处处运行”的优势。

2. MySQL 数据库简介

MySQL 是一个小型关系型数据库管理系统，开发者为瑞典 MySQL AB 公司，在 2008 年 1 月 16 日被 Sun 公司收购，2009 年，Sun 又被 Oracle 收购。目前 MySQL 被广泛地应用在 Internet 上的中小型网站中。由于体积小、速度快、总体拥有成本低，尤其是开放源码这一特点受到了众多中小型网站制作者的青睐，MySQL 的开发也得到了很多著名厂商和技术团队支持。

3. JDBC 连接 MySQL 数据库的基本步骤

(1)下载驱动。要通过 JDBC 连接数据库需要使用数据库厂商提供的 JDBC Drive。在 MySQL 官方网站下载其 JDBC 驱动，下载页面如图 4-2 所示。

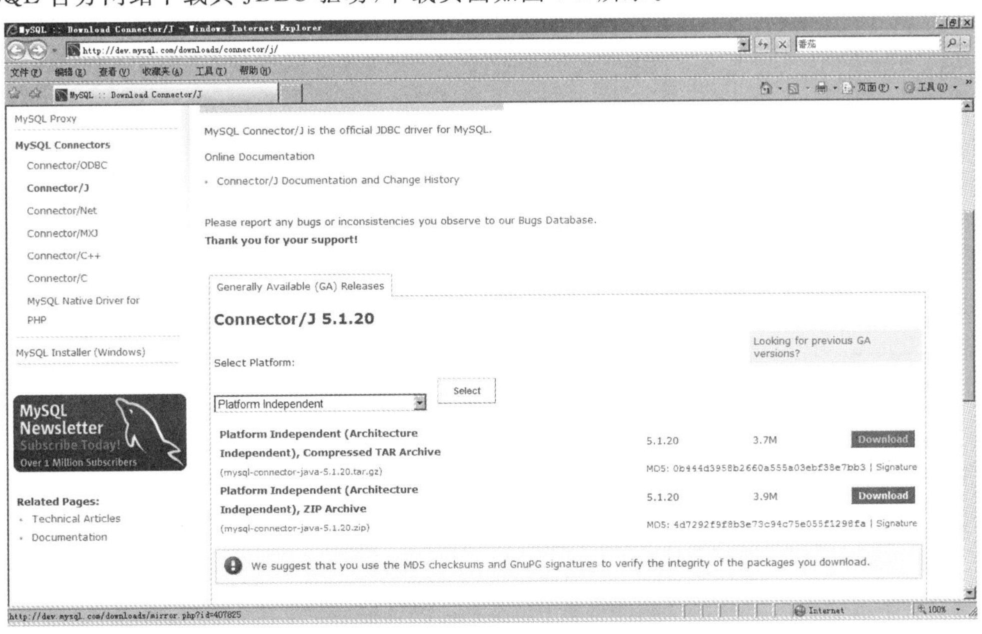

图 4-2 下载 MySQL 数据库的 JDBC 驱动界面

(2)将下载好的驱动 mysql-connector-java-5.1.43-bin.jar 文件(此处的 5.1.43 为驱动版本号)，复制到当前工程的 WEB-INF 的 lib 目录中，如图 4-3、图 4-4 所示。

(3)编写数据库连接程序。

①加载驱动。

```
Class.forName("com.mysql.jdbc.Driver").newInstance();
```

②建立连接对象。

```
String url="jdbc:mysql://localhost:3306/hncst";//连接字符串
Connection conn=DriverManager.getConnection(url);
```

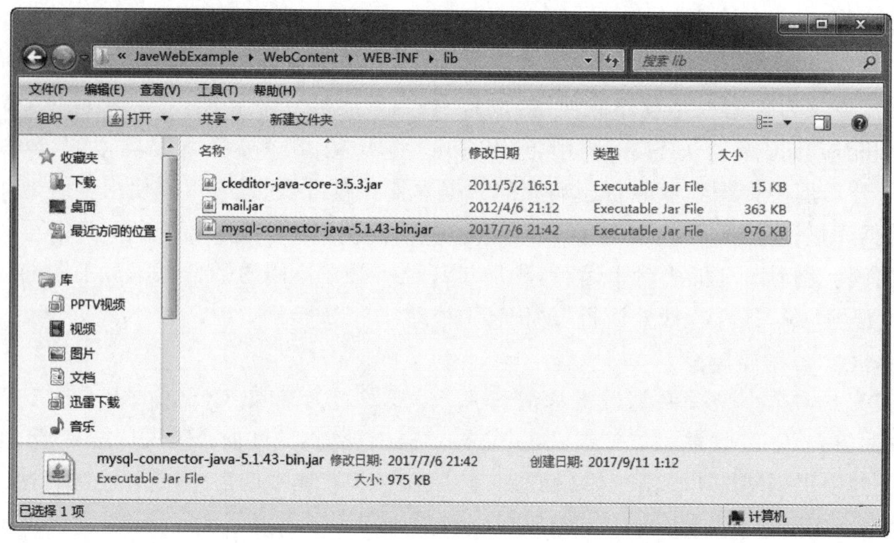

图 4-3　复制 JDBC 驱动到站点的 lib 目录中

③建立 Statement 对象或 PreparedStatement 对象。

```
Statement stmt=conn.createStatement();//创建 Statement 对象
String sql="select * from users where username=? And password=?";
PreparedStatement pstmt=conn.preparedStatement(sql); //创建 PreparedStatement 对象
pstmt.setString(1,"admin");
pstmt.setString(2,"liubin");
```

Statement 是 PreparedStatement 的父接口。Statement 对象用于执行不带参数的简单 SQL 语句;PreparedStatement 对象用于执行预编译 SQL 语句。也就是说,Statement 接口提供了基本方法,而 PreparedStatement 接口添加了处理 IN 参数的方法。对于需多次执行的 SQL 语句,用 PreparedStatement 既可以减轻编码负担,又可以提高系统效率,PreparedStatem 将在项目 13 的扩展部分详细使用。

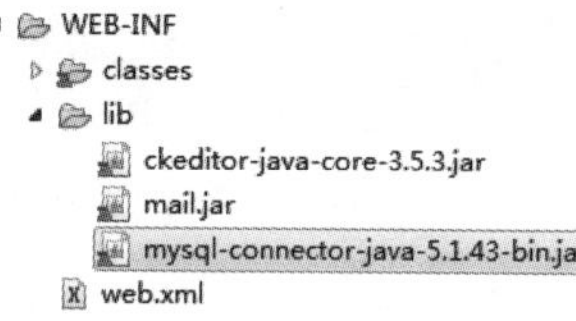

图 4-4　Eclipse 中的 lib 目录

④执行 SQL 语句。

- 执行 SQL 查询

```
String sql="select * from users";
ResultSet rs=stmt.executeQuery(sql);
```

- 执行 insert,update,delete 等语句,先定义 sql

```
stmt.executeUpdate(sql);
```

Statement 接口提供了三种执行 SQL 语句的方法:executeQuery、executeUpdate 和 execute。使用哪一个方法由 SQL 语句所产生的内容决定。

⑤关闭对象,释放资源。

```
rs.close();
stmt.close();
conn.close();
```

通过上面五个步骤,就可以完成 JDBC 连接数据库,执行 SQL 语句,并在执行完后释放数据库资源。

10.3　扩展 1——MySQL 数据库的安装和使用

1. 官网下载 MySQL 数据库

进入 MySQL 官网下载页面下载安装包，如图 4-5 所示。

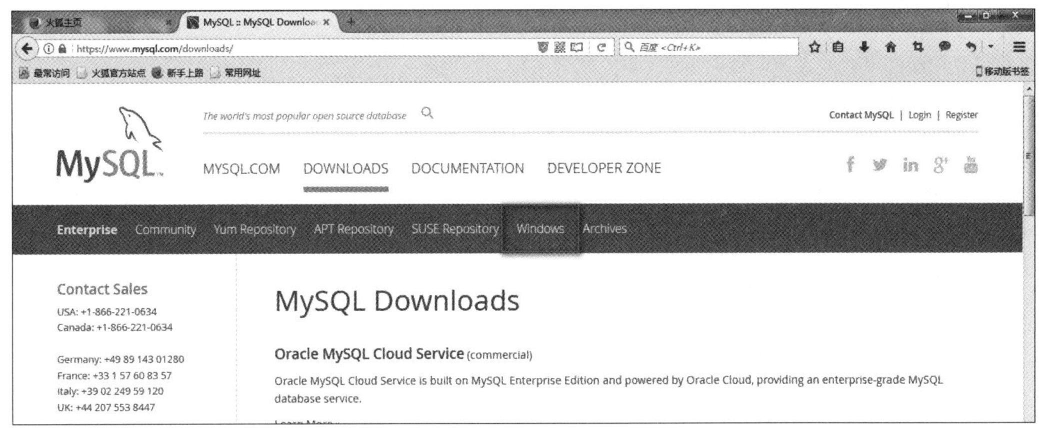

图 4-5　MySQL 下载页面

选择下载 Windows 下 MySQL 的安装包“MySQL Installer”，如图 4-6 所示。

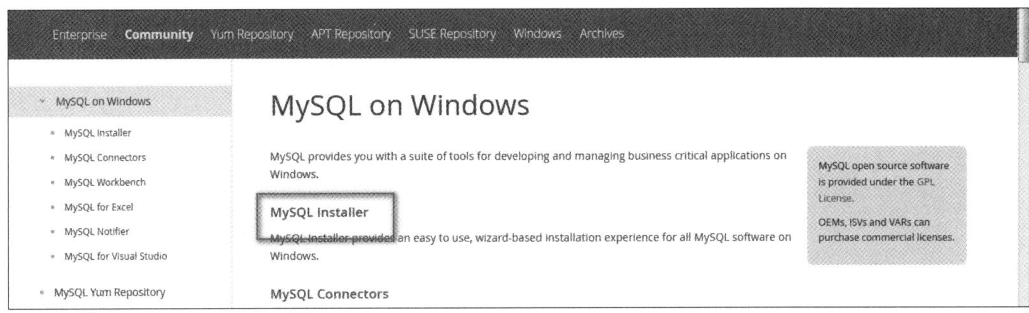

图 4-6　MySQL Installer 下载

选择安装包的类型，大小偏小的是在线安装包，偏大的是离线安装包，推荐下载较大的离线安装包，如图 4-7 所示。

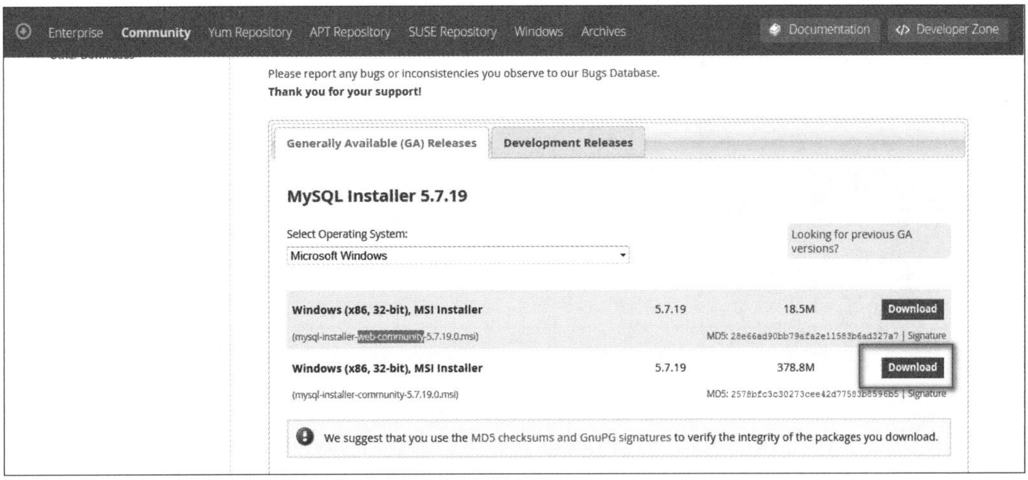

图 4-7　下载离线安装包

2. 安装 MySQL 数据库

进入安装程序后，第一步选择接受许可，如图 4-8 所示。

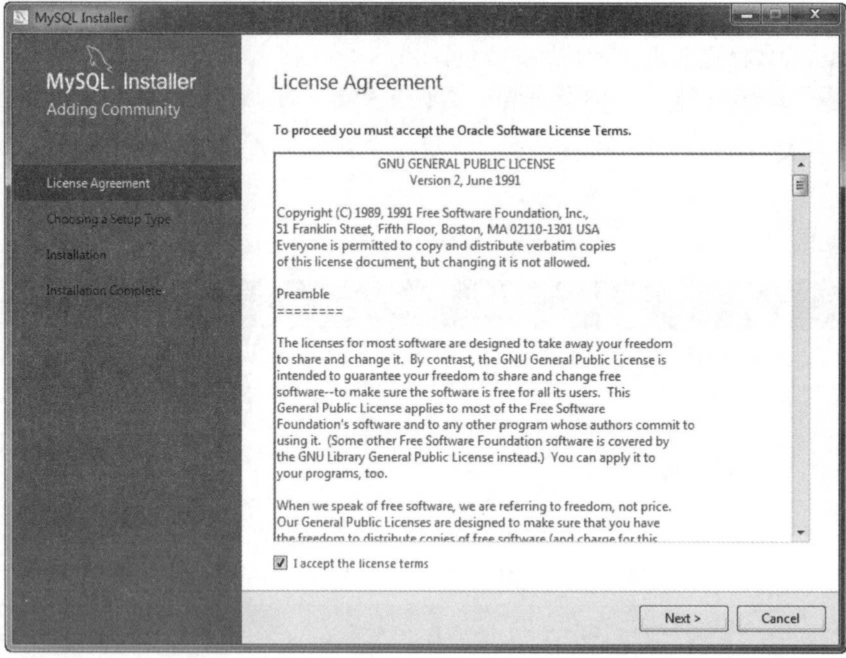

图 4-8　接受许可

选择安装的类型，这里选择 Developer Default，默认的开发者类型，如图 4-9 所示。

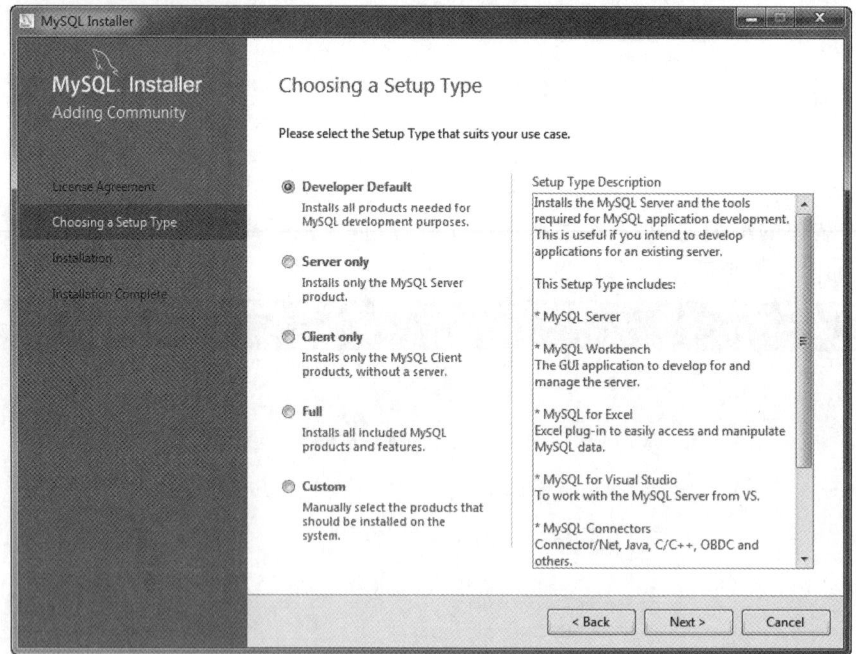

图 4-9　选择安装类型

用户设置，MySQL 数据库的默认高级管理员是 root，这里需要设置 root 用户的密码，如图 4-10 所示，密码一定要牢记。还可以根据实际情况添加其他数据库用户，并设置密码。单击下一步结束安装，如图 4-11 所示。

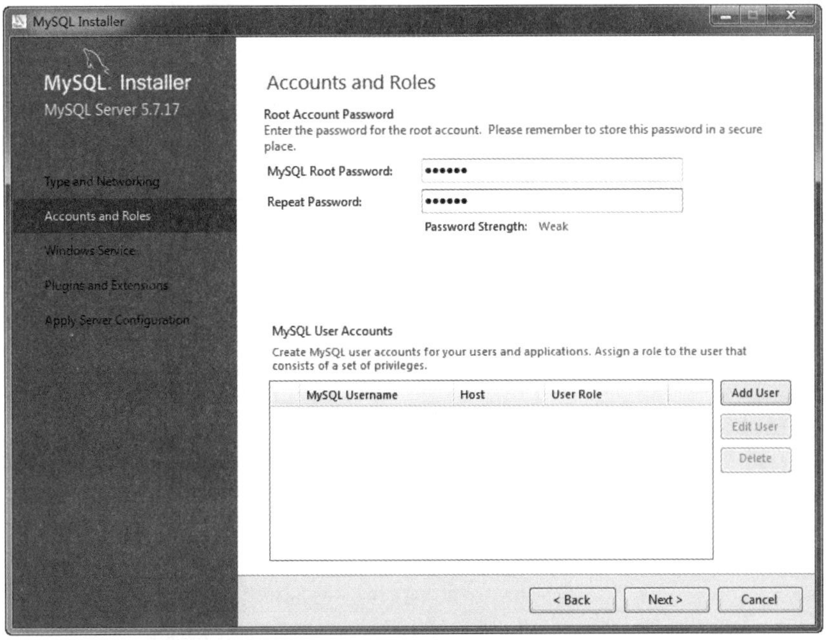

图 4-10　密码设置

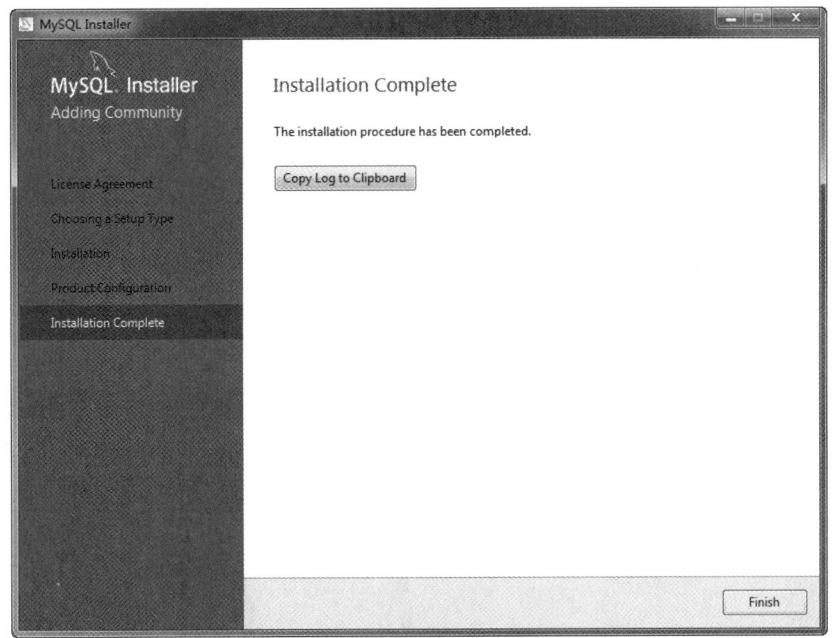

图 4-11　安装成功

3. Navigate 的安装及使用

安装好的 MySQL 是没有图形化管理界面的，使用起来很不方便，为了更加直观地管理数据库，我们需要使用第三方的管理工具。这里推荐使用 Navicat，Navicat 是一套快速、可靠并且价格相当便宜的数据库管理工具，专为简化数据库的管理及降低系统管理成本而设。它的设计符合数据库管理员、开发人员及中小企业的需要。Navicat 是以直觉化的图形用户界面而建的，让用户可以以安全并且简单的方式创建、组织、访问及共用信息。Navicat 有不同的数据库版本，我们这里选择 MySQL 版的，如图 4-12 所示。

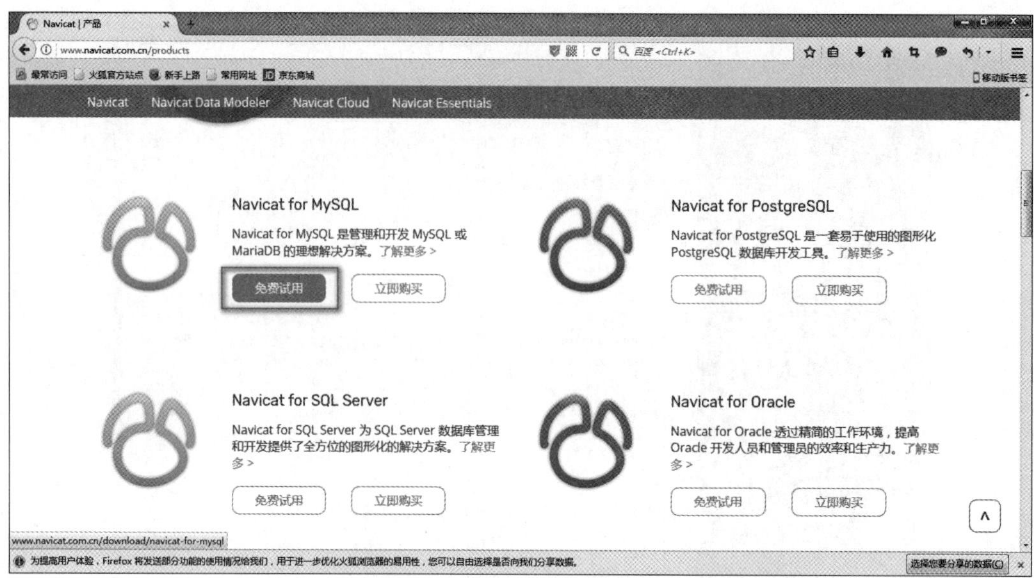

图 4-12　下载 Navicat for MySQL

图 4-13　开始安装 Navicat

安装完成后打开 Navicat 是没有连接的状态，要想使用 Navicat 管理数据库，首先要做的就是连接数据库，单击软件左上角的连接，如图 4-14 所示。

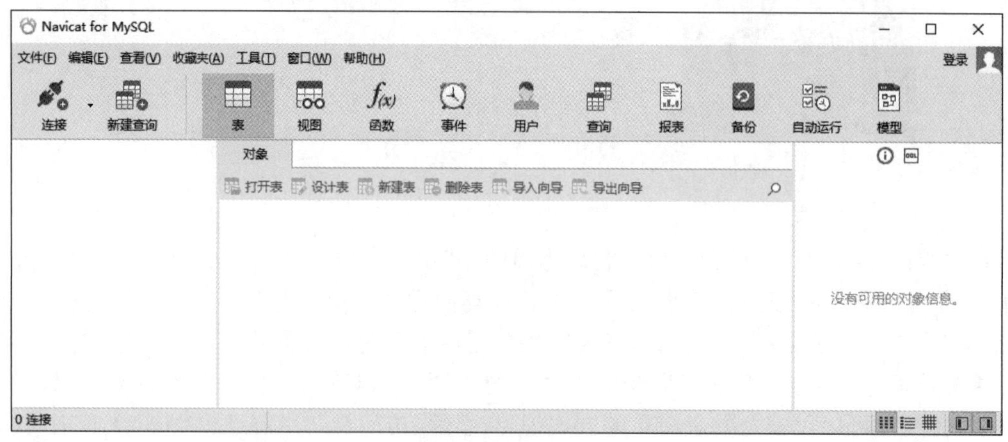

图 4-14　未连接状态

根据实际情况填写连接参数,可以单击“连接测试”测试数据库是否可以连接,如图 4-15 所示。如果测试连接成功,就可以使用 Navicat 管理数据库了。

图 4-15　连接参数设置

接下来,我们使用 Navicat 创建本模块使用的数据库 hncst。在数据库连接上右击,选择“新建数据库”,如图 4-16 所示。在弹出的“新建数据库”对话框中输入数据库常规配置,如图 4-17 所示。

图 4-16　新建数据库

图 4-17　数据库常规参数

展开新建的数据库 hncst,在“表”项目处右击选择“新建表”,按要求输入各字段(栏位)参数,将表保存为 user。如图 4-18 所示。

双击打开 user 表,在表中插入测试数据如图 4-19 所示。到这里我们本模块所用到的测试数据库就准备好了。

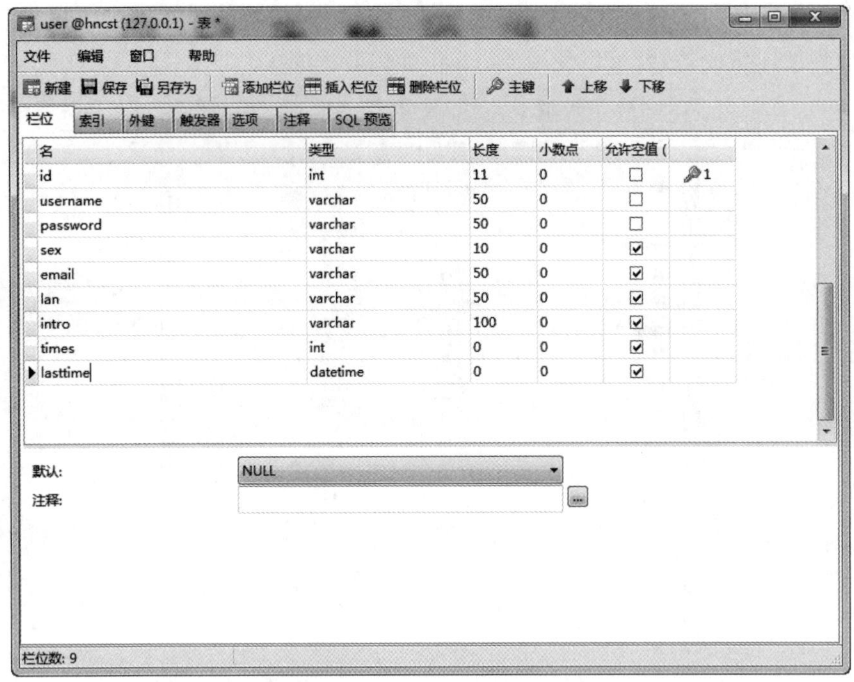

图 4-18 数据表栏位设置

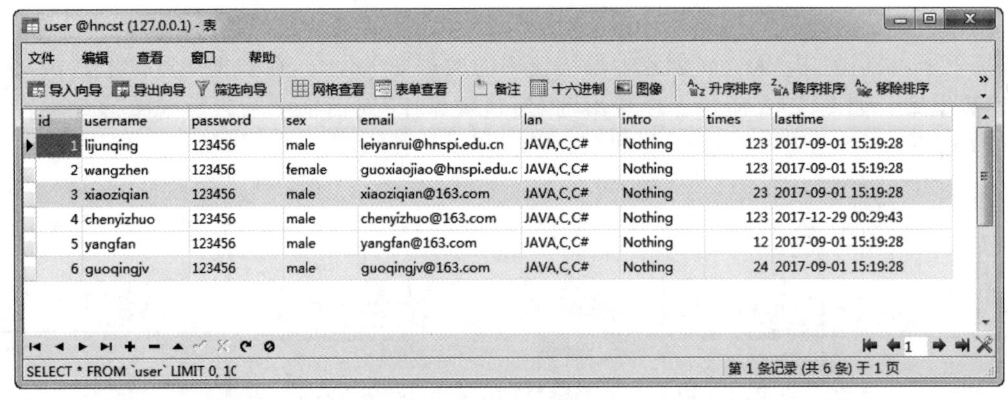

图 4-19 插入测试数据

10.4 扩展 2——JDBC 连接 SQL Server、Oracle

1. JDBC 连接 SQL Server

SQL Server 是一个关系型数据库管理系统。SQL Server 使用集成的商业智能工具提供企业级的数据管理，可以为不同规模的企业提供不同的数据管理解决方案。下边以 SQL Server 2005 为例，介绍 JDBC 连接 SQL Server 数据库。

通过 JDBC 连接 SQL Server 的 hncst 数据库，实例文件为 exam10_sqlserver.jsp，具体步骤如下：

(1)在 Microsoft SQL Server 的官网下载 SQL Server JDBC 驱动(不同版本的数据库对应不同驱动程序)。将下载好的驱动 sqljdbc.jar 文件复制到网站的 lib 目录中，如图 4-20、图 4-21 所示。

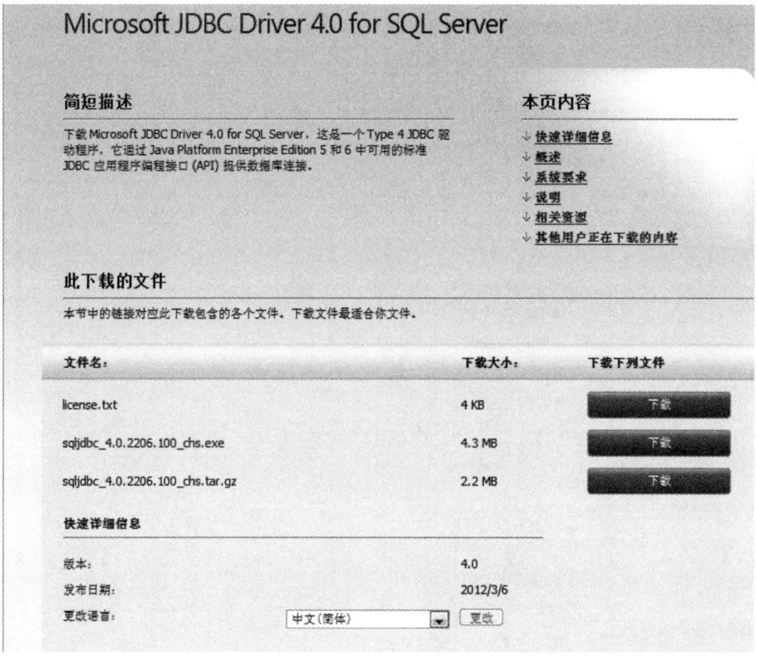

图 4-20 Microsoft SQL Server JDBC 驱动下载页面

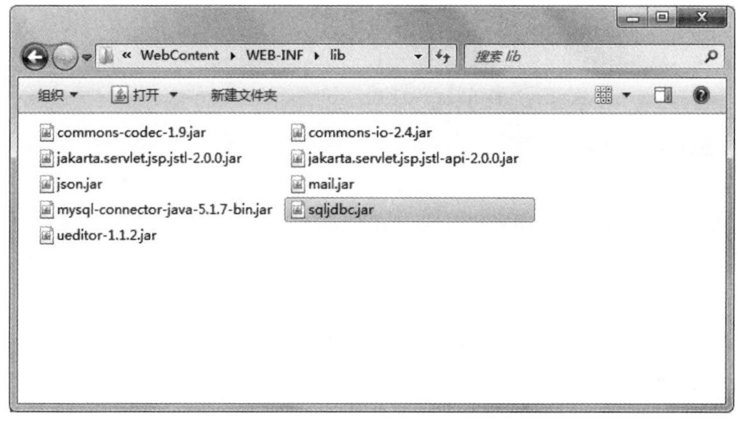

图 4-21 复制 JDBC 驱动到站点的 lib 目录中

(2)将 SQL Server 的验证方式改为"SQL Server 和 Windows 身份验证模式"，并设置合法用户名和密码，如图 4-22 所示。打开 Microsoft SQL Server Management Studio Express，通过右击数据库，选择"属性"，打开"服务器属性"面板，在"安全"选项里进行配置，重启 SQL Server 后生效。

(3)创建 exam10_sqlserver. jsp 文件，代码见程序 4-2。

【程序 4-2】 exam10_sqlserver. jsp

```
<%@ page contentType="text/html; charset=UTF-8" language="java"
import="java. sql. * " errorPage="" %>
<head>
<title> Exam10 SQL Server 数据库 JDBC 连接实例</title>
</head>
<body>
```

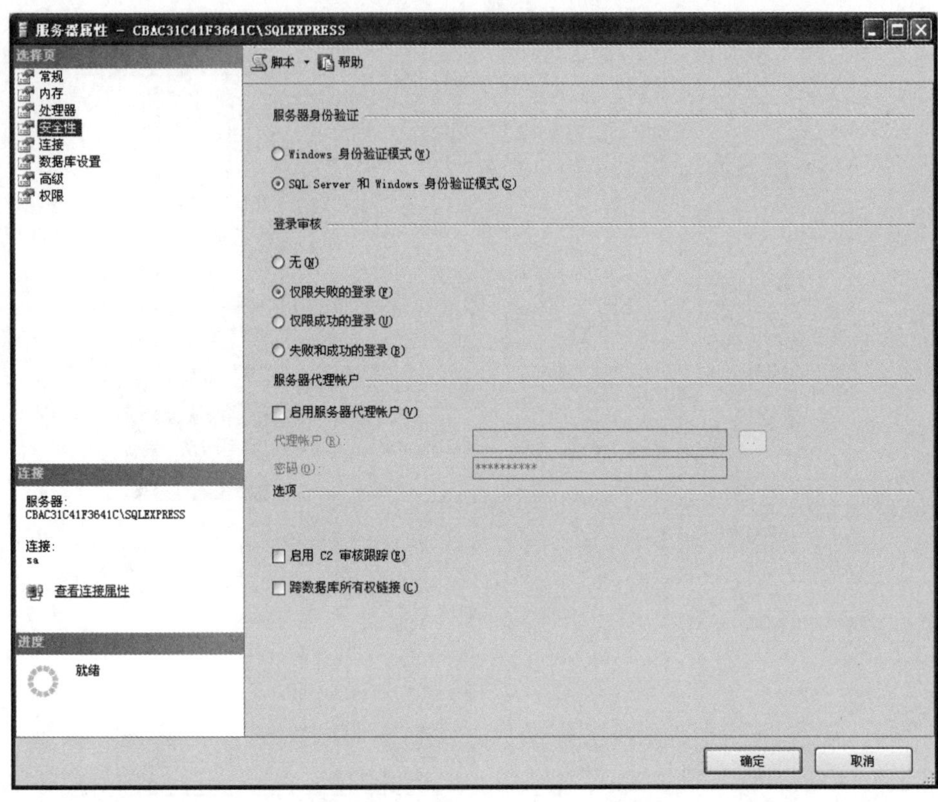

图 4-22　修改 SQL Server 服务器身份验证方式

```
SQL Server 数据库 JDBC 连接实例
<%
String url="jdbc:sqlserver://localhost:1433;DatabaseName=hncst";
Class.forName("com.microsoft.sqlserver.jdbc.SQLServerDriver");
Connection conn;
conn=DriverManager.getConnection(url,"hncst","123456");
out.print("通过 JDBC 驱动和 SQL Server 数据库连接成功");
conn.close();
%>
</body>
</html>
```

代码分析：基本步骤和连接 MySQL 数据库类似，只需要修改连接字符串即可，JDBC 连接 SQL Server 的连接驱动为“com.microsoft.sqlserver.jdbc.SQLServerDriver”。

url 表示连接字符串，其格式为“jdbc:sqlserver://数据库地址:端口;DatabaseName=数据库名”。

运行结果如图 4-23 所示。

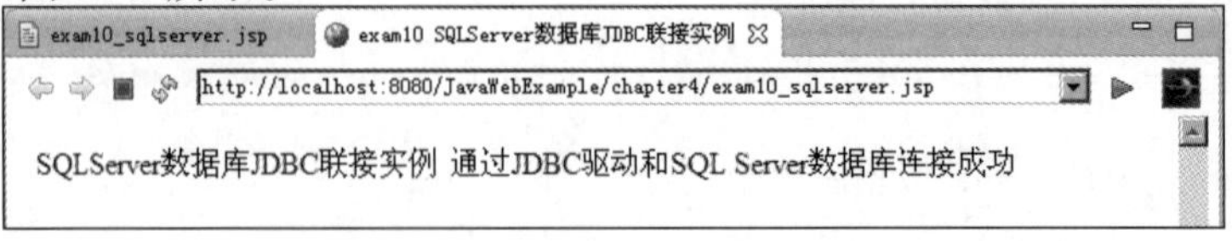

图 4-23　连接 SQL Server 数据库运行效果

2. JDBC 连接 Oracle

与 JDBC 连接 MySQL、SQL Server 类似，需要先下载 Oracle 数据库的 JDBC 驱动，并将其放置在网站的 lib 目录下。在此不再详细描述。其次，创建连接文件 exam10_oracle.jsp，代码见程序 4-3。

【程序 4-3】 exam10_oracle.jsp

```
<%@ page contentType="text/html; charset=UTF-8" language="java"
import="java.sql.*" errorPage=""%>
<head>
<title>Oracle 数据库 JDBC 连接实例</title>
</head>
<body>
Oracle 数据库 JDBC 连接实例
<%
Class.forName("oracle.jdbc.driver.OracleDriver").newInstance();
String url="jdbc:oracle:thin:@localhost:1521:orcl";//orcl 为数据库的 SID
String user="hncst";
String password="hncst";
Connection conn=DriverManager.getConnection(url, user, password);
out.print("通过 JDBC 驱动和 Oracle 数据库连接成功");
conn.close();
%>
</body>
</html>
```

代码分析：连接 Oracle 的驱动程序为 oracle.jdbc.driver.OracleDriver，连接字符串格式 url 为"jdbc:oracle:thin:@数据库地址:端口号:数据库 SID"。

项目 11 JSP 实现用户注册

JSP 实现用户注册

11.1 项目描述与实现

编写程序完成用户注册功能，即通过 JDBC 连接数据库，并向 users 表中添加一条新记录。注册的资料包含用户名、密码、性别、E-mail、熟练开发语言、个人介绍。

实现过程：

(1)在 Dreamweaver 中设计制作表单页面，效果如图 4-24 所示，代码见程序 4-4。

【程序 4-4】 用户注册页面 exam11_reg.html

```
<!DOCTYPE html PUBLIC "-//W3C//DTD XHTML 1.0 Transitional//EN" "http://www.w3.org/TR/xhtml1/DTD/xhtml1-transitional.dtd">
<html xmlns="http://www.w3.org/1999/xhtml">
<head>
<meta http-equiv="Content-Type" content="text/html; charset=UTF-8"/>
<title>用户注册</title>
</head>
<body>
```

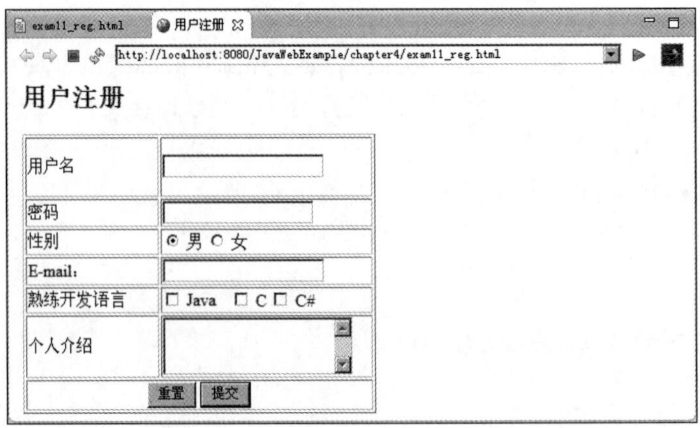

图 4-24　用户注册页

```
<h2>用户注册</h2>
<form id="form1" name="form1" method="post" action="exam11_reg_do.jsp">
<table width="54%" border="1">
<tr>
<td width="39%"><p>用户名</p></td>
<td width="61%"><label> <input name="username"
type="text" id="username"/>
</label></td>
</tr>
<tr>
<td>密码</td>
<td><label> <input name="password" type="password"
id="password"/>
</label></td>
</tr>
<tr>
<td>性别</td>
<td><label> <input name="sex" type="radio" value="male"
checked="checked"/> 男 <input type="radio" name="sex"
value="female"/> 女
</label></td>
</tr>
<tr>
<td>E-mail</td>
<td><label> <input name="email" type="text" id="email"/>
</label></td>
</tr>
<tr>
<td>熟练开发语言</td>
<td><label> <input name="lan" type="checkbox" id="lan"
value="Java"/> Java <input name="lan" type="checkbox" id="lan"
value="C"/> C <input name="lan" type="checkbox" id="lan"value="C#"/> C#
</label></td>
```

```
</tr>
<tr>
<td>个人介绍</td>
<td><label> <textarea name="intro" rows="3" id="intro"></textarea>
</label></td>
</tr>
<tr>
<td colspan="2"><label>
<div align="center">
<input type="reset" name="Submit" value="重置"/> <input
type="submit" name="Submit2" value="提交"/>
</div>
</label></td>
</tr>
</table>
</form>
</body>
</html>
```

代码分析：该程序为表单代码，表单以 POST 方式提交 exam11_reg_do.jsp。

(2)获取表单数据，并将其插入数据表中。代码见程序 4-5。

【程序 4-5】 exam11_reg_do.jsp

```
<%@ page language="java" contentType="text/html; charset=UTF-8"
pageEncoding="UTF-8" import="java.sql.*"%>
<!DOCTYPE html PUBLIC "-//W3C//DTD HTML 4.01 Transitional//EN" "http://www.w3.org/
TR/html4/loose.dtd">
<html>
<head>
<meta http-equiv="Content-Type" content="text/html; charset=UTF-8">
<title>Insert title here</title>
</head>
<body>
<%
request.setCharacterEncoding("UTF-8");
String username=request.getParameter("username");
String password=request.getParameter("password");
String sex=request.getParameter("sex");
String email=request.getParameter("email");
String intro=request.getParameter("intro");
String[] lan=request.getParameterValues("lan");
String lans="";
if (lan!=null){
    for (int i=0; i< lan.length; i++){
        lans=lans+lan[i]+",";
    }
}
```

```
Connection conn=null;
Statement stat=null;
Class.forName("com.mysql.jdbc.Driver").newInstance();
String url="jdbc:mysql://127.0.0.1:3306/hncst";
String user="hncst";
String passwords="123456";
conn=DriverManager.getConnection(url, user, passwords);
stat=conn.createStatement();
String sql="INSERT INTO users(username,passwords,sex,email,lan,intro)values('"
+username
+"','"
+password
+"','"
+sex
+"','"
+email
+"','" +lans+"','"+intro+"');";
stat.executeUpdate(sql);
out.println("用户注册成功");
stat.close();
conn.close();
%>
</body>
</html>
```

代码分析：程序通过 request 对象的 getParameter()方法取得表单中的各元素。其次连接数据库，创建 Statement 对象，并调用其 executeUpdate()方法执行插入数据库操作。运行效果如图 4-25、图 4-26 所示。

图 4-25　运行结果

user @test (localhost_3306) - Table

File Edit View Window Help

Import Wizard　Export Wizard　Filter Wizard　Grid View　Form View　Memo　Hex　Image

id	username	password	sex	email	lan	intro
1	leiyanrui	123456	female	leiyanrui@hnspi.edu.cn	Java,C,C#	(Null)
2	guoxiaojiao	123456	female	guoxiaojiao@hnspi.edu.cn	Java,C,C#	(Null)
3	chenyizhuo	123456	male	chenyizhuo@hnspi.edu.cn	Java,C,C#	(Null)
4	yangfan	123456	male	yangfan@hnspi.edu.cn	Java,C,C#	(Null)
5	jiwentian	123456	male	jiwentian@hnspi.edu.cn	Java,C,C#	(Null)
6	peiyun	123456	male	peiyun@hnspi.edu.cn	Java,C,C#	(Null)
7	lijunqing	123456	male	lijunqing@hnspi.edu.cn	Java,C,C#	(Null)
12	zhangsan	123456	female	zhangsan@hnspi.edu.cn	C,	introduct:

SELECT * FROM `user` LIMIT 0, 1000　Record 8 of 8 in page 1

图 4-26　数据库显示的表单提交的数据

11.2 新知识点——Connection、Statement、ResultSet 等对象的常用方法

在 Java 语言中提供了丰富的类和接口用于数据库编程，利用它们可以方便地进行数据的访问和处理。下面主要介绍 java. sql 包中提供的常用类和接口。

java. sql 包中提供了 JDBC 中核心的类和接口，其常用类、接口和异常见表 4-3。

表 4-3 java. sql 包中的常用类、接口和异常

类　型	类、接口或者异常	说　明
类	Date	接收数据库的 Date 对象
	DriverManager	注册、连接以及注销等管理数据库驱动程序任务
	DriverPropertyInfo	管理数据库驱动程序的属性
	Time	接收数据库的 Time 对象
	Types	提供预定义的整数列表与各种数据类型的一一对应
接口	Array	Java 语言与 SQL 语言中的 ARRAY 类型的映射
	Blob	Java 语言与 SQL 语言中的 BLOB 类型的映射
	CallableStatemet	执行 SQL 存储过程
	Clob	Java 语言与 SQL 语言中的 CLOB 类型的映射
	Connection	应用程序与特定数据库的连接
	DatabaseMetaData	数据库的有关信息
	Driver	驱动程序必须实现的接口
	ParameterMetaData	PreparedStatement 对象中变量的类型和属性
	PreparedStatement	代表预编译的 SQL 语句
	Ref	Java 语言与 SQL 语言中的 REF 类型的映射
	ResultSet	接收 SQL 语句并返回结果
	ResultSetMetaData	查询数据库返回的结果集的有关信息
	SQLData	Java 语言与 SAL 语言中用户自定义类型的映射
	Statement	执行 SQL 语句并返回结果
	Struct	Java 语言与 SQL 语言中的 structured 类型的映射
异常	BatchUpdatedExceptions	批处理的作业中至少有一条指令失败
	DataTruncation	数据被意外截断
	SQLException	数据存取中的错误信息
	SQLWarning	数据存取中的警告

接下来具体介绍一下 JDBC 编程中常用的 DriverManager 类和 Connection、Statement、ResultSet 等接口。

1. Driver 接口

每个数据库驱动程序必须实现 Driver 接口，对于 JSP 开发者来说只要使用 Driver 接口就可以了。在编程中要连接数据库必须要装载特定的数据库驱动程序(Driver)，格式如下：

```
Class. forName("数据库商提供的驱动程序名称");
```

在使用 Class. forName 之前，应先使用 import 语句导入 java. sql 包，即：

在 Java 源程序中为：import java. sql. * ;

在 JSP 程序中为：<%@page import="java. sql. *"%>

2. DriverManager 接口

java. sql. DriverManager 类负责管理 JDBC 驱动程序的基本服务，是 JDBC 的管理层，作用于用户和驱动程序之间，用来管理数据库中的所有驱动程序。它可以跟踪可用的驱动程序，注册、注销以及为数据库连接合适的驱动程序，设置登录时间限制等。DriverManager 接口中的常用方法见表 4-4。

表 4-4　　DriverManager 接口中的常用方法

方　法	说　明
static void deregisterDriver(Driver driver)	注销指定的驱动程序
static Connection getConnection(String url)	连接指定的数据库
static Connection getConnection(String url, String user, String password)	以指定的用户名和密码连接指定数据库
static Driver getDriver(String url)	获取建立指定连接需要的驱动程序
static Enumeration getDrivers()	获取已装载的所有 JDBC 驱动程序
static int getLoginTimeout()	获取驱动程序等待的秒数
static void println(String message)	注册指定驱动程序
static void setLoginTimeout(int seconds)	设置驱动程序等待连接的最大时间限制

3. Connection 接口

Connection 接口用于应用程序和数据库的相连。Connection 接口中提供了丰富的方法用于建立 Statement 对象、设置数据处理的各种参数等。Connection 接口中的常用方法见表 4-5。

表 4-5　　Connection 接口中的常用方法

方　法	说　明
void close()	关闭当前连接并释放资源
void commit()	提交对数据库所做的改动，释放当前连接特有的数据库的锁
Statement createStatement()	创建 Statement 对象
Statement createStatement(int resultSetType, int resultSetConcurrency)	创建一个要生成特定类型和并发性结果集的 Statement 对象
String getCatalog()	获取 Connection 对象的当前目录
boolean isClosed()	判断连接是否关闭
boolean isReadOnly()	判断连接是否处于只读状态
CallableStatement prepareCall(String sql)	创建 CallableStatement 对象
PreparedStatement preparedStatement(String sql)	创建 PreparedStatement 对象
void rollback()	回滚当前事务中的所有改动，释放当前连接特有的数据库的锁
void setReadOnly(boolean readOnly)	设置连接为只读模式

4. Statement 接口

Statement 接口用于在已经建立连接的基础上向数据库发送 SQL 语句。Statement 接口中包含了执行 SQL 语句和获取返回结果的方法。

在 JDBC 中有三种 Statement 对象：Statement、PreparedStatement 和 CallableStatement。Statement 对象用于执行不带参数的简单 SQL 语句；PreparedStatement 继承了 Statement，用于处理需要被多次执行的 SQL 语句；CallableStatement 继承了 PreparedStatement，用于执行对数据库的存储过程的调用。

Statement 接口中的常用方法见表 4-6。

表 4-6　Statement 接口中的常用方法

方　法	说　明
void addBatch(String sql)	在 Statement 语句中增加 SQL 批处理语句
void cancel()	取消 SQL 语句指定的数据库操作指令
void clearBatch()	清除 Statement 语句中的 SQL 批处理语句
void close()	关闭 Statement 语句指定的数据库连接
boolean execute(String sql)	执行 SQL 语句(用于执行返回多个结果集或者多个更新数的语句)
int[] executeBatch()	批处理执行多个 SQL 语句
ResultSet executeQuery(String sql)	执行 SQL 查询语句，并返回结果集(用于执行返回单个结果集的 SQL 语句)
int executeUpdate(String sql)	执行数据库更新，返回值说明执行该语句所影响数据表中的行数
Connection getConnection()	获取对数据库的连接
int getFetchSize()	获取结果集的行数
int getMaxFieldSize()	获取结果集的最大字段数
int getMaxRows()	获取结果集的最大行数
int getQueryTimeout()	获取查询超时时间设置
ResultSet getResultSet()	获取结果集
void setCursorName(String name)	设置数据库游标的名称
void setFetchSize(int rows)	设置结果集的行数
void setMaxFieldSize(int max)	设置结果集的最大字段数
void setMaxRows(int max)	设置结果集的最大行数
void setQueryTimeout(int seconds)	设置查询超时时间

5. PreparedStatement 接口

PreparedStatement 接口继承 Statement，包含已经编译的 SQL 语句。这就是使语句“准备好”，所以它的执行速度要高于 Statement 对象。因此，将多次执行的 SQL 语句创建为 PreparedStatement 对象，可以提高效率。

6. ResultSet 接口

ResultSet 接口用来暂时存放数据库查询操作所获得的结果。ResultSet 接口中包含了一系列 get()方法，用来对结果集中的数据进行访问。ResultSet 接口中定义的常用方法见表 4-7。

表 4-7 ResultSet 接口中的常用方法

方 法	说 明
boolean absolute(int row)	将游标移动到结果集的某一行
void afterLast()	将游标移动到结果集的末尾
void beforeFirst()	将游标移动到结果集的头部
void deleteRow()	删除结果集中的当前行
boolean first()	将游标移动到结果集的第一行
Date getDate(int columnIndex)	获取当前行某一列的值,返回值的类型为 Date
Statement getStatement()	获取产生该结果集的 Statement 对象
int getType()	获取结果集的类型
boolean inAfterLast()	判断游标是否指向结果集的末尾
boolean isBeforeFirst()	判断游标是否指向结果集的头部
boolean isFirst()	判断游标是否指向结果集的第一行
boolean isLast()	判断游标是否指向结果集的最后一行
boolean last()	将游标移动到结果集的最后一行
boolean next()	将游标移动到结果集的后面一行
boolean previous()	将游标移动到结果集的前面一行

11.3 扩展 1——JSP 实现用户登录

编写代码实现用户登录功能,要求用户输入用户名和密码后进行登录,登录后更新 users 表中的登录次数和登录时间,并获取 users 表中用户的性别,根据用户性别的不同以不同的称谓欢迎用户。

实现过程:

(1)实现登录表单,代码见程序 4-7。

【程序 4-7】 exam11_login. html

```
<! DOCTYPE html PUBLIC "-//W3C//DTD XHTML 1. 0 Transitional//EN" "http://www. w3. org/TR/xhtml1/DTD/xhtml1-transitional. dtd">
<html xmlns="http://www. w3. org/1999/xhtml">
<head>
<meta http-equiv="Content-Type" content="text/html; charset=UTF-8"/>
<title>用户登录</title>
</head>
<body>
<form id="form1" name="form1" method="post" action="exam11_login_do. jsp">
<table width="34%" border="1">
<tr>
<td colspan="2"><h2>用户登录</h2></td>
</tr>
<tr>
<td>用户名</td>
```

```
<td><label>
<input name="username" type="text" id="username"/>
</label></td>
</tr>
<tr>
<td>密码</td>
<td><label>
<input name="password" type="password" id="password"/>
</label></td>
</tr>
<tr>
<td colspan="2"><label>
<center>
<input type="submit" name="Submit" value="登录"/>
</center>
</label></td>
</tr>
</table>
</form>
</body>
</html>
```

代码分析：该程序为登录表单，表单以 POST 方式提交，目标程序为 exam11_login_do. jsp，程序运行结果如图 4-27 所示。

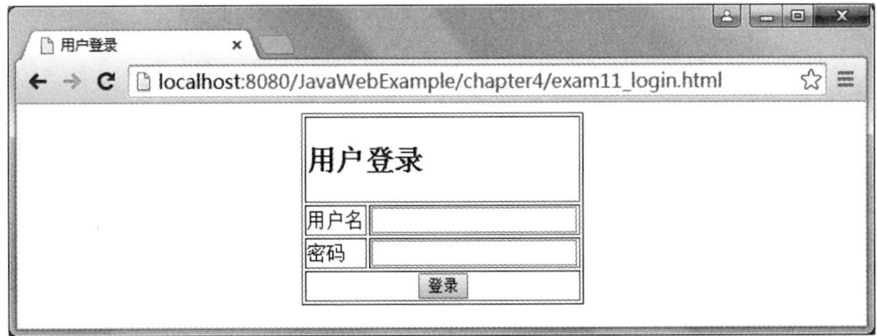

图 4-27 用户登录

(2)实现表单处理程序，即获取表单提交数据，连接数据库并检索，校验判断，具体代码见程序 4-8。

【程序 4-8】 exam11_login_do. jsp

```
<%@ page language="java" contentType="text/html; charset=UTF-8"
pageEncoding="UTF-8"%>
<%@ page import="java.sql.*,java.util.*"%>
<!DOCTYPE html PUBLIC "-//W3C//DTD HTML 4.01 Transitional//EN" "http://www.w3.org/
TR/html4/loose.dtd">
<html>
<head>
<meta http-equiv="Content-Type" content="text/html; charset=UTF-8">
```

```
<title>Insert title here</title>
</head>
<body>
<%
String username=request.getParameter("username");
String password=request.getParameter("password");
Connection conn=null;
Statement stat=null;
ResultSet rs=null;
Class.forName("com.mysql.jdbc.Driver").newInstance();
String url="jdbc:mysql://127.0.0.1:3306/hncst";
String user="hncst";
String passwords="123456";
conn=DriverManager.getConnection(url, user, passwords);
stat=conn.createStatement();
String sql="SELECT * FROM users where username='"+username+"';";
//使用 executeQuery()方法调用 SQL 查询语句,返回值为满足条件的结果集
rs=stat.executeQuery(sql);
//out.println(sql);
if (rs.next()){
    if (password.equals(rs.getString("passwords"))){
        out.println("登录成功! <br>");
        String sex=(rs.getString("sex").equals("male"))?"先生":"女士";
        out.println("欢迎您"+rs.getString("username")+sex);
        out.println(",这是您第"+(rs.getInt("time")+1)
        +"次登录系统,上次登录时间为"+rs.getString("lasttime"));
        //更新数据库
        int id=rs.getInt("id");
        sql="UPDATE users SET times=times+1, lasttime=NOW() where id="+id;
        stat.executeUpdate(sql);
        //out.println(sql);
    } else {
        out.println("登录失败,请检查用户名或密码是否正确!");
    }
} else {
    out.println("登录失败,请检查用户名或密码是否正确!");
}
if (rs!=null){
    rs.close();
}
if (stat!=null){
    stat.close();
}
if (conn!=null){
```

```
    conn.close();
}
%>
</body>
</html>
```

代码分析：在取得表单中传递过来的用户名和密码后，先以用户名作为条件到数据库中检索是否存在，若存在，再进行判断密码是否正确，若正确则说明是正常用户，否则提示错误。程序运行效果如图 4-28 所示。

图 4-28　用户登录结果

11.4　扩展 2——JSP 资源释放

数据库连接是 JDBC 数据库应用程序中最为耗时的一个部分。服务器的资源有限，程序如果一直保持数据库的连接状态，就会消耗数据库服务器的资源，影响服务器的正常响应。在部分情况下 JSP 也会自动关闭数据库连接进而释放资源，例如在一个方法或一个类的内部创建数据库连接，当这个方法或类运行结束时，JSP 将会自动回收资源，并不需使用 close 方法主动释放资源。但在实际应用中，JDBC 连接数据库通常会使用 Servlet（见模块 5），而 Servlet 会一直保持在服务器内，Servlet 的数据库连接也会一直保存在服务器内，所以为了减少消耗服务器资源，应该习惯在方法或类中创建数据库连接，并通过 close()方法主动关闭数据库连接。

因此，在建立数据库连接并使用结束后，应调用 close()方法关闭对象，释放资源。可以采用如程序 4-9 的模式去检查是否关闭，若未关闭，则进行关闭。

【程序 4-9】　exam11_close.jsp

```
<% //资源回收代码片段
try {
    if (stat! =null){ //如果 statement 对象不为空则回收
        stat.close();
    }
} catch (Exception e){
}
try {
    if (conn! =null){//如果 connection 对象不为空则回收
        conn.close();
    }
} catch (Exception e){
}
%>
```

代码分析：将数据库连接中用到的对象调用 close()方法进行回收即可，在回收时要注意回收的顺序，先是 ResultSet 对象，然后是 Statement 对象，最后是 Connection 对象。

项目 12　分页显示用户信息列表

12.1　项目描述与实现

将项目 10 任务实现后的用户列表进行分页显示，每页显示 5 条，并显示当前页码，总页数，上一页连接和下一页连接。效果如图 4-29 所示。

实现过程：

在项目 10 显示数据的基础上进行分页显示，代码见程序 4-10。

【程序 4-10】　exam12_fenye.jsp

```
<%@ page language="java" contentType="text/html; charset=UTF-8"
pageEncoding="UTF-8"%>
<%@ page import="java.sql.*,java.util.*"%>
<!DOCTYPE html PUBLIC "-//W3C//DTD HTML 4.01 Transitional//EN" "http://www.w3.org/TR/html4/loose.dtd">
<html>
<head>
<meta http-equiv="Content-Type" content="text/html; charset=UTF-8">
<title>用户信息</title>
</head>
<body>
<h2>用户信息列表</h2>
<%
//分页参数
int pagesize=5;
int id=1; //当前页
int page=1; //页码
String pPage=""; //前页
String nPage=""; //下一页
int rowcount=0;
int pagecount=0;
String path="";
if (request.getParameter("id")!=null){
    try {
        id=Integer.parseInt(request.getParameter("id"));
    } catch (Exception e){
        id=1;
    }
}
Connection conn=null;
Statement stat=null;
ResultSet rs=null;
Class.forName("com.mysql.jdbc.Driver").newInstance();
```

```
String url="jdbc:mysql://127.0.0.1:3306/hncst";
String user="hncst";
String passwords="123456";
conn=DriverManager.getConnection(url, user, passwords);
stat=conn.createStatement();
String sql="SELECT count(*)FROM users";
rs=stat.executeQuery(sql);
rs.next();
rowcount=rs.getInt(1);
if (rowcount % pagesize==0){
    pagecount=rowcount/pagesize;
} else {
    pagecount=rowcount/pagesize+1;
}
page=id;
if(page>pagecount)
{
    page=pagecount;
}
if(page<0)
{
    page=1;
}
sql="SELECT * FROM users limit "+(page-1)*pagesize +","+pagesize+"";
rs=stat.executeQuery(sql);
%>
<table width="90%" border="1" align="center" cellspacing="1">
<tr>
<td>用户名:</td>
<td>密码:</td>
<td>性别:</td>
<td>E-mail:</td>
<td>熟练开发语言:</td>
</tr>
<%
while (rs.next()){
    out.print("<tr>");
    out.println("<td>" +rs.getString("username")+"</td>");
    out.println("<td>" +rs.getString("password")+"</td>");
    out.println("<td>" +rs.getString("sex")+"</td>");
    out.println("<td>" +rs.getString("email")+"</td>");
    out.println("<td>" +rs.getString("lan")+"</td>");
    out.print("</tr>");
}
```

```
    if (rs! =null){
        rs.close();
    }
    if (stat! =null){
        stat.close();
    }
    if (conn! =null){
        conn.close();
    }
    %>
    </table>
    <center>
    <%if(id==1){ %>
    首页
    上一页
    <% }else{ %>
    <a href="? id=<%=1%>">首页</a>
    <a href="? id=<%=(id-1)%>">上一页 </a>
    <% }
    if(id>=pagecount){%>
    下一页
    尾页
    <%}else{ %>
    <a href="? id=<%=(id+1)%>">下一页 </a>
    <a href="? id=<%=pagecount%>">尾页</a>
    <%} %>
    </center>
    </body>
    </html>
```

代码分析：该程序进行分页显示。

(1)总页数的计算，通过如下代码：

```
rowcount=rs.getInt(1);
if (rowcount % pagesize==0){
    pagecount=rowcount/pagesize;
} else {
    pagecount=rowcount/pagesize +1;
}
```

获取数据库符合条件的总数，求得总记录数 rowcount，然后用每页显示记录数 pagesize 进行求余计算，算出总页数。

(2)当前页面的获取，即 page 变量的值，通过如下代码：

```
page=id;
if(page>pagecount)
```

```
{
    page=pagecount;
}
if(page<0)
{
    page=1;
}
```

直接传当前页码值过来，由 id 变量获取，若 id 为负值，则 page 赋值为 1；若 id 超出了最大页码数，则 page 等于最大页码数。

(3)检索当前页需显示的记录。通过 SQL 控制检索当前需要显示的记录集。MySQL 以 limit 来计算检索的起始位置和条数。即条件如下：

```
"limit"+(page-1) * pagesize +","+pagesize;
```

通过 MySQL 的 SQL 语句中的 limit 关键字，输出部分记录，达到分页的目的。最后，使用表格输出记录内容后，显示上一页、下一页、首页和尾页连接。

程序运行后，效果如图 4-29 所示。

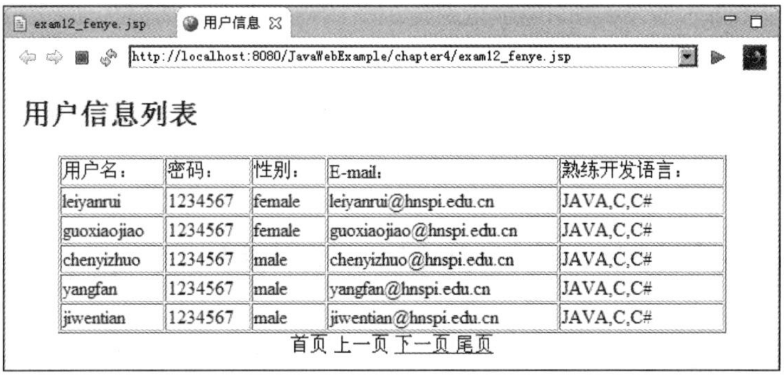

exam12_fenye.jsp 用户信息

http://localhost:8080/JavaWebExample/chapter4/exam12_fenye.jsp

用户信息列表

用户名：	密码：	性别：	E-mail：	熟练开发语言：
leiyanrui	1234567	female	leiyanrui@hnspi.edu.cn	JAVA,C,C#
guoxiaojiao	1234567	female	guoxiaojiao@hnspi.edu.cn	JAVA,C,C#
chenyizhuo	1234567	male	chenyizhuo@hnspi.edu.cn	JAVA,C,C#
yangfan	1234567	male	yangfan@hnspi.edu.cn	JAVA,C,C#
jiwentian	1234567	male	jiwentian@hnspi.edu.cn	JAVA,C,C#

首页 上一页 下一页 尾页

图 4-29 分页显示效果

12.2 新知识点——分页

如果要显示的数据太多，在一个页面上显示不仅会使用户难以阅读，更加会影响程序的运行，加重服务器的负担，解决的途径就是对记录进行分页显示。

分页的方法有很多种，下面我们介绍一种最简单、最容易理解的方法。通过前面的学习，我们可以通过 ResultSet 对象的方法，获得记录集中的记录条数，已知每页显示的记录个数，可以很容易地计算出分页的页数，页数等于记录条数除以每页记录条数，再将结果向上取整，即页数=总记录条数/每页记录数；当前页显示的记录可以通过 SQL 中 SELECT 语句的 limit 来限定，已知当前页码，则显示记录的起始位置为(当前页－1)×每页记录数，以 MySQL 为例，构造出的 SQL 语句为：SELECT * FROM users limit (当前页－1)×每页记录数。

分页只显示符合要求的部分记录，所以一定要设计翻页连接帮助用户翻页浏览，常用的翻页连接有首页、尾页、上一页和下一页，首页即页码为 1 的页面，尾页即页码为总页数的页面，上一页即页码为当前页减 1 的页面，下一页即页码为当前页加 1 的页面，根据这些设置超链接进行翻页。

12.3 扩展——各种数据库的数据分页

SQL Server 的 SQL 语句没有 limit 关键字，如果要对 SQL Server 中的数据表进行分页就要利用 T_SQL 中的 top 和 not in 语句，top 关键字用来指定返回结果集的前 n 行，很容易理解，第一页就是 SELECT top 每页记录数 FROM users，第二页 SELECT top 2 * 每页记录数 FROM user，结果是前两页的记录，然后要将第一页的记录从记录集中剔除，使用 not in，即 SELECT top 2 * 每页记录数 FROM users WHERE id not in (SELECT top 每页记录数 id FROM users)。则当前页的分页 SQL 语句为 SELECT top 当前页 * 每页记录数 * FROM users WHERE id not in (SELECT top (当前页－1) * 每页记录数 id FROM users)。

Oracle 中没有 top 或 limit 这样的关键字，要对 Oracle 中的数据进行分页难度是比较大的，在 Oracle 中有一个 ROWNUM 伪字段，它是系统顺序分配为从查询返回的行的编号，返回的第一行分配的是 1，第二行是 2，依此类推，这个伪字段可以用于限制查询返回的总行数。但是因为 ROWNUM 都是从 1 开始，但是 1 以上的自然数在 ROWNUM 做等于判断时认为都是 false 条件，所以无法查到 ROWNUM＝n 的记录。所以 Oracle 的分页 SQL 为：

```
SELECT * FROM
(SELECT A. *, ROWNUM RN
FROM (SELECT * FROM users)A
WHERE ROWNUM <=当前页 * 每页记录数)
WHERE RN> (当前页－1) * 每页记录数
```

项目 13 使用连接池优化数据库连接

13.1 任务描述与实现

数据库连接非常消耗资源，本项目要求使用连接池技术优化数据库连接，通过 Tomcat DBCP2 来管理数据库连接，重做项目 10 任务显示用户信息列表。

实现过程：

1. 下载 DBCP 文件

使用 DBCP 时需要用到三个包，commons-dbcp2，commons-pool2，commons-logging，它们都是 Apache commons 类库中的一员，可以在 Apache commons 官网 http://commons.apache.org/上下载，如图 4-30～图 4-32 所示。

2. 将文件导入项目

将下载到的 commons-dbcp2，commons-pool2，commons-logging 三个 jar 文件放入项目 WEB-INF/lib 目录中，如图 4-33 所示。

3. 创建 DBCP 配置文件

在项目 src 目录中创建 dbcp 配置文件 dbcp，文件的内容如下

【程序 4-11】 dbcp. properties

```
driverClassName=com.mysql.jdbc.Driver
url=jdbc:mysql://127.0.0.1:3306/hncst
username=hncst
```

Downloads
Wiki
DEVELOPMENT
History
Building
Mailing lists
Issue Tracking
Team
Source Repository
PROJECT DOCUMENTATION
Project Information
Project Reports
COMMONS
Home
License
Components
Sandbox
Dormant
GENERAL INFORMATION
Security
Volunteering
Contributing Patches
Building Components
Commons Parent Pom
Commons Build Plugin
Releasing Components
It is essential that you verify the integrity of downloaded files, preferably using the PGP signature (*.asc files); failing that using the MD5 hash (*.md5 checksum files).
The KEYS file contains the public PGP keys used by Apache Commons developers to sign releases.
Apache Commons DBCP 2.1.1 for JDBC 4.1 (Java 7.0+)
Binaries
commons-dbcp2-2.1.1-bin.tar.gz md5 pgp
commons-dbcp2-2.1.1-bin.zip md5 pgp
Source
commons-dbcp2-2.1.1-src.tar.gz md5 pgp
commons-dbcp2-2.1.1-src.zip md5 pgp
Apache Commons DBCP 1.4 for JDBC 4 (Java 6.0)
Binaries
commons-dbcp-1.4-bin.tar.gz md5 pgp
commons-dbcp-1.4-bin.zip md5 pgp

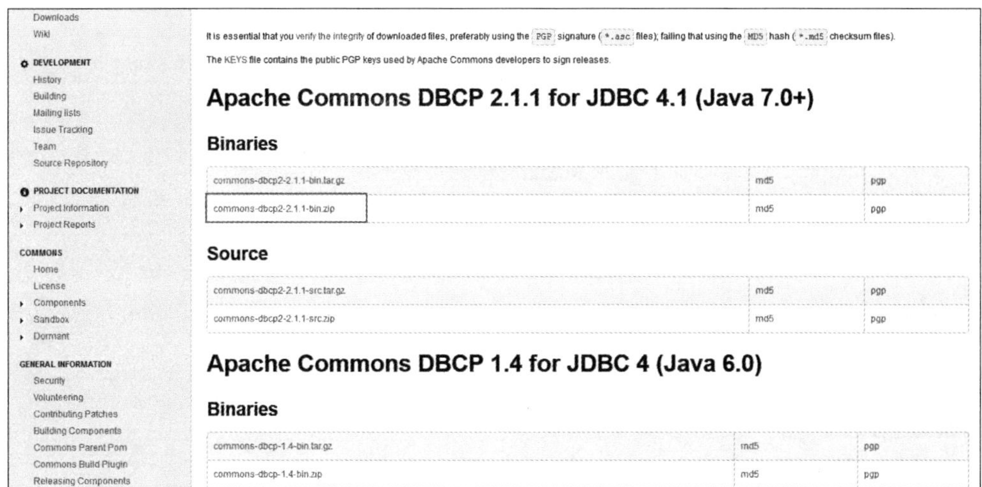

图 4-30 commons-dbcp2 下载

Wiki
DEVELOPMENT
Mailing Lists
Issue Tracking
Source Repository
Javadoc (SVN latest)
PROJECT DOCUMENTATION
Project Information
Project Reports
COMMONS
Home
License
Components
Sandbox
Dormant
GENERAL INFORMATION
Volunteering
Contributing Patches
Building Components
Releasing Components
Wiki
ASF
How the ASF works
Get Involved
Developer Resources
It is essential that you verify the integrity of downloaded files, preferably using the PGP signature (*.asc files); failing that using the MD5 hash (*.md5 checksum files).
The KEYS file contains the public PGP keys used by Apache Commons developers to sign releases.
Apache Commons Pool 2.4.2 (Java 6.0+)
Binaries
commons-pool2-2.4.2-bin.tar.gz md5 pgp
commons-pool2-2.4.2-bin.zip md5 pgp
Source
commons-pool2-2.4.2-src.tar.gz md5 pgp
commons-pool2-2.4.2-src.zip md5 pgp
Apache Commons Pool 1.6 (Java 5.0+)
Binaries
commons-pool-1.6-bin.tar.gz md5 pgp
commons-pool-1.6-bin.zip md5 pgp

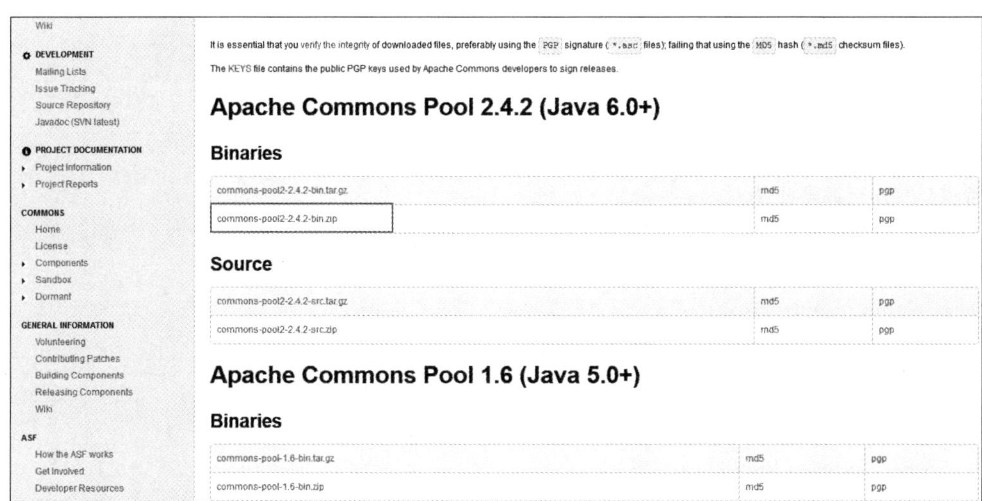

图 4-31 commons-pool2 下载

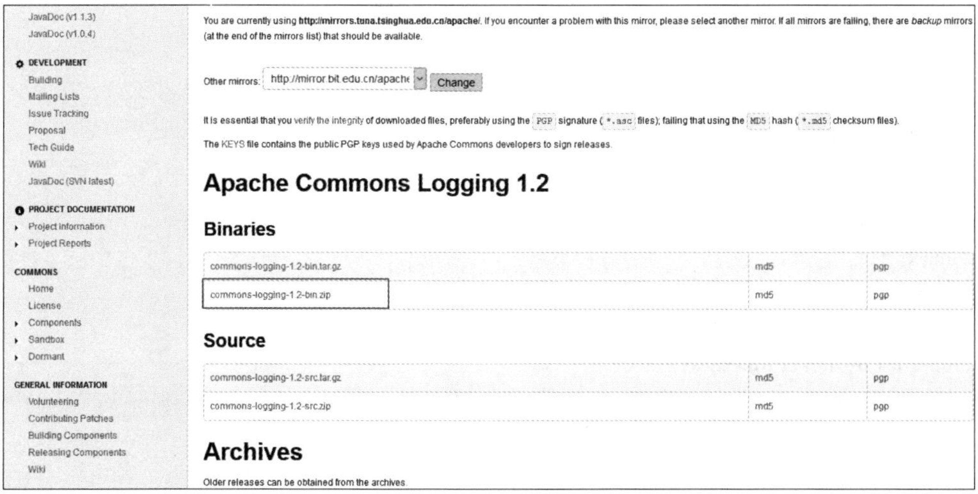

JavaDoc (v1.1.3)
JavaDoc (v1.0.4)
DEVELOPMENT
Building
Mailing Lists
Issue Tracking
Proposal
Tech Guide
Wiki
JavaDoc (SVN latest)
PROJECT DOCUMENTATION
Project Information
Project Reports
COMMONS
Home
License
Components
Sandbox
Dormant
GENERAL INFORMATION
Volunteering
Contributing Patches
Building Components
Releasing Components
Wiki
You are currently using http://mirrors.tuna.tsinghua.edu.cn/apache/. If you encounter a problem with this mirror, please select another mirror. If all mirrors are failing, there are backup mirrors (at the end of the mirrors list) that should be available.
Other mirrors: http://mirror.bit.edu.cn/apache Change
It is essential that you verify the integrity of downloaded files, preferably using the PGP signature (*.asc files); failing that using the MD5 hash (*.md5 checksum files).
The KEYS file contains the public PGP keys used by Apache Commons developers to sign releases.
Apache Commons Logging 1.2
Binaries
commons-logging-1.2-bin.tar.gz md5 pgp
commons-logging-1.2-bin.zip md5 pgp
Source
commons-logging-1.2-src.tar.gz md5 pgp
commons-logging-1.2-src.zip md5 pgp
Archives
Older releases can be obtained from the archives.

图 4-32 commons-logging 下载

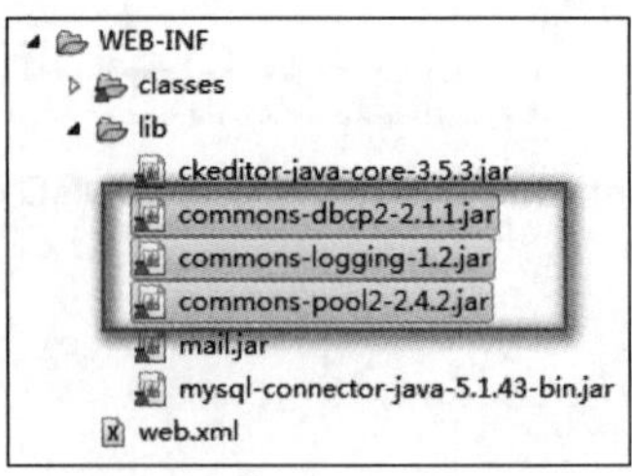

图 4-33　文件导入项目

```
password=123456
#<! -- 初始化连接 -->
initialSize=10
#最大连接数量
maxActive=50
#<! -- 最大空闲连接 -->
maxIdle=20
#<! -- 最小空闲连接 -->
minIdle=5
#<! -- 超时等待时间以毫秒为单位 6000 毫秒/1000 等于 60 秒 -->
maxWait=60000
#<! -- 连接编码设置 -->
connectionProperties=useUnicode=true;characterEncoding=gbk
#指定由连接池所创建的连接的自动提交(auto-commit)状态。
defaultAutoCommit=true
```

4. 载入配置文件并获得连接,完整代码如下

【程序 4-12】 exam13_dbcplist. jsp

```
<%@ page language="java" contentType="text/html; charset=ISO-8859-1"
    pageEncoding="ISO-8859-1"%>
<%@ page import="java. sql. *, javax. sql. DataSource, org. apache. commons. dbcp2. *, org. apache. commons. pool2. *, java. util. Properties, java. io. InputStream"%>
<! DOCTYPE html PUBLIC "-//W3C//DTD HTML 4. 01 Transitional//EN" "http://www. w3. org/TR/html4/loose. dtd">
<html>
<head>
<meta http-equiv="Content-Type" content="text/html; charset=UTF-8">
<title>DBCP_list</title>
</head>
<body>
<%
Properties p=new Properties();
InputStream inStream = Thread. currentThread(). getContextClassLoader(). getResourceAsStream("dbcp. properties");
p. load(inStream);
BasicDataSource bds=null;
bds=BasicDataSourceFactory. createDataSource(p);
```

```
Connection conn=bds.getConnection();
Statement stat=null;
ResultSet rs=null;
if(conn.isClosed()){
    System.out.println("Connection Error!");
}else{
    stat=conn.createStatement();
    String sql="SELECT * FROM users";
    //使用 executeQuery 的方法调用 SQL 查询语句,返回值为满足条件的结果集
    rs=stat.executeQuery(sql);
%>
<table width="90%" border="1" align="center" cellspacing="1">
    <tr>
        <td>用户名:</td>
        <td>密码:</td>
        <td>性别:</td>
        <td>E-mail:</td>
        <td>熟练开发语言:</td>
    </tr>
<%
    //rs.next()是个循环语句,取相应的值空格
    while (rs.next()) {
        out.print("<tr>");
        out.println("<td>" + rs.getString("username") + "</td>");
        out.println("<td>" + rs.getString("password") + "</td>");
        out.println("<td>" + rs.getString("sex") + "</td>");
        out.println("<td>" + rs.getString("email") + "</td>");
        out.println("<td>" + rs.getString("lan") + "</td>");
        // out.print("<td style='border:solid 1pt'>"+rs.getInt("id")+"</td>");
        // out.print("<td style='border:solid 1pt'>"+rs.getString("name")+"</td>");
        // out.print("<td style='border:solid 1pt'>"+rs.getInt("age")+"</td>");
        // out.print("<td style='border:solid 1pt'>"+rs.getString("province")+"</td>");
        out.print("</tr>");
    }
}
if (rs != null) {
    rs.close();
}
if (stat != null) {
    stat.close();
}
if (conn != null) {
    conn.close();
}
```

```
bds.close();
%>
</table>
</body>
</html>
```

代码分析：使用 InputStream 读取了配置文件 dbcp. properties，并将配置保存在 Properties 类型的 p 变量中，接下来使用 BasicDataSourceFactory 的 createDataSource 方法得到一个 BasicDataSource 的数据源，最后在数据源上使用 getConnection 方法就能获得一个 connection 对象了，其他代码和项目 10 代码相同，读者也可以在项目 10 的基础上进行修改得到项目 13 代码，执行结果如图 4-34 所示。

exam4_5_dbcplist.jsp　DBCP_list

http://localhost:8080/JavaWebExample/chapter4/exam4_5_dbcplist.jsp

用户名：	密码：	性别：	E-mail：	熟练开发语言：
leiyanrui	123456	female	leiyanrui@hnspi.edu.cn	JAVA,C,C#
guoxiaojiao	123456	female	guoxiaojiao@hnspi.edu.cn	JAVA,C,#
newgay	123456	female	newgay@163.com	Java
newgay	123456	female	newgay@163.com	Java
newgay	123456	female	newgay@163.com	Java

图 4-34　dbcp_list 执行结果

13.2　新知识点——数据库连接池原理、Tomcat DBCP

1. 数据库连接池技术

数据库连接是一种关键的有限的昂贵的资源，这一点在多用户的网页应用程序中体现得尤为突出。对数据库连接的管理能显著影响到整个应用程序的伸缩性和健壮性，影响到程序的性能指标。数据库连接池正是针对这个问题提出来的。数据库连接池负责分配、管理和释放数据库连接，它允许应用程序重复使用一个现有的数据库连接，而再不是重新建立一个；释放空闲时间超过最大空闲时间的数据库连接来避免因为没有释放数据库连接而引起的数据库连接遗漏。这项技术能明显提高对数据库操作的性能。

(1)基本概念及原理

数据库连接池的基本思想就是为数据库连接建立一个“缓冲池”。预先在缓冲池中放入一定数量的连接，当需要建立数据库连接时，只需从“缓冲池”中取出一个，使用完毕之后再放回去。可以通过设定连接池最大连接数来防止系统无尽地与数据库连接。更为重要的是，可以通过连接池的管理机制监视数据库的连接的数量、使用情况，为系统开发、测试及性能调整提供依据。

(2)服务器自带的连接池

JDBC 的 API 中没有提供连接池的方法。很多的 Web 应用服务器都提供了连接池的机制，但是必须由其第三方的专用类方法支持连接池的用法。

连接池关键问题分析：

①并发问题

为了使连接管理服务具有最大的通用性，必须考虑多线程环境，即并发问题。这个问题相对比较好解决，因为 Java 语言自身提供了对并发管理的支持，使用 synchronized 关键字即可确保线程是同步的。使用方法为直接在类方法前面加上 synchronized 关键字，如：

```
public synchronized Connection getConnection()
```

②多数据库服务器和多用户

对于大型的企业级应用，常常需要同时连接不同的数据库。如何连接不同的数据库呢？采用的方法是，设计一个符合单例模式的连接池管理类，在连接池管理类的唯一实例被创建时读取一个资源文件，该资源文件中存放着多个数据库的 url 地址、用户名、密码等信息。根据资源文件提供的信息，创建多个连接池类的实例，每一个实例都是一个特定数据库的连接池。连接池管理类实例为每个连接池实例取一个名字，通过不同的名字来管理不同的连接池。

对于同一个数据库有多个用户使用不同的名称和密码访问的情况，也可以通过资源文件处理，即在资源文件中设置多个具有相同 url 地址，但具有不同用户名和密码的数据库连接信息。

③事务处理

事务具有原子性，此时要求对数据库的操作符合“ALL-ALL-NOTHING”原则，即对于一组 SQL 语句要么全做，要么全不做。

在 Java 语言中，Connection 类本身提供了对事务的支持，可以通过设置 Connection 的 AutoCommit 属性为 false，然后显式调用 commit()或 rollback()方法来实现。但要高效地进行 Connection 复用，就必须提供相应的事务支持机制。可采用每一个事务独占一个连接来实现，这种方法可以大大降低事务管理的复杂性。

④连接池的分配与释放

连接池的分配与释放，对系统的性能有很大的影响。合理的分配与释放，可以提高连接的复用度，从而降低建立新连接的开销，同时还可以加快用户的访问速度。

对于连接的管理可使用空闲池，即把已经创建但尚未分配出去的连接按创建时间存放到一个空闲池中。每当用户请求一个连接时，系统首先检查空闲池内有没有空闲连接。如果有就把建立时间最长(通过容器的顺序存放实现)的那个连接分配给他(实际是先做连接是否有效的判断，如果可用就分配给用户，如不可用就把这个连接从空闲池删掉，重新检测空闲池是否还有连接)；如果没有则检查当前所开连接池是否达到连接池所允许的最大连接数(maxConn)，如果没有达到，就新建一个连接，如果已经达到，就等待一定的时间(timeout)。如果在等待的时间内有连接被释放出来就可以把这个连接分配给等待的用户，如果等待时间超过预定时间 timeout，则返回空值(null)。系统对已经分配出去正在使用的连接只做计数，当使用完后再返还给空闲池。对于空闲连接的状态，可开辟专门的线程定时检测，这样会花费一定的系统开销，但可以保证较快的响应速度。也可采取不开辟专门线程，只是在分配前检测的方法。

⑤连接池的配置与维护

连接池中到底应该放置多少连接，才能使系统的性能最佳，系统可采取设置最小连接数(minConn)和最大连接数(maxConn)来控制连接池中的连接。最小连接数是系统启动时连接池所创建的连接数。如果创建过多，则系统启动就慢，但创建后系统的响应速度会很快；如果创建过少，则系统启动得很快，响应起来却慢。这样，可以在开发时，设置较小的最小连接数，开发起来会快，而在系统实际使用时设置较大的，因为这样对访问客户来说速度会快些。最大连接数是连接池中允许连接的最大数目，具体设置多少，要看系统的访问量，可通过反复测试，找到最佳点。

确保连接池中的最小连接数的方法有动态和静态两种。动态即每隔一定时间就对连接池进行检测，如果发现连接数量小于最小连接数，则补充相应数量的新连接，以保证连接池的正常运转。静态是发现空闲连接不够时再去检查。

2. Tomcat DBCP

Tomcat DBCP(Tomcat DataBase Connection Pool)，是 Tomcat 提供的数据库连接池解决方案。在程序开发过程中，采用 JDBC 直接连接数据库比较耗费资源，而手动编写连接池又比较麻烦，因此可以采用一些服务器提供的连接池技术。下面介绍 Tomcat DBCP 使用的步骤：

(1)配置 DBCP 数据源

其一般格式为：

```
driverClassName=com.mysql.jdbc.Driver
url=jdbc:mysql://127.0.0.1:3306/hncst
username=root
password=123456
initialSize=10
maxActive=50
maxIdle=20
minIdle=5
maxWait=60000
connectionProperties=useUnicode=true;characterEncoding=gbk
defaultAutoCommit=true
```

其主要属性说明见表 4-8。

表 4-8　　DBCP 主要属性表

属　性	说　明
username	用于连接数据库的用户名
password	连接数据库的密码
url	建立连接的 url
driverClassName	连接数据库需要的驱动程序名
name	连接池名
initialSize	连接池启动时的初始数目，默认值为 0
maxActive	并发的最大连接数，默认值 8
maxIdle	空闲的最大连接数
minIdle	空闲的最小连接数
maxWait	连接的最大空闲等待时间，单位为毫秒

(2)编写 DBCP 连接池调用程序

```
Properties p=new Properties();
InputStream inStream = Thread.currentThread().getContextClassLoader().getResourceAsStream("dbcp.properties");
p.load(inStream);
BasicDataSource bds=null;
```

```
bds=BasicDataSourceFactory.createDataSource(p);
Connection conn=bds.getConnection();
```

在需要采用数据库连接的程序中,采用以上六行代码,进行数据库连接对象的获取,获取连接对象后,即可进行数据库操作。

13.3 扩展——批量执行 SQL 语句

管理员在创建用户时如果每次只能创建一个用户,如何批量执行 SQL 语句?如何在执行大量 SQL 时提高执行效率呢?PreparedStatement 对象可以帮助我们解决以上问题。PreparedStatement 接口继承 Statement,PreparedStatement 实例包含已编译的 SQL 语句。这就是使语句"准备好"。包含于 PreparedStatement 对象中的 SQL 语句可具有一个或多个 IN 参数。IN 参数的值在 SQL 语句创建时未被指定。相反的,该语句为每个 IN 参数保留一个问号("?")作为占位符。每个问号的值必须在该语句执行之前,通过适当的 setXXX 方法来提供。由于 PreparedStatement 对象已预编译过,所以其执行速度要快于 Statement 对象。因此,多次执行的 SQL 语句经常创建为 PreparedStatement 对象,以提高效率。实现批量插入的代码如下:

【程序 4-13】 exam13_PreparedStatement.jsp

```
<%@ page language="java" contentType="text/html; charset=ISO-8859-1"
    pageEncoding="ISO-8859-1"%>
<%@ page import="java.sql.*,javax.sql.DataSource,org.apache.commons.dbcp2.*,org.apache.commons.pool2.*,java.util.Properties,java.io.InputStream"%>
<!DOCTYPE html PUBLIC "-//W3C//DTD HTML 4.01 Transitional//EN" "http://www.w3.org/TR/html4/loose.dtd">
<html>
<head>
<meta http-equiv="Content-Type" content="text/html; charset=UTF-8">
<title>Insert title here</title>
</head>
<body>
<%
Properties p=new Properties();
InputStream inStream = Thread.currentThread().getContextClassLoader().getResourceAsStream("dbcp.properties");
p.load(inStream);
DataSource m=BasicDataSourceFactory.createDataSource(p);
BasicDataSource bds=null;
bds=BasicDataSourceFactory.createDataSource(p);
Connection conn=bds.getConnection();
if(conn.isClosed()){
    System.out.println("Connection Error!");
}else{
    PreparedStatement pstm=null;
    pstm=conn.prepareStatement("INSERT INTO users(username,password,sex,email,lan,intro)
```

```
values(?,?,?,?,?,?)");
        conn.setAutoCommit(false);// 1.关闭自动提交
        // 2.向 SQL 中保留的参数复制,序号代表位置
        pstm.setString(1, "newgay");
        pstm.setString(2,"123456");
        pstm.setString(3, "female");
        pstm.setString(4, "newgay@163.com");
        pstm.setString(5, "Java");
        pstm.setString(6, "Nothing");
        // 3.将一组参数添加到此 PreparedStatement 对象的批处理理命令中
        pstm.addBatch();
        // 4.将一批参数提交给数据库来执行
        pstm.executeBatch();
        System.out.println("插入成功!");
        conn.commit();// 5.进行手动提交(commit)
        System.out.println("提交成功!");
        conn.setAutoCommit(true);
        pstm.close();
    }
    if (conn ! =null) {
        conn.close();
    }
    bds.close();
    %>
    </body>
    </html>
```

小　结

本模块介绍了应用 JDBC 技术实现对 MySQL、SQL Server、Oracle 等数据库的连接、数据的查询和更改等操作，对数据查询的分页技术进行了详细讲解，介绍了利用连接池技术来优化数据库连接。数据库操作是 JSP 技术的核心内容，必须扎实掌握本模块的知识。本模块为了便于学习，将数据库逻辑直接放置在 JSP 页面中，这样凡要进行数据操作的页面都要加上连接数据库的代码，不便于维护。通过后面项目的学习，可以使用 JavaBean 将数据库连接进行封装，使得网站结构更加清晰，维护更加容易。

习　题

一、填空题

1. JDBC 英文全称是________。

2. 在 SQL 语句中查询、插入、删除、更新语句的关键字分别是________，________，________，________。

二、判断题

1. Statement 的 executeQuery()方法会返回一个结果集。 (　　)

2. ResultSet 中的 next()方法会使结果集中的下一行成为当前行。 (　　)

3. Statement 的 executeUpdate()方法会返回是否更新成功的 boolean 值。 (　　)

三、简答题

1. 什么是 JDBC 技术?

2. 简述 JDBC 连接 MySQL、SQL Server 和 Oracle 数据库的步骤。

3. 写出几个在 JDBC 中常用的接口。

四、编程题

编写一个利用 DBCP 方式连接数据库读取用户信息的程序。

模块 5

JavaBean 技术

知识目标

掌握 JavaBean 的相关技术知识，学会使用 JavaBean 封装信息或封装特定的功能。

技能目标

掌握 JSP 中使用 JavaBean 的语法。

素质目标

培养学生的创新意识，培养其探索未知，持续学习的能力。

项目 14　封装用户信息的 JavaBean

14.1　项目描述与实现

1. 实现封装用户信息的 JavaBean

创建封装用户信息的 JavaBean，用户信息包括用户名、密码、性别、年龄和家庭住址等内容，见表 5-1。

表 5-1　用户信息表

属性	变量	类型
用户名	userName	String
密码	userPassword	String
性别	sex	String
年龄	age	int
家庭住址	address	String

实现过程：

(1)创建类。

在项目 JavaWebExample 下的 src 目录下，创建 chapter5 的包，接着创建名为 UserInfo. java 的类。

(2)以表 5-1 的信息为基础，为 UserInfo. java 类增加用户名、密码、性别、年龄和家庭住址等属性对应的变量。

(3)利用 Eclipse 工具,为每个属性自动添加 getXxx()和 setXxx()方法后,用户信息的 JavaBean 类文件建立即可完成,其代码见程序 5-1。

【程序 5-1】 UserInfo.java

```
package chapter5;
public class UserInfo {
    private String userName;
    private String userPassword;
    private String sex;
    private int age;
    private String address;
    public String getUserName(){
        return userName;
    }
    public void setUserName(String userName){
        this.userName=userName;
    }
    public String getUserPassword(){
        return userPassword;
    }
    public void setUserPassword(String userPassword){
        this.userPassword=userPassword;
    }
    public String getSex(){
        return sex;
    }
    public void setSex(String sex){
        this.sex=sex;
    }
    public String getAge(){
        return age;
    }
    public void setAge(int age){
        this.age=age;
    }
    public String getAddress(){
        return address;
    }
    public void setAddress(String address){
        this.address=address;
    }
}
```

代码分析:程序 5-1 为用户信息的 JavaBean,声明了五个属性,分别为 userName、userPassword、sex、age 和 address,同时,定义了每个属性的 getter 和 setter 方法。JavaBean 源文件编写好后,即可在 JSP 中调用该 JavaBean 完成用户信息的调用与存储。

2. 在 JSP 中使用 JavaBean

编写一个 JSP 程序，使用程序 5-1 定义的 JavaBean 封装用户信息，将页面上获取的用户信息通过 JavaBean 赋值，并在页面上显示，显示效果如图 5-1 所示。

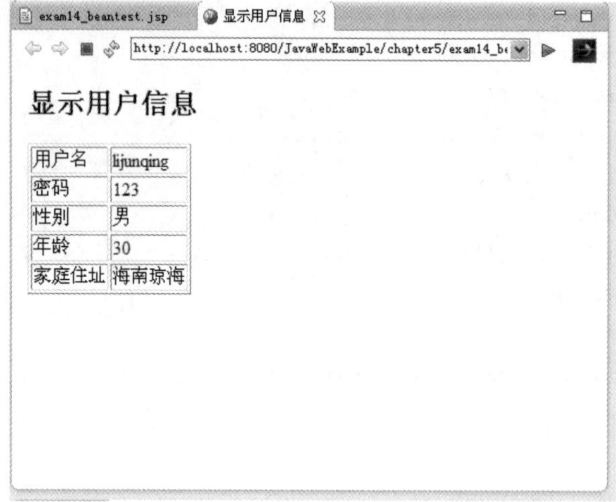

图 5-1　JSP 调用 JavaBean 的运行效果

实现过程：

(1)创建 JSP 程序

在 chapter5 目录下创建 exam14_beantest. jsp，并在 Dreamweaver 中打开该文件，制作页面显示表格。

(2)编写 JavaBean 调用程序

在 Eclipse 编写代码，在第 1 步的基础上，增加调用 JavaBean 的动作指令<jsp:useBean>，即<jsp:useBean id="user" class="chapter5. UserInfo" scope="page"/>。

(3)编写 JavaBean 属性的设置指令

用<jsp:setProperty>动作指令进行 JavaBean 属性的设置，增加用户信息见表 5-2。

表 5-2　　用户信息表

属性	值
用户名	lijunqing
密码	123
性别	男
年龄	30
家庭地址	海南琼海

其代码为：

```
<jsp:setProperty name="user" property="userName" value="lijunqing"/>
<jsp:setProperty name="user" property="userPassword" value="123"/>
<jsp:setProperty name="user" property="sex" value="男"/>
<jsp:setProperty name="user" property="age" value="30"/>
<jsp:setProperty name="user" property="address" value="海南琼海"/>
```

(4)编写 JavaBean 属性获取指令

在表格的适当显示单元格位置,采用<jsp:setProperty>动作指令显示 JavaBean 属性。其代码为:

```
<jsp:getProperty name="user" property="userName"/>
<jsp:getProperty name="user" property="userPassword"/>
<jsp:getProperty name="user" property="sex"/>
<jsp:getProperty name="user" property="age"/>
<jsp:getProperty name="user" property="address"/>
```

至此,JSP 调用 JavaBean 进行用户信息封装与显示全部实现,完整的代码见程序 5-2。

【程序 5-2】 exam14_beantest.jsp

```
<%@ page language="java" contentType="text/html; charset=UTF-8"
pageEncoding="UTF-8"%>
<%@ page language="java" import="chapter5.UserInfo"%>
<!DOCTYPE html PUBLIC "-//W3C//DTD HTML 4.01 Transitional//EN" "http://www.w3.org/TR/html4/loose.dtd">
<html>
<head>
<meta http-equiv="Content-Type" content="text/html; charset=UTF-8">
<title>显示用户信息</title>
</head>
<body>
<jsp:useBean id="user" class="chapter5.UserInfo" scope="page"/>
<jsp:setProperty name="user" property="userName" value="lijunqing"/>
<jsp:setProperty name="user" property="userPassword" value="123"/>
<jsp:setProperty name="user" property="sex" value="男"/>
<jsp:setProperty name="user" property="age" value="30"/>
<jsp:setProperty name="user" property="address" value="海南琼海"/>
<h2>显示用户信息</h2>
<table border="1">
<tr><td>用户名</td>
<td><jsp:getProperty name="user" property="userName"/></td></tr>
<tr><td>密码</td>
<td><jsp:getProperty name="user" property="userPassword"/></td>
</tr>
<tr><td>性别</td>
<td><jsp:getProperty name="user" property="sex"/></td></tr>
<tr><td>年龄</td>
<td><jsp:getProperty name="user" property="age"/></td></tr>
<tr><td>家庭住址</td>
<td><jsp:getProperty name="user" property="address"/></td></tr>
</table>
</body>
</html>
```

代码分析：在本程序中，主要完成 JSP 与 JavaBean 的调用和属性操作，其中<jsp: useBean id="user" class="chapter5. UserInfo" scope="page"/>为调用 JavaBean 的动作指令，其中 id 为 JavaBean 实例名，class 为 JavaBean 的类名，scope 为 JavaBean 的作用范围。<jsp: setProperty name =" user" property =" userName" value =" lijunqing"/> 为设置 JavaBean 属性 userName 的值为 lijunqing 的动作指令，其中 name 为 JavaBean 的实例名，此名与 useBean 的 id 的值应保持一致，property 为属性名，value 为要设置的属性的具体值。<jsp:getProperty name="user" property="address"/>为获取 JavaBean 属性的 address 的值，其中 name 为 JavaBean 的实例名，property 为需要获取的 JavaBean 的属性的值。

14.2 新知识点——JavaBean、JSP 调用 JavaBean

1. JavaBean 概述

(1)JavaBean 介绍

JavaBean 是一种 Java 语言写成的可重用组件，归根结底就是一个封装了属性和方法的类。

使用 JavaBean 的最大优点就在于它可以提高代码的重用性。编写一个成功的 JavaBean，宗旨是"一次性编写，任何地方执行，任何地方重用"，这正迎合了当今软件开发的潮流，将复杂需求分解成简单的功能模块，这些模块是相对独立的，可以继承、重用，为软件开发提供了一个简单、紧凑、优秀的解决方案。

JavaBean 的特点为：

①一次性编写

一个成功的 JavaBean 组件重用时不需要重新编写，开发者只需要根据需求修改和升级代码即可。

②任何地方执行

一个成功的 JavaBean 组件可以在任何平台上运行，由于 JavaBean 是基于 Java 语言编写的，所以它可以轻易移植到各种运行平台上。

③任何地方重用

一个成功的 JavaBean 组件能够被在多种方案中使用，包括应用程序、其他组件、Web 应用等。

(2)JavaBean 的组成

一个 Bean 由两部分组成：

①属性(properties)

JavaBean 提供了高层次的属性概念，属性在 JavaBean 中不只是传统的面向对象的概念里的属性，它同时还得到了属性读取和属性写入的 API 支持。属性值可以通过调用适当的 Bean 方法进行。比如，Bean 有一个名字属性，这个属性的值需要调用 String getName()方法读取，而写入属性值需要调用 void setName(String str)的方法。

②方法(method)

JavaBean 中的方法就是通常的 Java 方法，它可以从其他组件或在脚本环境中调用。默认情况下，所有 Bean 的公有方法都可以被外部调用，但 Bean 一般只会引出其公有方法的一个子集。由于 JavaBean 本身是 Java 对象，调用这个对象的方法是与其交互作用的唯一途径。

(3)JavaBean 的编写规范

①JavaBean 类必须是一个公共类，并将其访问属性设置为 public，如：public class

User{...}。

②JavaBean 类如果有构造方法，那么这个构造方法的权限也是 public 的，并且是无参数的。

③一个 JavaBean 类不应有公共成员变量，成员变量都应为 private，如：private int id。

④属性应该通过一组存取方法(getXxx 和 setXxx)来访问，一般是 IDE(Eclipse、Jbuilder)自动为属性生成 getter/setter 方法。

⑤一般 JavaBean 属性以小写字母开头，驼峰命名格式，相应的 getter/setter 方法是 get/set 接上首字母大写的属性名。例如：属性名为 userName，其对应的 getter/setter 方法是 getUserName/setUserName。

2. JSP 中使用 JavaBean

在 JSP 程序中，既可以用程序代码来访问 JavaBean，也可以通过 JSP 动作指令来访问。JSP 中使用 JavaBean 在 14.1 节已经应用，此处详细介绍 JSP 调用 JavaBean 的动作指令。

(1)<jsp:useBean>

在 JSP 中调用 JavaBean 的动作指令为<jsp:useBean>。其语法格式为：

<jsp:useBean id="bean name" class="pakage. class name" scope="范围"/>

在其格式中，各个属性的意义为：

id 属性：代表 JavaBean 对象的 ID，表示引用 JavaBean 对象的局部变量名，以及存放在特定范围内的属性名。

class 属性：用来指定 JavaBean 对象的类名，可带包名。

scope 属性：用来指定 JavaBean 对象的作用范围，其取值有 4 个，即 page，request，session 和 application，详细说明见表 5-3，默认值为 page。

表 5-3 JavaBean 的作用域

scope 取值	说　明
page	page 的作用域为当前 JSP 页面范围，其为默认值
request	request 的作用域为 JSP 网页发出请求到另一个 JSP 页面之间
session	session 的作用域为用户会话保留期间，JavaBean 一直有效
application	application 的作用域在服务器一开始执行服务，到服务器关闭为止

(2)<jsp:setProperty>

设置 JavaBean 的属性，在 JSP 中的动作指令为<jsp:setProperty>，其语法格式为：

<jsp:setProperty name="bean name" property="属性名" value="属性值"/>

在该指令中，其各个属性的作用为：

name 属性：要设置属性的 JavaBean 的名称，必须和<jsp:useBean>标签中的 id 属性值匹配。

property 属性：用来指定 JavaBean 对象的某个属性值。如果值为 * 号，则是指定所有属性。

value 属性：用来指定属性的具体值。

该指令相当于调用 JavaBean 中的 setXxx(xx)方法。

(3)<jsp:getProperty>

获取 JavaBean 属性，在 JSP 中的动作指令为<jsp:getProperty>。其语法格式为：

<jsp:getProperty name="bean name" property="属性名"/>

在该指令中，其各个属性的作用为：

name 属性：要获取属性的 JavaBean 的名称，必须和<jsp:useBean>标签中的 id 属性值匹配。

property 属性：用来获取 JavaBean 的某个属性值。如果值为 * 号，则是指定所有属性。

该指令相当于调用 JavaBean 中的 getXxx(xx)方法。

思政小贴士

使用 JavaBean 的最大优点就在于可以提高代码的重用性。编写一个优秀的 JavaBean 目标是"一次性编写，多地重用"。学习者要树立正确的技能观，努力提升自己，为社会和人民造福。

14.3 扩展——表单参数设置 JavaBean 中的属性

1. 通过 HTTP 表单参数值设置 JavaBean 属性

可以通过 HTTP 表单的参数值来设置 Bean 响应的属性值，要求表单参数的名字必须与 Bean 属性的名字相同。其语法格式为：

```
<jsp:setProperty name="bean name" property="*"/>
```

其中，name 属性表示 JavaBean 的 ID 名称，property 属性的值是"*"，表示用户在可见的 JSP 页面表单中输入的全部值，存储在匹配的 Bean 属性中。匹配的方法是：Bean 的属性的名称必须与文本框的名字相同。

下边用例子来分析其应用。

【程序 5-3】 exam14_reg.jsp

```
<%@ page language="java" contentType="text/html; charset=UTF-8"
pageEncoding="UTF-8"%>
<! DOCTYPE html PUBLIC "-//W3C//DTD HTML 4.01 Transitional//EN" "http://www.w3.org/TR/html4/loose.dtd">
<html>
<head>
<meta http-equiv="Content-Type" content="text/html; charset=UTF-8">
<title>用户信息</title>
</head>
<body bgcolor="#FFFFFF" text="#000000">
<form name="form1" method="post" action="exam14_reg_do.jsp">
<h1>用户信息</h1>
用户名:<input type="text" name="userName" id="userName"/> <br />
密码:<input type="password" name="userPassword" id="userPassword"/> <br />
性别:<input type="radio" name="sex" value="male"/>男
<input type="radio" name="sex" value="female"/>女 <br />
<input type="submit" name="Submit" value="提交"/>
<input type="reset" name="Submit2" value="重置"/>
</form>
</body>
</html>
```

代码分析：本程序为表单，其提交目标页面为 exam14_reg_do.jsp，提交的表单元素为 userName，userPassword，sex，运行后效果如图 5-2 所示。

图 5-2 用户信息表单

【程序 5-4】 exam14_reg_do.jsp

```
<%@ page language="java" contentType="text/html; charset=UTF-8"
pageEncoding="UTF-8"%>
<! DOCTYPE html PUBLIC "-//W3C//DTD HTML 4.01 Transitional//EN" "http://www.w3.org/
TR/html4/loose.dtd">
<html>
<head>
<meta http-equiv="Content-Type" content="text/html; charset=UTF-8">
<title>表单参数值设置</title>
</head>
<body>
<h1>表单参数值设置</h1>
<jsp:useBean id="user" class="chapter5.UserInfo" scope="page"/>
<jsp:setProperty name="user" property="*"/>
<table border="1"><tr><td>用户名:</td>
<td><jsp:getProperty name="user" property="userName"/></td>
</tr><tr><td> 密码:</td>
<td><jsp:getProperty name="user" property="userPassword"/></td></tr>
<tr><td> 性别:</td>
<td><jsp:getProperty name="user" property="sex"/></td></tr></table>
</body>
</html>
```

代码分析:本程序为程序 5-3 的表单处理程序,在该程序中,采用的 JavaBean 为程序 5-1 的用户信息的 JavaBean。在本 JSP 程序中,采用 HTTP 表单参数直接设置 JavaBean 属性的值,具体代码为:

```
<jsp:setProperty name="user" property="*"/>
```

最后通过<jsp:setProperty>指令读取属性。

需要注意的是,要能正确设置,程序 5-3 的表单的文本域名称必须和 JavaBean 中的属性的变量保持一致。

运行测试,运行程序 5-3,输入用户名:lijunqing;密码:123456;选择性别:男,提交后,效果如图 5-3 所示。

图 5-3　HTTP 表单参数值设置效果

2. 通过 request 参数值设置 JavaBean 属性

可以通过 request 的参数值来设置 JavaBean 中的属性值，要求 request 参数名必须与 Bean 的属性名相同，其语法格式为：

<jsp:setProperty name="bean name" property="属性名" param="参数名"/>

其中，name 属性表示 JavaBean 的 ID 名称，property 属性的值表示 JavaBean 中的属性名，param 属性表示页面请求的参数名，需要注意的是，不能同时使用 param 和 value。

下面举例说明。

【程序 5-5】　exam14_reg_2.jsp

```
<%@ page language="java" contentType="text/html; charset=UTF-8"
pageEncoding="UTF-8"%>
<! DOCTYPE html PUBLIC "-//W3C//DTD HTML 4.01 Transitional//EN" "http://www.w3.org/TR/html4/loose.dtd">
<html>
<head>
<meta http-equiv="Content-Type" content="text/html; charset=UTF-8">
<title>用户信息</title>
</head>
<body bgcolor="#FFFFFF" text="#000000">
<form name="form1" method="post" action="exam14_reg_2_do.jsp">
<h1>用户信息</h1>
用户名:<input type="text" name="name" id="name"/> <br />
密码:<input type="password" name="psw" id="psw"/> <br />
性别:<input type="radio" name="se" value="male"/>男
<input type="radio" name="se" value="female"/>女 <br />
<input type="submit" name="Submit" value="提交"/>
<input type="reset" name="Submit2" value="重置"/>
</form>
</body>
</html>
```

代码分析：本程序为表单，其提交目标页面为 exam14_reg_2_do.jsp，提交的表单元素为 name、psw、se，运行后效果如图 5-4 所示。

图 5-4 表单运行效果

【程序 5-6】 exam14_reg_2_do.jsp

```
<%@ page language="java" contentType="text/html; charset=UTF-8"
pageEncoding="UTF-8"%>
<! DOCTYPE html PUBLIC "-//W3C//DTD HTML 4.01 Transitional//EN" "http://www.w3.org/
TR/html4/loose.dtd">
<html>
<head>
<meta http-equiv="Content-Type" content="text/html; charset=UTF-8">
<title>表单参数值设置</title>
</head>
<body>
<h1>表单参数值设置</h1>
<jsp:useBean id="user" class="chapter5.UserInfo" scope="page"/>
<jsp:setProperty name="user" property="userName" param="name"/>
<jsp:setProperty name="user" property="userPassword" param="psw"/>
<jsp:setProperty name="user" property="sex" param="se"/>
<table border="1">
<tr><td>用户名:</td>
<td><jsp:getProperty name="user" property="userName"/></td>
</tr>
<tr><td> 密码:</td>
<td><jsp:getProperty name="user" property="userPassword"/></td>
</tr>
<tr><td> 性别:</td>
<td><jsp:getProperty name="user" property="sex"/></td>
</tr></table>
</body>
</html>
```

代码分析：本程序为程序 5-5 的表单处理程序，在该程序中，采用的 JavaBean 为程序 5-1 的用户信息的 JavaBean。在本 JSP 程序中，采用 request 对象的参数值设置 JavaBean 属性的值，具体代码为：

```
<jsp:setProperty name="user" property="userName" param="name"/>
<jsp:setProperty name="user" property="userPassword" param="psw"/>
<jsp:setProperty name="user" property="sex" param="se"/>
```

最后通过<jsp:setProperty>指令读取属性。

运行测试，运行程序 5-5，输入用户名：yang；密码：123456；选择性别：男，提交后，效果如图 5-5 所示。

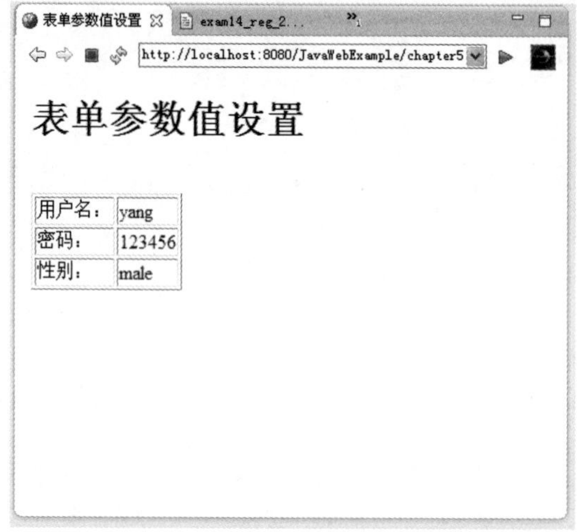

图 5-5　request 参数值设置 JavaBean 属性值

项目 15　数据库连接的 JavaBean

15.1　项目描述与实现

实现用户的添加，用户信息包括用户名和密码。将信息从表单获取后写入数据库，要求用 JavaBean 方式来操作数据库。

实现过程：

(1)编写数据库连接的 JavaBean

【程序 5-7】　DBManager.java

```
package chapter5;
import java.sql.*;
public class DBManager {
    private Connection conn=null;
    private Statement stmt=null;
    private ResultSet rs=null;
    /**
     * @return 返回数据库连接对象
     */
```

```
public Connection ConnDB(){
    conn=null;
    try {
        String url="jdbc:mysql://localhost:3306/test? useUnicode=true&character=UTF-8";
        Class.forName("com.mysql.jdbc.Driver").newInstance();
        conn=DriverManager.getConnection(url,"hncst","123");
        return conn;
    }
    catch (Exception fe){
        System.err.println("ConnDB(): " +fe.getMessage());
        return null;
    }
}
/**
 * @return 返回状态集对象
 */
public Statement CreatStat(){
    stmt=null;
    try {
        if (conn==null){
            conn=this.ConnDB();
        }
        stmt=conn.createStatement(ResultSet.TYPE_SCROLL_SENSITIVE,
        ResultSet.CONCUR_UPDATABLE);
        return stmt;
    } catch (Exception fe){
        System.err.println("CreatStat(): " +fe.getMessage());
        return null;
    }
}
/**
 * 获取 PreparedStatement 的方法
 * @param sql
 * @param autoGenereatedKeys
 * @return
 */
public PreparedStatement prepareStat(String sql, int autoGenereatedKeys){
    PreparedStatement pstmt=null;
    try {
        if (conn==null){
            conn=this.ConnDB();
        }
        pstmt=conn.preparedStatement(sql, autoGenereatedKeys);
    } catch (SQLException e){
```

```
            e. printStackTrace();
            return null;
        }
        return pstmt;
    }
    /* *
     *
     * @param sql
     * @return 返回记录集对象
     */
    public ResultSet getResult(String sql){
        rs=null;
        try {
            stmt=this. CreatStat();
            rs=stmt. executeQuery(sql);
            return rs;
        } catch (SQLException ex){
            System. err. println("getResult: " +ex. getMessage());
            return null;
        }
    }
    /* *
     * 执行更新、删除语句的方法
     * @param sql
     * @return
     */
    public int executeSql(String sql){
        int RowCount;
        try {
            stmt=this. CreatStat();
            RowCount=stmt. executeUpdate(sql);
            if (! conn. getAutoCommit()){
                conn. commit();
            }
            return RowCount;
        } catch (Exception e){
            System. err. println("executeSql: " +e. toString());
            return 0;
        }
    }
    /* *
     * 释放资源的方法
     * @throws SQLException
     */
```

```
public void Release()throws SQLException {
    if (rs! =null){
        rs. close();
        rs=null;
    }
    if (stmt! =null){
        stmt. close();
        stmt=null;
    }
    if (conn! =null){
        conn. close();
        conn=null;
    }
}
}
```

代码分析:程序 5-7 为连接 MySQL 数据库的 JavaBean。ConnDB()为获取数据库连接对象 Connection 的方法,CreatStat()为获取 Statement 对象的方法,prepareStat()为获取 PreparedStatement 对象的方法,getResult()为执行查询 SQL 语句,并返回记录集对象 ResultSet 的方法,executeSql()为执行更新数据库 SQL 语句的方法,Release()为关闭连接对象,释放资源的方法。

在模块 4 进行了 JDBC 操作数据库,每个需要数据库操作的页面都要进行数据库连接,采用 JavaBean 的形式,可以将数据库操作封装,在 JSP 程序中调用。在 JSP 中调用该 JavaBean 连接数据库的代码为:

```
<jsp:useBean id="db" class="chapter5. DBManager"/>
```

在 Servlet 中调用该程序连接数据库的代码为:

```
private DBManager db=new DBManager();
```

连接 SQL Server 和 Oracle 的 JavaBean 的写法和该程序类似,只需要修改连接方法中的 url 字符串和驱动程序即可。

(2)编写表单。

【程序 5-8】 exam15_add_user. jsp

```
<%@ page language="java" contentType="text/html; charset=UTF-8"
pageEncoding="UTF-8"%>
<! DOCTYPE html PUBLIC "-//W3C//DTD HTML 4.01 Transitional//EN" "http://www. w3. org/TR/html4/loose. dtd">
<html>
<head>
<meta http-equiv="Content-Type" content="text/html; charset=UTF-8">
<title>添加用户界面</title>
</head>
<body>
<center> <br>
```

```
<h1>添加用户</h1>
<hr>
<form action="exam15_add_user_do.jsp" method="post" name="addUser">
<p> 用户名:<input type="text" name="name"></p>
<p> 密 码:<input type="password" name="password">
</p>
<input type="submit" name="submit1" value="提交">
<input type="reset" name="submit2" value="重写">
</form>
</center>
</body>
</html>
```

代码分析:该程序定义一个表单,含有用户名和密码两个元素。

(3)编写表单处理程序,并调用程序 5-7 的 JavaBean 将表单数据写入数据库。

【程序 5-9】 exam15_add_user_do.jsp

```
<%@ page language="java" contentType="text/html; charset=UTF-8"
pageEncoding="UTF-8"%>
<! DOCTYPE html PUBLIC "-//W3C//DTD HTML 4.01 Transitional//EN" "http://www.w3.org/TR/html4/loose.dtd">
<html>
<head>
<meta http-equiv="Content-Type" content="text/html; charset=UTF-8">
<title>数据库连接</title>
</head>
<body>
<jsp:useBean id="db" class="chapter5.DBManager" scope="page"/>
<% String name=request.getParameter("name");
String password=request.getParameter("password");
name=name.trim();
password=password.trim();
String sql="insert into users(name,password)values('"+name+"','"+password+"')";
db.executeSql(sql);//执行 SQL
db.Release();//关闭
out.println("添加成功!");
%>
</body>
</html>
```

代码分析:程序使用 useBean 调用 JavaBean 连接数据库,具体代码为:

```
<jsp:useBean id="db" class="chapter5.DBManager" scope="page"/>
```

获取表单数据后,定义写入数据库的 SQL,通过 JavaBean 中的执行 SQL 语句的方法 executeSql()执行,最后调用 Release()方法释放资源。

运行程序 5-8,如图 5-6 所示,提交后,则显示添加成功,如图 5-7 所示。

图 5-6 添加用户信息

图 5-7 添加用户信息成功

15.2 新知识点——数据库连接的 JavaBean

在 JSP 文件中 HTML 与大量 Java 代码交织，且直接嵌入访问数据库的代码及 SQL 语句则会使页面设计困难。使得程序员难以理解、维护、扩展、调试程序。将 JSP 和 JavaBean 技术结合在一起，可以用 JavaBean 实现业务逻辑和数据库操作的封装，JSP 只负责页面的显示。用户端浏览器发送 JSP 文件请求，JSP 文件访问 JavaBean，JSP 页面响应请求并将处理结果返回客户，而使用 JavaBean 处理所有的数据访问。其架构如图 5-8 所示。

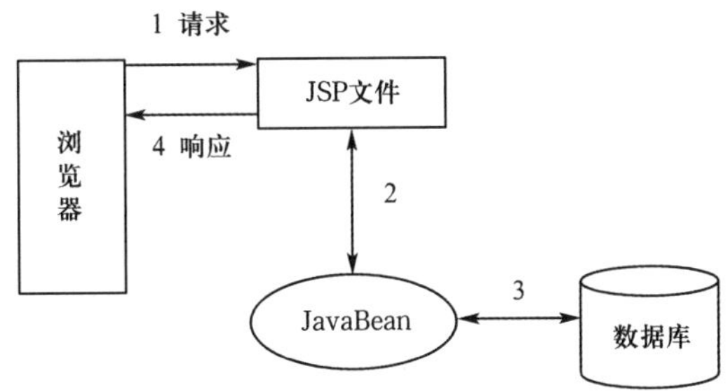

图 5-8 JSP 与 JavaBean 技术结合访问数据库的结构图

在访问数据库时，使用这种结构可使 JSP 页面中只需要嵌入少量的 Java 代码，可重用对数据库连接的 JavaBean，方便使用。

思政小贴士

Java 程序(包括文件名)严格区分大小写，书写代码时要形成习惯，语法格式中采用英文标点(不能是中文标点)，一个标点、一个字母出错，程序都会报错而不能运行，因此程序员要有细致耐心、一丝不苟的工匠精神。

15.3 扩展——采用数据库连接池读取用户信息列表

利用数据库连接池技术管理数据库连接，查询 hncst 数据库中 users 数据表中的数据，并以表格形式显示。表结构见项目 10 中的表 4-2。

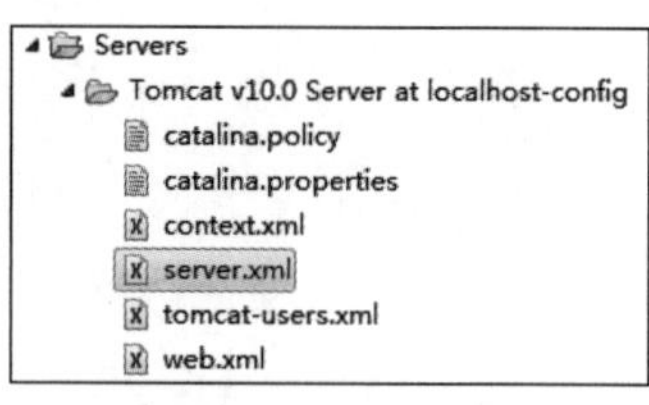

图 5-9 server. xml

实现过程：

(1)配置文件 server. xml。

在 Web 项目 JavaWebExample 中的目录 servers 下，找到 server. xml，如图 5-9 所示。然后将下面的代码添加到<context>标签中。

```
<ContextdocBase="JavaWebExample" path="/ JavaWebExample" reloadable="true" source="org.
eclipse. jst. jee. server: JavaWebExample">
<Resourceauth="Container" type="javax. sql. DataSource"
name="jdbc/WebDataPool" driverClassName="com. mysql. jdbc. Driver"
url="jdbc:mysql://127. 0. 0. 1:3306/user? useUnicode=true&amp;characterEncoding=utf-8&amp;
autoReconnect=true"
username="root" password="root" logAbandoned="true" maxActive="100"
maxIdle="30" maxWait="28800" removeAbandoned="true"
removeAbandonedTimeout="30" testOnReturn="true" testWhileIdle="true"
validationQuery="select now()"/>
</Context>
```

代码分析：该段 XML 为 JNDI 数据源配置，具体参数说明如下：

auth 定义为容器；type 定义类型为数据源；driverClassName 定义需要连接的数据库驱动，本例连接 MySQL5 数据库，因此属性值为 com. mysql. jdbc. Driver；name 定义 JNDI 的名字，该名字需要在建立连接的 Java 程序中使用；url 定义需要连接的数据库路径，同时加载相关参数，本例中数据库服务器为本机，所以 IP 为 127. 0. 0. 1，数据库端口为 3306，数据库名为 hncst_net，数据库连接时的编码为 UTF-8，autoReconnect 为连接断开时是否需要自动重新连接；username 定义连接数据库的用户名；password 定义连接数据库的密码；maxActive 定义并发的最大连接数；maxIdle 定义连接最大空闲数；maxWait 定义连接最大空闲等待时间，单位为毫秒；removeAbandoned 定义连接是否自我中断，默认为 false；removeAbandonedTimeout 定义多长时间连接自我中断，单位为秒，采用参数时 removeAbandoned 必须为 true；testOnReturn 定义在获取连接前判断连接是否有效；testWhileIdle 定义在移除连接对象时测试其是否是有效空闲的；validationQuery 定义验证连接是否是成功的 SQL 语句。

(2)编写数据库操作管理类 DBManager. java，具体代码见程序 5-10。

【程序 5-10】 DBManager. java

```
package chapter5;
import java. sql. * ;
import javax. naming. Context;
import javax. naming. InitialContext;
public class DBManager {
    Connection conn=null;
```

```
Statement stmt=null;
ResultSet rs=null;
//返回数据库连接对象
public Connection Creatconn(){
    conn=null;
    try {
        Context initCtx=new InitialContext();
        Context ctx=(Context)initCtx.lookup("java:comp/env");
        //获取连接池对象
        javax.sql.DataSource ds=(javax.sql.DataSource)ctx
        .lookup("jdbc/WebDataPool");
        conn=ds.getConnection();
        return conn;
    } catch (Exception fe){
        System.err.println("Creatconn(): " +fe.getMessage());
        return null;
    }
}
//返回状态集对象
public Statement CreatStat(){
    stmt=null;
    try {
        if (conn==null){
            conn=this.Creatconn();
        }
        stmt=conn.createStatement(ResultSet.TYPE_SCROLL_SENSITIVE,
        ResultSet.CONCUR_UPDATABLE);
        return stmt;
    } catch (Exception fe){
        System.err.println("CreatStat(): " +fe.getMessage());
        return null;
    }
}
//返回记录集对象
public ResultSet getResult(String sql){
    rs=null;
    try {
        stmt=this.CreatStat();
        rs=stmt.executeQuery(sql);
        return rs;
    } catch (SQLException ex){
        System.err.println("getResult: " +ex.getMessage());
        return null;
    }
```

```
    }
    //执行更新、删除语句
    public int executeSql(String sql){
        int RowCount;
        try {
            stmt=this. CreatStat();
            RowCount=stmt. executeUpdate(sql);
            if (! conn. getAutoCommit()){
                conn. commit();
            }
            return RowCount;
        } catch (Exception e){
            System. err. println("executeSql: " +e. toString());
            return 0;
        }
    }
    public PreparedStatement prepare(String sql, int autoGenereatedKeys){
        PreparedStatement pstmt=null;
        try {
            if (conn==null){
                conn=this. Creatconn();
            }
            pstmt=conn. preparedStatement(sql, autoGenereatedKeys);
        } catch (SQLException e){
            e. printStackTrace();
            return null;
        }
        return pstmt;
    }
    public void Release()throws SQLException {
        if (rs! =null){
            rs. close();
            rs=null;
        }
        if (stmt! =null){
            stmt. close();
            stmt=null;
        }
        if (conn! =null){
            conn. close();
            conn=null;
        }
    }
}
```

(3)在 Eclipse 中创建数据读取程序，具体代码见程序 5-11。

【程序 5-11】 exam15_list.jsp

```
<%@ page language="java" contentType="text/html; charset=UTF-8"
  pageEncoding="UTF-8" import="java.sql.*"%>
<!DOCTYPE html PUBLIC "-//W3C//DTD HTML 4.01 Transitional//EN""http://www.w3.org/
TR/html4/loose.dtd">
<html>
<head>
<meta http-equiv="Content-Type" content="text/html; charset=UTF-8">
<title>用户信息</title>
</head>
<body>
<h2>用户信息列表</h2>
<jsp:useBean id="db" class="chapter5.DBManager"/>
<%
ResultSet rs=null;
String sql="select * from users";
rs=db.getResult(sql);
%>
<table width="90%" border="1" align="center" cellspacing="1">
<tr>
<td>用户名</td>
<td>密码</td>
<td>性别</td>
<td>E-mail</td>
<td>熟练开发语言</td>
</tr>
<%
while (rs.next()) {
out.print("<tr>");
out.println("<td>" + rs.getString("username") + "</td>");
out.println("<td>" + rs.getString("password") + "</td>");
out.println("<td>" + rs.getString("sex") + "</td>");
out.println("<td>" + rs.getString("email") + "</td>");
out.println("<td>" + rs.getString("lan") + "</td>");
out.print("</tr>");
}
%>
</table>
<%
rs.close();
db.Release();
%>
</body>
</html>
```

代码分析：Creatconn()方法为获取连接对象的方法，其中：

```
Context initCtx=new InitialContext();
Context ctx=(Context)initCtx.lookup("java:comp/env");
javax.sql.DataSource ds=(javax.sql.DataSource)ctx.lookup("jdbc/WebDataPool");
conn=ds.getConnection();
```

这几行代码的作用是通过 Context 对象的 lookup()方法查找在 XML 配置中的 JNDI 名字，即 jdbc/WebDataPool（注：是由 XML 中的 name 属性定义的），得到的 DataSource 对象通过 getConnection()方法即可获得连接对象。

CreatStat()方法为获取 Statement 对象的方法；getResult()方法为执行 SQL 检索语句并返回记录集的方法；executeSql()方法为执行 SQL 插入和更新语句的方法；prepare()方法为返回预定义 PreparedStatement 的方法；Release()方法为释放对象的方法。

(4)使用连接池

在 JSP 中以 JavaBean 形式调用该连接池的代码如下：

```
<jsp:useBean id="db" class="DB.DBManager"/>
```

在 Servlet 中调用该程序连接数据库的代码如下：

```
private DBManager db=new DBManager ();
```

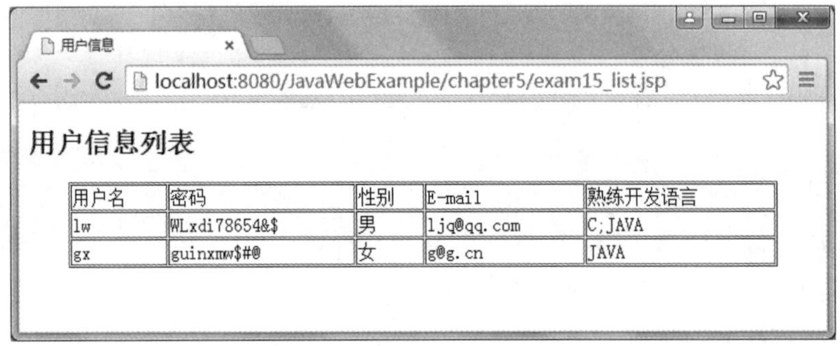

图 5-10　exam15_list.jsp 运行效果

项目 16　应用 JavaBean 实现购物车

16.1　项目描述与实现

通过采用数据库连接池的 JavaBean 连接 MySQL 数据库，从表中读取商品信息，实现购物车。在数据库 db_shopping 中，books 表的结构见表 5-4，foods 表的结构见表 5-5，购物车表 t_car 的结构见表 5-6。

表 5-4　　books 表结构

字段名	数据类型	长度	是否为空	约束	备注
b_id	varchar	50	否	主键	编号
b_name	varchar	50	否		书名
b_prise	double		否		价格
b_author	varchar	50	否		作者
b_img	varchar	50	否		图片

表 5-5 foods 表结构

字段名	数据类型	长度	是否为空	约束	备注
f_id	varchar	50	否	主键	编号
f_name	varchar	50	否		书名
f_prise	double		否		价格
f_img	varchar	50	否		图片

表 5-6 t_car 表结构

字段名	数据类型	长度	是否为空	约束	备注
id	int		否	主键	编号
good_id	varchar	50	否		商品编号
good_name	varchar	50	否		商品名称
good_prise	double		否		商品价格
good_count	int		否		数量

实现一个简易的购物车。本例采用连接池的 JavaBean 来实现购物车，把商品信息存在数据库的表中，然后通过连接池连接数据库（代码在项目 15 已有介绍），从表中读取商品信息。能够将同一个用户在本购物网站的不同页面所选的商品加入购物车，用户能够填写商品的数量。商品显示页面所显示的商品内容需动态读取。本任务通过两类商品（书籍和食品，分别显示在两个购物页面上），让读者理解如何将同一个用户在不同页面所选择的商品关联起来。书籍信息页面效果如图 5-11 所示，食品信息页面效果图如图 5-12 所示，这两个图是用户还没添加任何商品到购物车时的效果。

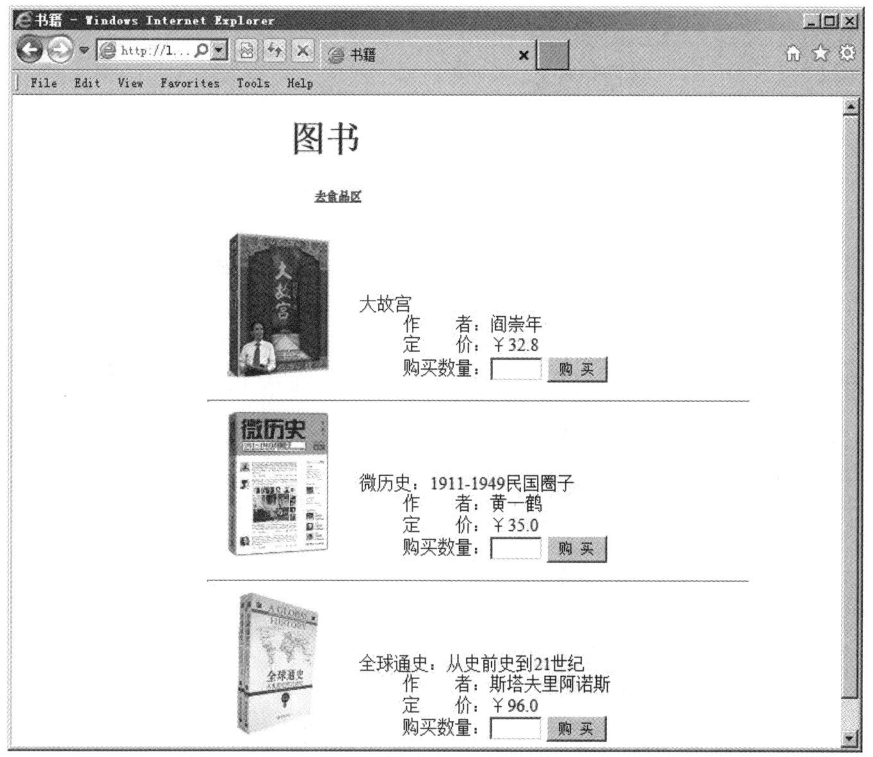

图 5-11 书籍信息页面 books.jsp

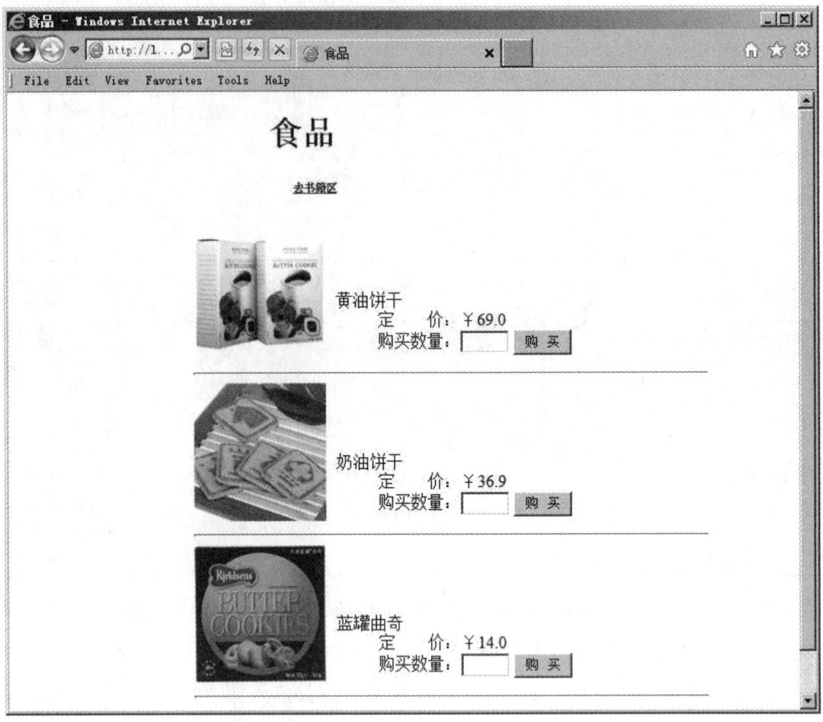

图 5-12　食品信息页面 foods.jsp

当用户在任意的购物页面中填入购买某种商品的数量并单击“购买”按钮后，购物车中会按用户的操作添加相应的商品和数量，并返回购物页面，并在该页的右上角显示购物车中的内容，效果如图 5-13 所示。

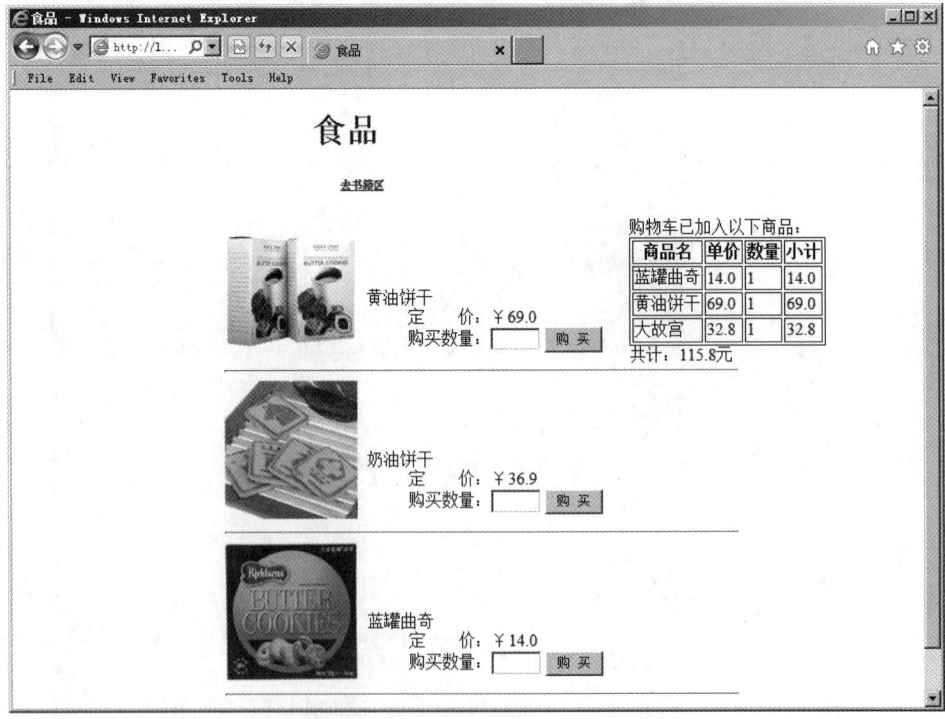

图 5-13　添加了若干商品到购物车后的购物页面 foods.jsp

在实现本项目的过程中，为了封装商品属性，对每类商品都采用一个实体类来进行封装，而因为在购物车的处理过程中，需要对所有的商品进行统一处理，而不是分类写不同的代码，所以采用一个接口来封装所有类别的商品。表示商品的接口如程序 5-13 所示，书籍类和食品类分别如程序 5-14 和程序 5-15 所示。

说明：在 eclipse IDE 中，项目的源文件夹下的类将会被自动编译，然后依据包的层次，将编译好字节码文件放到 class path 中，又称项目的输出文件夹，在 class path 中的类可以被 JSP 脚本所使用，注意，该类如果有包名的话，在使用前要在 page 指令中使用 import 属性来导入该类。

实现过程：

(1)配置文件 server. xml。

在 Web 项目 JavaWebExample 中的目录 servers 下，找到 server. xml，如图 5-9 所示。然后将下面的代码添加到<context>标签中。

```
<ContextdocBase="JavaWebExample" path="/JavaWebExample" reloadable="true" source="org.
eclipse.jst.jee.server:JavaWebExample">
<Resourceauth="Container" type="javax.sql.DataSource"
name="jdbc/WebDataPool" driverClassName="com.mysql.jdbc.Driver" url="jdbc:mysql://127.0.0.
1:3306/db_shopping? useUnicode=true&amp;characterEncoding=utf-8&amp;autoReconnect=true"
username="root" password="root" logAbandoned="true" maxActive="100"
maxIdle="30" maxWait="28800" removeAbandoned="true"
removeAbandonedTimeout="30" testOnReturn="true" testWhileIdle="true"
validationQuery="select now()"/>
</Context>
```

代码分析：该段 XML 为 JNDI 数据源配置，具体参数说明如下：

auth 定义为容器；type 定义类型为数据源；driverClassName 定义需要连接的数据库驱动，本例连接 mysql5 数据库，因此属性值为 com. mysql. jdbc. Driver；name 定义 JNDI 的名字，该名字需要在建立连接的 Java 程序中使用；url 定义需要连接的数据库路径，同时加载相关参数，本例中数据库服务器为本机，所以 IP 为 127.0.0.1，数据库端口为 3306，数据库名为 hncst_net，数据库连接时的编码为 utf-8，autoReconnect 为连接断开时是否需要自动重新连接；username 定义连接数据库的用户名；password 定义连接数据库的密码；maxActive 定义并发的最大连接数；maxIdle 定义连接最大空闲数；maxWait 定义连接最大空闲等待时间，单位为毫秒；removeAbandoned 定义连接是否自我中断，默认为 false；removeAbandonedTimeout 定义多长时间连接自我中断，单位为秒，采用参数时 removeAbandoned 必须为 true；testOnReturn 定义在获取连接前判断连接是否有效；testWhileIdle 定义在移除连接对象时测试其是否是有效空闲的，validationQuery 定义验证连接是否是成功的 SQL 语句。

(2)编写数据库操作管理类 SqlHelper. java，具体代码见程序 5-12。

【程序 5-12】 SqlHelper. java

```
package chapter5;
import java.sql.*;
import javax.naming.Context;
import javax.naming.InitialContext;
public class SqlHelper {
```

```
Connection conn=null;
Statement stmt=null;
ResultSet rs=null;
public Connection ConnDB(){
    conn=null;
    try{
        Context initCtx=new InitialContext();
        Context ctx=(Context)initCtx.lookup("java:comp/env");
        javax.sql.DataSource ds=(javax.sql.DataSource)ctx.lookup("jdbc/shoppingProjectDataPool");
        conn=ds.getConnection();
        return conn;
    }catch(Exception fe){
        System.err.println("Creatconn():"+fe.getMessage());
        return null;
    }
}
public Statement CreatStat(){
    stmt=null;
    try{
        if(conn==null){
            conn=this.ConnDB();
        }
        stmt= conn.createStatement(ResultSet.TYPE_SCROLL_SENSITIVE, ResultSet.
        CONCUR_UPDATABLE);
        return stmt;
    }catch(Exception fe){
        System.err.println("CreatStat():"+fe.getMessage());
        return null;
    }
}
public ResultSet getResult(String sql){
    rs=null;
    try{
        stmt=this.CreatStat();
        rs=stmt.executeQuery(sql);
        return rs;
    }catch(SQLException ex){
        System.err.println("getResult:"+ex.getMessage());
        return null;
    }
}
public int executeSql(String sql){
    int RowCount;
    try{
```

```
                stmt=this.CreatStat();
                RowCount=stmt.executeUpdate(sql);
                if(! conn.getAutoCommit()){
                    conn.commit();
                }
                return RowCount;
            }catch(Exception e){
                System.err.println("executeSql:"+e.toString());
                return 0;
            }
        }
        public void Release() throws SQLException{
            if(rs! =null){
                rs.close();
                rs=null;
            }
            if(stmt! =null){
                stmt.close();
                stmt=null;
            }
            if(conn! =null){
                conn.close();
                conn=null;
            }
        }
}
```

【程序 5-13】 商品接口 Goods.java

```
package chapter5.shoppingCart;
//商品
public interface Goods {
    String getId();
    double getPrice();
    String getName();
}
```

代码分析:因为在购物车对商品进行的统一处理中,需要读取商品 ID、商品价格和商品名称,所以在此接口中声明了三个方法来获取这三种属性,要求所有实现此接口的商品类都能提供对这三种属性的访问。

【程序 5-14】 书籍类 Book.java

```
package chapter5.shoppingCart;
public class Book implements Goods{
    private String id;//书籍的 ISBN 号
    private String name;//书名
    private double price;//价格
```

```
        private String author;//作者
        private String imgName;//图片的名称
        public String getId() {
            return id;
        }
        public String getName() {
            return name;
        }
        public double getPrice() {
            return price;
        }
        ……此处省略各属性其余的 setter 和 getter 方法
    }
```

【程序 5-15】 食品类 Food.java

```
package chapter5.shoppingCart;
public class Food implements Goods{
    private String id; //食品 id
    private String name;//食品名称
    private double price;//食品价格
    private String imgName;//图片的名称
    public String getId() {
        return id;
    }
    public String getName() {
        return name;
    }
    public double getPrice() {
        return price;
    }
    ……此处省略各属性其余的 setter 和 getter 方法
}
```

购物页面(即商品的显示页面)分为两个部分,其中第一部分为商品信息的显示区域,第二部分为购物车内容显示区域。商品显示区域的实现思路是:进入某类商品页面时(书籍购物页面 books.jsp 为例),从数据库的表 books 中读取书籍相关信息,并将其存入一个集合 ArrayList 中。具体代码如程序 5-16 所示。

【程序 5-16】 书籍购物页面 books.jsp

```
<%@ page language="java" contentType="text/html; charset=UTF-8"
  pageEncoding="UTF-8" import="java.util.*,chapter5.shoppingCart.*"%>
<!DOCTYPE html PUBLIC "-//W3C//DTD HTML 4.01 Transitional//EN" "http://www.w3.org/TR/html4/loose.dtd">
<html>
<head>
<meta http-equiv="Content-Type" content="text/html; charset=UTF-8">
```

```
<link rel="stylesheet" type="text/css" href="css/books.css"/>
<title>书籍</title>
</head>
<body>
<h1>图书</h1>
<h6><a href="foods.jsp">去食品区</a></h6>
<%
    //获取 集合 ArrayList 书籍
    ArrayList<Book> books=ReadGoodsInfoUtil.getBooks();
    if(books! =null){
        for(int i=0;i<books.size();i++){
%>
<div class="book">
<div class="img">
<img src="img/book/<%=books.get(i).getImgName() %>" width="130" height="130"/>
</div>
<div class="book-info">
<dl>
<dt class="bookname">
<%=books.get(i).getName() %>
</dt>
<dd>
<div class="author">
作  者:<%=books.get(i).getAuthor()%><br/>
</div>
<div class="price">
定  价:¥<%=books.get(i).getPrice() %>
</div>
<div class="btns">
<form action="add2Cart.jsp" method="post">
购买数量:<input type="text" size=2 name="amount"/>
<! -- 使用一个隐藏域将"book_书籍 ID"这个值作为商品的 ID 传到处理页面 -->
<input type="hidden" name="goodsID" value="<%=books.get(i).getId() %>">
<input type="hidden" name="goodsNAME" value="<%=books.get(i).getName() %>">
<input type="hidden" name="goodsPRICE" value="<%=books.get(i).getPrice() %>">
<input id="buy" type="submit" value="添加购物车"/>
</form>
</div>
</dd>
</dl>
</div>
<hr/>
</div>
<%
```

```
        }
    }
    %>
    <jsp:include page="shopCart.jsp"></jsp:include>
    </body>
    </html>
```

代码分析：调用 ReadGoodsInfoUtil 类的静态方法 getBooks()从指定的数据库 books 表中读取书籍信息。将所有的书籍信息保存在一个集合 ArrayList 中。上面的代码首先检测集合 ArrayList 中是否已经存在书籍信息，如果存在，就直接读取出来。

【程序 5-17】 ReadGoodsInfoUtil.java

```
package chapter5.shoppingCart;
import java.sql.Connection;
import java.sql.PreparedStatement;
import java.sql.ResultSet;
import java.sql.SQLException;
import java.util.ArrayList;
import java.util.HashMap;
import java.util.Map;
import chapter5.SqlHelper;
public class ReadGoodsInfoUtil {
    /**
     * 从数据库把数据读取出来，保存到 ArrayList 集合里
     * @return
     */
    public static ArrayList<Book> getBooks(){
        ArrayList books=new ArrayList();
        SqlHelper sqltool=new SqlHelper();
        Connection con=null;
        PreparedStatement pre=null;
        ResultSet res=null;
        con=sqltool.ConnDB();
        try {
            pre=con.prepareStatement("select * from t_book");
            res=pre.executeQuery();
            while(res.next()){
                Book book=new Book();
                book.setId(res.getString("b_id"));
                book.setName(res.getString("b_name"));
                book.setPrice(res.getDouble("b_price"));
                book.setAuthor(res.getString("b_author"));
                book.setImgName(res.getString("b_img"));
                books.add(book);
            }
```

```
        } catch (SQLException e) {
            // TODO Auto-generated catch block
            e.printStackTrace();
        }
        return books;
    }
    public static ArrayList<Food> getFoods(){
        SqlHelper sqltool=new SqlHelper();
        ArrayList foods=new ArrayList();
        Connection con=null;
        PreparedStatement pre=null;
        ResultSet res=null;
        con=sqltool.ConnDB();
        String sql="select * from t_food";
        try {
            pre=con.prepareStatement(sql);
            res=pre.executeQuery();
            while(res.next()){
                Food food=new Food();
                food.setId(res.getString("f_id"));
                food.setName(res.getString("f_name"));
                food.setPrice(res.getDouble("f_price"));
                food.setImgName(res.getString("f_img"));
                foods.add(food);
            }
        } catch (SQLException e) {
            // TODO Auto-generated catch block
            e.printStackTrace();
        }
        return foods;
    }
}
```

代码分析：通过 ReadGoodsInfoUtil 类的 getBooks()方法读取书籍和食品信息。并存入集合 ArrayList 中。

【程序 5-18】 购物车 shopCart.jsp

```
<%@ page language="java" contentType="text/html; charset=UTF-8"
pageEncoding="UTF-8" import="java.util.*,chapter5.SqlHelper,java.sql.*"%>
<%
    String check=request.getParameter("check");
    String good_id=request.getParameter("good_id");
    String amount=request.getParameter("count");
    Connection con=null;
    PreparedStatement pre=null;
    ResultSet res=null;
```

```
        SqlHelper sqltool=new SqlHelper();
        con=sqltool.ConnDB();
        if(check! =null){
            //清空购物车
            if(check.equals("del")){
                pre=con.prepareStatement("delete from t_car ");
                pre.executeUpdate();
                String lastPage=request.getHeader("referer");
                response.sendRedirect(lastPage);
            }else if(check.equals("update")){
                //修改数量
                pre=con.prepareStatement("update t_car set good_count=? where good_id=?");
                pre.setInt(1, Integer.parseInt(amount));
                pre.setString(2, good_id);
                int num=pre.executeUpdate();
                if(num>0){
                    String lastPage=request.getHeader("referer");
                    response.sendRedirect(lastPage);
                }else{
    %>
    修改数量失败
    <%
                }
            }
        }else{
            //显示购物车
            pre=con.prepareStatement("select * from t_car ");
            res=pre.executeQuery();
    %>
    <div class="shopCart">
    购物车已加入以下商品:
    <table border=1>
    <tr><th>商品名</th><th>单价</th><th>数量</th><th>小计</th></tr>
    <%
        double totalPrice=0;//购物车中商品的总金额
        while(res.next()){
    %>
    <tr>
    <td><%=res.getString("good_name") %></td>
    <td><%=res.getString("good_price") %></td>
    <form action ="shopCart.jsp? check = update&good_id = <% = res.getString ("good_id") % >"
method="post">
    <td><input type="text" name="count" value="<%=res.getString("good_count") %>"><input
type="submit" value="修改"></td>
```

```
</form>
<td>
<%
    //小计:商品单价 * 商品数量
    double subPrice=res.getDouble("good_price") * res.getInt("good_count");
    out.print(subPrice);
    //将小计累加到总金额上
    totalPrice+=subPrice;
%>
</td>
</tr>
<%
    }
%>
</table>
共计:<%=totalPrice %>元
</div>
<%
    }
%>
<a href="shopCart.jsp? check=del">清空购物车</a>
```

代码分析:负责显示购物车信息。表单提交后由 add2Cart.jsp 进行处理,该页面中将用户所请求购买的商品及商品数量添加到购物车中。具体代码如程序 5-19 所示。

【程序 5-19】 添加商品到购物车 add2Cart.jsp

```
<%@ page language="java" contentType="text/html; charset=UTF-8"
pageEncoding="UTF-8" import="java.util.*,chapter5.SqlHelper,java.sql.*"%>
<!DOCTYPE html PUBLIC "-//W3C//DTD HTML 4.01 Transitional//EN""http://www.w3.org/TR/html4/loose.dtd">
<html>
<head>
<meta http-equiv="Content-Type" content="text/html; charset=UTF-8">
<title>Insert title here</title>
</head>
<body>
<%
    request.setCharacterEncoding("utf-8");
    response.setCharacterEncoding("utf-8");
    //获取用户所填的商品数量(字符串形式)
    String amountStr=request.getParameter("amount");
    String good_id=request.getParameter("goodsID");
    String good_name=request.getParameter("goodsNAME");
    String good_price=request.getParameter("goodsPRICE");
    int amount;
    try{
```

```
            //将字符串形式的数量转成整型
            amount=Integer.parseInt(amountStr);
        }catch(NumberFormatException e){
            //如果发生数字格式异常(可能是用户填了其他字符或者没填)
            //则将数量置为 0
            amount=0;
        }
        //当商品数量大于 0 时,才进行下面的将商品加入购物车的处理
        if(amount>0){
            Connection con=null;
            PreparedStatement pre=null;
            ResultSet res=null;
            SqlHelper sqltool=new SqlHelper();
            con=sqltool.ConnDB();
            //查询是否已存在购物车
            pre=con.prepareStatement("select * from t_car where good_id=?");
            pre.setString(1,good_id);
            res=pre.executeQuery();
            //如果已存在购物车,则修改数量
            if(res.next()){
                pre=con.prepareStatement("update t_car set good_count=? where good_id=?");
                pre.setInt(1, amount);
                pre.setString(2, good_id);
                int num=pre.executeUpdate();
                if(num>0){
                    String lastPage=request.getHeader("referer");
                    response.sendRedirect(lastPage);
                }else{
%>
修改数量失败
<%
            }
        }else{
            //否则添加购物车
            pre=con.prepareStatement("insert into t_car (good_id,good_name,good_price,good_count)
                value (?,?,?,?)");
            pre.setString(1, good_id);
            pre.setString(2,good_name);
            pre.setDouble(3,Double.parseDouble(good_price));
            pre.setInt(4,amount);
            int num=pre.executeUpdate();
            if(num>0){
                String lastPage=request.getHeader("referer");
                response.sendRedirect(lastPage);
```

```
            }else{
%>
添加购物车失败
<%
                }
            }
        }
        else{
%>
请选择数量
<a href="books.jsp">返回书籍区</a>
<a href="foods.jsp">返回食品区</a>
<%
        }
%>
</body>
</html>
```

代码分析:将商品信息添加到购物车。查询是否已存在购物车,如没有则创建购物车。

本例所在的项目的目录结构如图 5-14 所示,其中方框内的部分为本例所涉及的内容。

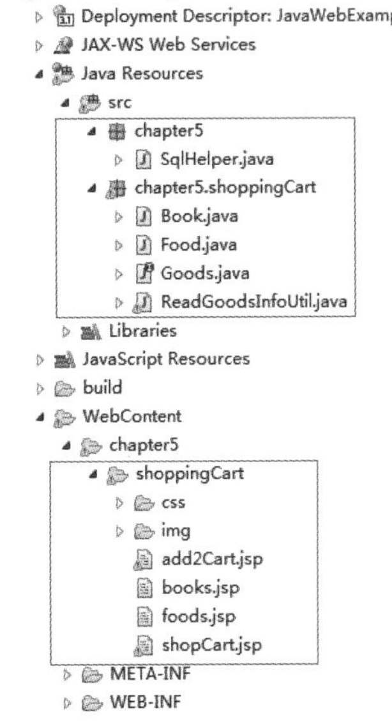

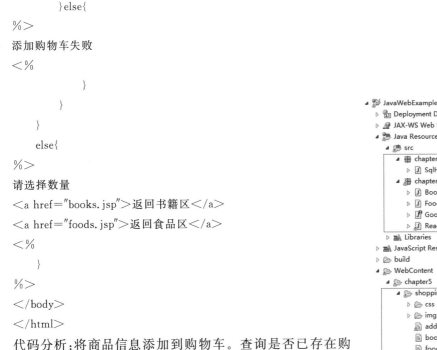

图 5-14　本例项目结构图

思政小贴士

一个复杂的软件,通常由很多人共同完成,每个成员完成一个程序(包括若干个类),运用包机制,可以将所有程序员编写的类集中在一个包中,便于程序的统一管理和运行。个人设计的类越多越优秀,对开发团队的贡献就会越大,其他成员编程就会越方便,因此,软件开发团队是共享共建的集体,需要每个程序员发扬团结协作乐于奉献的精神。

小　结

本模块主要介绍了 JavaBean 的使用,重点介绍了 JavaBean 程序的编写,JSP 中使用 JavaBean 的动作指令的语法和用法,编写了一个封装数据库操作的 JavaBean 并运行测试。通过本模块的学习,读者可以了解 JavaBean 的特点,掌握在 JSP 中 JavaBean 的使用,掌握利用 JavaBean 和数据库连接池等技术实现购物车等。

习　题

一、填空题

1. 在 JSP 中引入使用 JavaBean 的标签是________,其中 id 的用途是________。
2. JavaBean 的作用域有 page、request、________和 application。
3. 一个 Bean 由两部分组成,分别是________和________。

二、选择题

1. 在 JSP 中调用 JavaBean 时不会用到的标记是(　　)。

A. <javabean>　　B. <jsp:useBean>

C. <jsp:setProperty>　　D. <jsp:getProperty>

2. (　　)范围将使 Bean 一直保留到其到期或被删除为止。

A. page　　B. session　　C. application　　D. request

3. (　　)用于获取 Bean 的属性的值。

A. setProperty　　B. setValue　　C. getProperty　　D. getValue

4. (　　)是一种可以在一个或多个应用程序中重复使用的组件。

A. JSP 页面　　B. JavaMail　　C. JavaBean　　D. Servlet

三、编程题

实现一个取系统时间的 Bean，利用该 Bean 在 JSP 页面中显示当前时间，每两秒钟发生一次变化。

模块 6

Java Web 高级开发

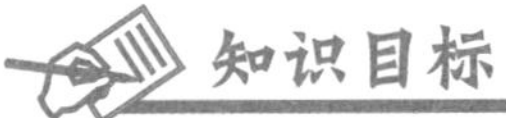

知识目标

掌握 Java Servlet 的工作原理、Java EL 的语法等知识。

技能目标

掌握 Java Servlet 使用方法，掌握使用 Filter 进行权限控制的方法，掌握 Java EL 及使用方法。

素质目标

培养学生综合分析问题的能力，培养其团队合作意识。

项目 17　利用工具创建并部署 Servlet

微课

利用工具创建并部署 Servlet

17.1　项目描述与实现

本项目使用 Eclipse 创建简单的 HelloServlet 程序，Servlet 运行效果如图 6-1 所示。

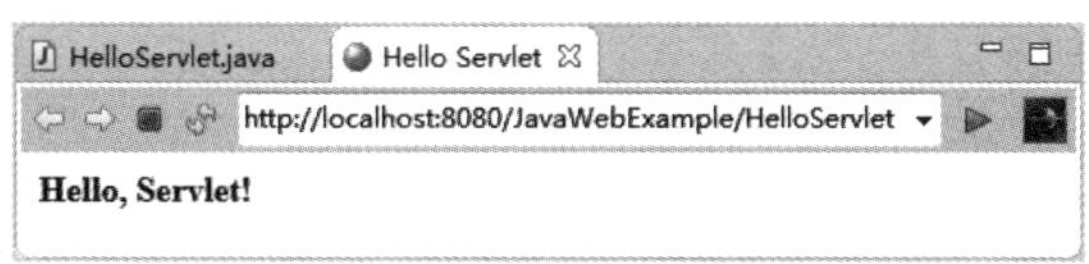

图 6-1　HelloServlet 运行效果

分析：通过 Eclipse 创建 Servlet 程序，掌握配置和部署 Servlet 的方法。

实现过程：

1. 创建 Servlet

第 1 步，在 Eclipse 中，在 JavaWebExample 项目下创建 Servlet，选择 File→New，选择 Servlet，在 Class name 处输入 Servlet 名称 HelloServlet，在 Java package 处填入 chapter6，如图 6-2 所示。本教材使用 Tomcat 10，Superclass 处默认为 jakarta. servlet. http. HttpServlet。

第 2 步，完成第 1 步后，单击“Next”按钮，进入下一步，设置 Servlet 名称(默认使用 Servlet 类名)、描述，如图 6-3 所示。在这一步，还可以设置 Servlet 访问路径，在 URL mappings 处，单击“Add”按钮，添加 Servlet URL 映射，如图 6-4 所示，此处输入“/chapter6/HelloServlet”，这里要注意以“/”开始。

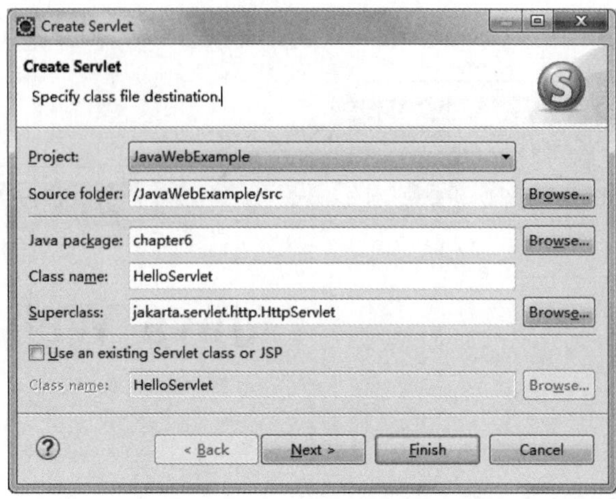

图 6-2　输入包名、类名、父类

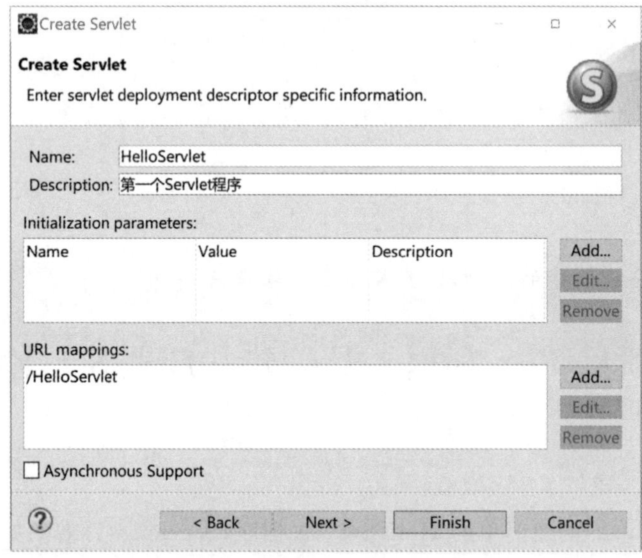

图 6-3　输入 Servlet 名称、描述

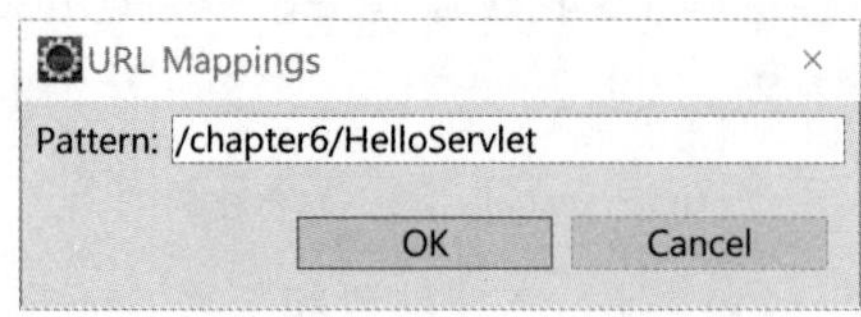

图 6-4　添加 Servlet URL 映射

第 3 步，完成 Servlet 名称设置、URL 映射后单击“Next”按钮，如图 6-5 所示，在这一步中，可设置 Servlet 类的访问类型，要重写的接口方法。在本例中，选择 doGet 方法，单击“Finish”按钮结束向导，将生成 HelloServlet.java 文件，在该文件中编写 Servlet 代码，详见程序 6-1。

【程序 6-1】　HelloServlet.java

```
package chapter6;
import java.io.IOException;
import java.io.PrintWriter;
```

图 6-5 选择要实现的方法

```
import jakarta.servlet.*;
import jakarta.servlet.http.*;
import jakarta.servlet.annotation.*;
/**
 * Servlet implementation class HelloServlet
 */
@WebServlet(
description="第一个 Servlet 程序",
urlPatterns={
    "/HelloServlet",
    "/chapter6/HelloServlet"
})
public class HelloServlet extends HttpServlet {
    private static final long serialVersionUID=1L;
    /**
     * @see HttpServlet#HttpServlet()
     */
    public HelloServlet(){
        super();
        //TODO Auto-generated constructor stub
    }
    /**
     * @see HttpServlet#doGet(HttpServletRequest request, HttpServletResponse response)
     */
    protected void doGet(HttpServletRequest request, HttpServletResponse response) throws ServletException,
    IOException {
        //TODO Auto-generated method stub
```

```
            response.setContentType("text/html;charset=UTF-8");
            PrintWriter out=response.getWriter();
            out.println("<html>");
            out.println("<head>");
            out.println("<meta http-equiv=\"Content-Type\" content=\"text/html; charset=UTF-8\">");
            out.println("<title>Hello Servlet</title>");
            out.println("</head>");
            out.println("<body>");
            out.println("<b>Hello, Servlet! </b>");
            out.println("</body>");
            out.println("</html>");
            out.close();
        }
    }
```

代码分析：在本例中，重写了 doGet()方法，首先由 response 对象获得 PrintWriter 对象 out，以向页面输出 HTML 代码，由于 Servlet 采用了传统 CGI 的方式输出 HTML 语句，所以只能一句一句输出。

2. 配置 Servlet

Servlet 可以在 Java 文件中通过@WebServlet 注解进行配置，也可以在 web.xml 文件中进行配置，如在上例中的使用就是注解配置方式：

```
@WebServlet(
description="第一个 Servlet 程序",
urlPatterns={
    "/HelloServlet",
    "/chapter6/HelloServlet"
})
```

在 web.xml 中配置 Servlet 的代码见程序 6-2。

【程序 6-2】 web.xml 配置 HelloServlet 的部分代码段

```
……
<servlet>
<description>第一个 Servlet 程序</description>
<display-name>HelloServlet</display-name>
<servlet-name>HelloServlet</servlet-name>
<servlet-class>chapter6.HelloServlet</servlet-class>
</servlet>
<servlet-mapping>
<servlet-name>HelloServlet</servlet-name>
<url-pattern>/HelloServlet</url-pattern>
<url-pattern>/chapter6/HelloServlet</url-pattern>
</servlet-mapping>
……
```

3. 访问 HelloServlet

打开浏览器，在地址栏输入 http://localhost:8080/JavaWebExample/HelloServlet 或者 http://localhost:8080/JavaWebExample/chapter6/HelloServlet，可以看到图 6-1 所示运行效果。

17.2 新知识点——Java Servlet 概述

1. Java Servlet 简介

Servlet 是一个执行在服务器端的 Java Class 文件，载入前必须先将 Servlet 程序代码编译成. class 文件，然后将此 class 文件放在 Servlet Engine 路径下。Servlet API 使用 jakarta. servlet 和 jakarta. servlet. http 两个包的接口类。

当服务器上的 JSP 网页被第一次请求执行时，服务器上的 JSP 引擎首先将 JSP 页面文件转译成一个 Java 文件(即 Servlet 类)，再将这个 Java 文件编译成 class 字节码文件，然后执行以响应客户的请求，当这个 JSP 页面再次被请求执行时，JSP 引擎将直接执行这个字节码文件来响应客户，响应速度比第一次执行快很多。

2. Servlet 的代码结构

在 Java Web 开发中，通常所说的 Servlet 是指继承于 jakarta. servlet. http. HttpServlet 类的子类对象，因此开发一个 Servlet 的主要任务就是重写 HttpServlet 类中的方法以实现对 HTTP 请求的处理。其典型的代码结构如下：

```
import java.io.IOException;
import jakarta.servlet.*;
import jakarta.servlet.http.*;
import jakarta.servlet.annotation.*;
public class DemoServlet extends HttpServlet {
    /** 初始化方法 */
    public void init(ServletConfig config) throws ServletException {
    }
    /** 销毁方法 */
    public void destroy() {
    }
    /** 处理 HTTP GET 请求 */
    protected void doGet(HttpServletRequest request, HttpServletResponse response) throws
    ServletException, IOException {
    }
    /** 处理 HTTP POST 请求 */
    protected void doPost(HttpServletRequest request, HttpServletResponse response) throws
    ServletException, IOException {
    }
}
```

要创建一个 Servlet，应继承 HttpServlet 类并至少重写 doGet()、doPost()、doPut()、doDelete()、getServletInfo()方法之一，其中最常用的是 doGet()和 doPost()方法，分别用来处理并响应 HTTP 的 GET 和 POST 请求。

3. Java Servlet 功能

Servlet 是使用 Java Servlet 应用程序设计接口及相关类和方法的 Java 程序，它在 Web 服务器上或应用服务器上运行并扩展了该服务器的能力。Java Servlet 对于 Web 服务器就似乎 Java Applet 对于 Web 浏览器。Applet 装入 Web 浏览器并在 Web 浏览器内执行，而 Servlet 则是装入 Web 服务器并在 Web 服务器内执行。Java Servlet API 定义了 Servlet 和服务器之间的一个标准接口，这使得 Servlet 具有跨服务器平台的特性。

Servlet 通过创建一个框架扩展服务器的能力，采用请求-响应模式提供 Web 服务。当客户机发送请求至服务器时，服务器将请求信息发送给 Servlet，Servlet 生成响应内容并将其传给服务器，然后再由服务器将响应返回给客户端。

Servlet 的功能涉及范围很广，主要可完成如下功能：

• 创建并返回一个包含基于客户请求性质的动态内容的完整的 HTML 页面。

• 创建可嵌入现有 HTML 页面中的一部分 HTML 页面(HTML 片段)。与其他服务器资源(文件、数据库、Applet、Java 应用程序等)进行通信。

• 用多个客户机处理连接，接收多个客户机的输入，并将结果广播到多个客户机上。例如，Servlet 可以是多参与者的游戏服务器。

• 将定制的处理提供给所有服务器的标准例行程序。例如，Servlet 可以修改如何认证用户。

通过使用 Servlet API，开发人员不必担心服务器的内部运作方式。表格资料、服务器头、cookies 等都可通过 Servlet 处理。另外，因为 Servlet 是用 Java 编写，能将其从一个服务器移到另一个服务器以供发布，同时不必担心操作系统或服务器的类型。

17.3 扩展——Java Servlet 版本历史

Servlet 1.0 版本由 Sun Microsystems 公司创建于 1997 年，从 2.3 版本开始，Java Servlet 由 JCP 组织开发，JCP 是 Java Community Process 的缩写，是一个由全世界的 Java 开发人员和获得许可的人员组成的开放性组织，其对 Java 技术规范、参考实现和技术兼容性包进行开发和修订。JSR53(Java Specification Request，Java 规范请求，指向 JCP 提出增加一个标准化技术规范请求)定义了 Servlet 2.3 和 JSP 1.2 规范，JSR 154 提出了 Servlet 2.4 和 2.5 规范，JSR 315 和 JSR 340 分别提出了 Servlet 3.0 和 Servlet 3.1 规范，直到 2017 年 10 月，推出了现行 Servlet 4.0 规范，即 JSR 369。JSR 369 提出了 Servlet 4.0 规范，2020 年 9 月，Servlet 5.0 作为 Jakarta EE 9 的一部分进行了发布，2022 年 9 月，Jakarta EE 10 发布了 Servlet 6.0。Java Servlet API 主要版本历史见表 6-1。

表 6-1　　Java Servlet API 主要版本历史

Java Servlet 版本	发布时间	支持平台	主要特性
Servlet 6.0	2022	Jakarta EE 10	明确了 getRequestURI()等一系列路径相关的方法的解码和行为规范；更新 Cookie 类、相关类和规范以删除对 FC 2109 的引用并将其替换为 RFC 6265；添加了获取当前请求和关联连接的唯一标识符新方法；弃用了 doHead 方法中的包装响应处理
Servlet 5.0	2020	Jakarta EE 9	没增加新特性，将包名从 javax.servlet 改为了 jakarta.servlet
Servlet 4.0	2017	Java EE 8	支持 HTTP/2 协议
Servlet 3.1	2013	Java EE 7	增加对 HTTP 协议升级机制的支持，非阻塞的异步 IO 及安全相关的改进
Servlet 3.0	2009	Java EE 6，Java SE 6	支持插件，异步 Servlet，安全性，文件上传和简化 web.xml 的配置

（续表）

Java Servlet 版本	发布时间	支持平台	主要特性
Servlet 2.5	2005	Java EE 5，Java SE 5	需要 Java SE 5，支持 annotation 类型
Servlet 2.4	2003	J2EE 1.4，J2SE 1.3	web.xml 配置文件使用了 XML Schema
Servlet 2.3	2001	J2EE 1.3，J2SE 1.2	增加了过滤器
Servlet 2.2	1999	J2EE 1.2，J2SE 1.2	成为 J2EE 的一部分，在.war 文件中成为独立的 Web 应用程序
Servlet 2.1	1998		首个官方规范，增加了 RequestDispatcher，ServletContext
Servlet 1.0	1997		由 Sun 公司创建 Servlet

在 Java Servlet 2.X 版本中，必须在网站 web.xml 文件中进行配置，Servlet 3.0 中简化了这一步骤。Servlet 3.0 作为 Java EE 6 规范体系中一员，随着 Java EE 6 规范一起发布。该版本在前一版本（Servlet 2.5）的基础上提供了若干新特性用于简化 Web 应用的开发和部署，详细内容可参见项目 20 中的 20.3 节。从 Servlet 3.1 到 Servlet 4.0 是对 Servlet 协议的一次大改动，其关键之处在于对 HTTP 2.0 的支持。HTTP 2.0 是继 1999 年 HTTP 1.1 发布以来的首个 HTTP 协议新版本，其多路复用功能极大地提升 Web 浏览器的性能感受。Servlet 4.0 API 的主要新特性包括：请求/响应复用、流的优先级、服务器推送及 HTTP 1.1 升级。Servlet 6.0 的新特性主要包括：对一些解码和行为规范并不是很清晰的方法进行了阐明、更新 Cookie 类、为 cookie 提供通用属性支持、添加 module-info.java 以支持在模块化环境中使用 Servlet API 等。

项目 18　用 Servlet 实现用户注册

用 Servlet 实现用户注册

18.1　项目描述与实现

编写项目实现用户注册功能，注册信息包括用户名、密码和邮件地址，使用 JSP 和 Servlet 结合完成信息注册并保存在数据库中，程序在 Eclipse 中编写，最后在 Eclipse 中测试运行，如图 6-6、图 6-7 所示。

图 6-6　填写用户信息

图 6-7　用户注册成功

分析：首先使用 MySQL 数据库，创建 users 用户信息表，包括用户注册的相关信息，接着在 Eclipse 中创建注册的 JSP 页面，最后在 Eclipse 中添加 Servlet，实现用户注册的功能。

实现过程：

1. 在数据库中创建表

本例使用 MySQL 数据库，打开 MySQL 命令行，在数据库中创建 users 用户信息表，创建表 SQL 语句如下：

```
CREATE TABLE 'javaweb'.'users' (
'id' INT NOT NULL AUTO_INCREMENT ,
'uname' VARCHAR(25)NULL ,
'upwd' VARCHAR(45)NULL ,
'email' VARCHAR(45)NULL ,
PRIMARY KEY ('id'));
```

2. 创建表单页面

在 Eclipse 中创建 exam18_reg.jsp，文件内容见程序 6-3。

【程序 6-3】 exam18_reg.jsp

```
<%@ page contentType="text/html; charset=utf-8" language="java"%>
<! DOCTYPE HTML>
<html>
<head>
<meta http-equiv="Content-Type" content="text/html; charset=utf-8">
<title>用户信息注册</title>
<style type="text/css">
body{
    line-height:30px;
}
</style>
</head>
<body>
<form method="post" action="RegistToDb">
请输入用户名:<input type="text" name="uname" size="15"/><br/>
  请输入密码:<input type="password" name="upwd" size="15"/><br/>
  请输入密码:<input type="password" name="upwd2" size="15"/><br/>
请输入 E-mail:<input type="text" name="email" size="20"/><br/>
<input type="submit" name="submit" value="注册"/>
</form>
</body>
</html>
```

代码分析，此处表单为<form method="post" action="RegistToDb">，method 属性为 post，action 属性为 RegistToDb，RegistToDb 为表单处理 Servlet。

3. 创建 Servlet

在 Eclipse 中添加 Servlet，其中包名 chapter6，类名为：RegistToDb，仅选择 doPost()方法，在 doPost()方法中输入代码，详细代码见程序 6-4。

【程序 6-4】 RegistToDb. java

```
protected void doPost(HttpServletRequest request, HttpServletResponse response) throws ServletException,
IOException {
    response.setCharacterEncoding("UTF-8");
    PrintWriter out=response.getWriter();
    String uname=request.getParameter("uname");
    String upwd=request.getParameter("upwd");
    String upwd2=request.getParameter("upwd2");
    String email=request.getParameter("email");
    if(! upwd.equals(upwd2)) {
        out.println("<script> alert('两次输入的密码不一致'); window.history.back(); </script>");
    }
    String sql="INSERT INTO users(uname,upwd,email) VALUES('" + uname + "','" + upwd +
    "','" + email + "');";
    //MySQLDb 封装了 MySQL 数据库操作类,详见前面项目
    MySQLDb db=new MySQLDb();
    out.println("<html>");
    out.println("<head>");
    out.println("<meta http-equiv=\"Content-Type\" content=\"text/html; charset=utf-8\">");
    out.println("</head>");
    out.println("<body>");
    if(db.exeUpdate(sql)) {
        out.println(uname + ",恭喜您! 注册成功,请<a href=\"exam18_reg.jsp\">返回</a>");
    }else {
        out.println(uname + ",抱歉! 注册失败,请<a href=\"exam18_reg.jsp\">返回</a>");
    }
    out.println("</body>");
    out.println("</html>");
}
```

代码分析:response. setCharacterEncoding()方法告知浏览器文档所采用字符编码,这一点很重要,Servlet 输出可以采用完整 HTML 代码输出,也可以采用简单标记输出。如果使用完整 HTML 代码输出,则浏览器不会出现乱码问题,如果仅输出部分文本内容,则一定要使用 response. setCharacterEncoding()方法告知浏览器文本字符集编码。从浏览器获取数据使用 request 对象的 getParameter()方法,getParameter()方法既可以获取 GET 方式提交的数据,也可以获取 POST 方式提交的数据。使用 Servlet 存储数据库,和 Java 语言类似,此处使用已封装好的针对 MySQL 数据库类 MySQLDb,该类包含了 exeUpdate()方法,可执行 INSERT、UPDATE、DELETE 等 SQL 语句,该类的实现和使用这里不再介绍。

4. 注意事项

在这里要注意,如果是 Servlet 3.0 以上版本,需要在 RegistToDb. java 文件中找到 @WebServlet("/chapter6/RegistToDb")修改 Servlet 访问路径,这里的路径为/chapter6/

RegistToDb。如果是 3.0 以下版本，则需要在 web.xml 文件中修改<servlet-mapping>节点中的<url-pattern>，修改为/chapter6/RegistToDb。

18.2 新知识点——Java Servlet 工作过程

1. Servlet 的工作过程

Servlet 为客户端和服务器信息的处理提供了一种“请求/应答”模式机制。同时，Java 的 Servlet API 为客户端和服务器之间的请求和应答信息定义了标准接口。图 6-8 描述了一个 Servlet 的工作过程：

- 客户端发送请求给服务器。
- 服务器将请求信息发送至 Servlet。
- Servlet 生成响应内容并将其传给服务器。响应内容动态生成，通常取决于客户端的请求。
- 服务器将应答返回给客户端。

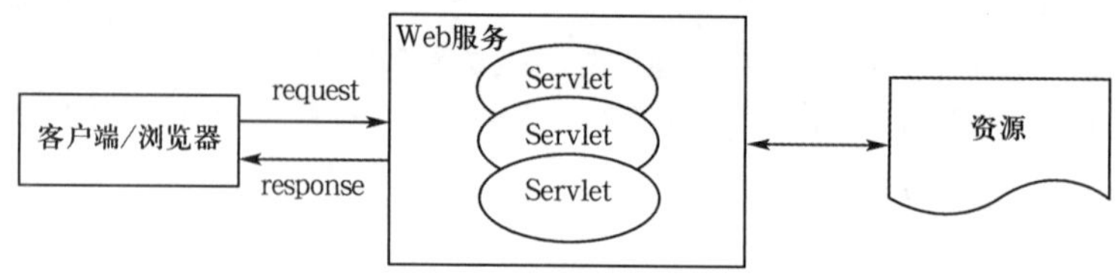

图 6-8　Servlet 工作过程

狭义的 Servlet 是指 jakarta.servlet.Servlet 这个接口，广义的 Servlet 是指任何实现了这个 Servlet 接口的类，一般我们所说的 Servlet 是指后者。Servlet 看起来就是一个普通的 Java 类，只不过它实现了特定的 Java Servlet API。因为是对象字节码，可以动态地从网络加载，可以说 Servlet 对 Server 就如同 Applet 对 Client 一样，但是，由于 Servlet 运行于 Server 中，它们并不需要一个图形用户界面。从这个角度讲，Servlet 也被称为 FacelessObject。

Servlet 是用来扩展服务器的性能，在服务器上驻留着可以通过“请求-响应”编程模型来访问的应用程序。虽然 Servlet 可以对任何类型的请求产生响应，但通常只用来扩展 Web 服务器的应用程序。

2. Servlet 的生命周期

通过 Servlet 的工作过程，我们可以看出，客户端的程序并不是直接与 Servlet 进行通信的，而是通过 Web 服务器和其他应用服务器来完成的。一个 Servlet 是 jakarta.servlet.http 包中 HttpServlet 类的子类，需要支持 Servlet 的服务器完成对 Servlet 的初始化，Servlet 生命周期如图 6-9 所示。

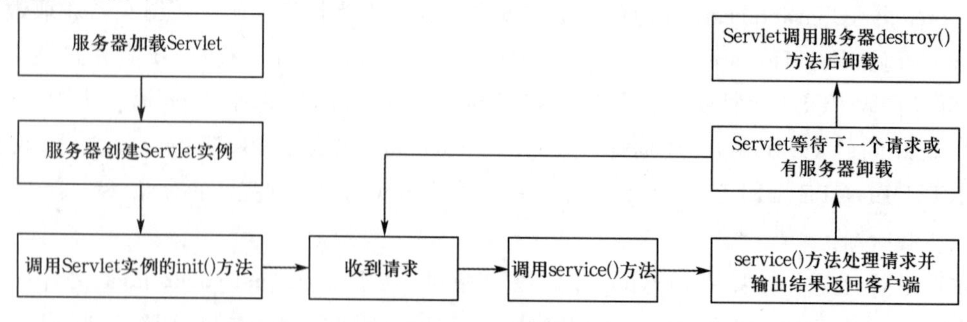

图 6-9　Servlet 生命周期

Servlet 的生命周期由 Servlet 容器来控制，主要有初始化、运行和销毁三个过程来完成：

(1)初始化 Servlet，Servlet 第一次被请求加载时，服务器创建一个 Servlet 对象，Servlet 容器调用 Servlet 对象的 init()方法进行初始化。

(2)运行 Servlet，创建的 Servlet 对象根据客户端的请求，调用 service()方法响应客户端的请求。

(3)销毁 Servlet，当 Web 应用被终止时，Servlet 容器会先调用 Servlet 对象的 destroy()方法，然后再销毁 Servlet 对象，释放 Servlet 对象占用的资源。

在 Servlet 生命周期中，Servlet 的初始化和销毁阶段只会发生一次，而 service()方法执行的次数则取决于客户端的请求次数。

18.3 扩展——Java Servlet 接口

1. Servlet 接口

Servlet 框架的核心是 jakarta. servlet. Servlet 接口，所有的 Servlet 都必须实现这一接口。在 Servlet 接口中定义了 7 个方法，这些方法的功能及使用方法如下：

(1)init()方法

在 Servlet 的生命期中，仅执行一次 init()方法，它是在服务器载入 Servlet 时执行的。可以配置服务器，以在启动服务器或客户机首次访问 Servlet 时载入 Servlet。无论有多少客户机访问 Servlet，都不会重复执行 init()。

如果没有特殊的初始化需求，可以缺省 init()方法；如果有管理服务器端资源等需要，可以重写 init()方法来进行初始化配置，比如可以进行初始化数据库连接等操作。缺省的 init()方法设置了 Servlet 的初始化参数，并用它的 ServletConfig 对象参数来启动配置，因此所有重写 init()方法的 Servlet 应调用 super. init()以确保仍然执行这些任务。在调用 service()方法之前，应确保能成功执行 init()方法。

(2)service()方法

service()方法是 Servlet 的核心。每当一个客户请求一个 HttpServlet 对象，该对象的 service()方法就要被调用，而且传递给这个方法一个“请求”(ServletRequest)对象和一个“响应”(ServletResponse)对象作为参数。一般来说不需要重写 service()方法，因为在 HttpServlet 中已经很好地实现了该方法，它会根据 HTTP 请求的方式，调用与之匹配的 do 功能。例如，如果 HTTP 请求方法为 GET，则缺省情况下就调用 doGet()。所以在编写 Servlet 时应该为其所支持的 HTTP 方法覆盖对应的 do 功能。

Servlet 的响应可以是下列几种类型：

- 一个输出流，浏览器根据它的 MIME 类型(如 text/html)进行解释。
- 一个 HTTP 错误响应，重定向到另一个资源(URL、Servlet 或 JSP)。

(3)doGet()方法

当一个客户通过 HTML 表单发出一个 HTTP GET 请求或直接请求一个 URL 时，doGet()方法被调用。与 GET 请求相关的参数会被添加到 URL 的后面，并与这个请求一起发送。当对数据的安全性没有要求时，可以发送 HTTP GET 请求，对应地应该实现 doGet()方法。

(4)doPost()方法

当一个客户通过 HTML 表单发出一个 HTTP POST 请求时，doPost()方法被调用。与 POST 请求相关的参数是放在 HTTP 消息主体中从浏览器发送到服务器的，参数不会被保存在浏览器历史或 Web 服务器日志中，安全性较高，所以当需要修改服务器端的数据或涉及密码等敏感信息时，应该发送 HTTP POST 请求，对应地应该实现 doPost()方法。

(5)destroy()方法

destroy()方法仅执行一次，即在服务器停止且卸载 Servlet 时执行该方法，将 Servlet 作为服务器进程的一部分来关闭。缺省的 destroy()方法通常是符合要求的，在有诸如管理服务器端资源等需求时也可以覆盖它。例如，如果 Servlet 在运行时会累计统计数据，则可以重写 destroy()方法在卸载 Servlet 时将统计数字保存在文件中。另一个典型应用是在 destroy()方法中关闭数据库连接等资源。

当服务器卸载 Servlet 时，将在所有 service()方法调用完成后，或在指定的时间间隔后调用 destroy()方法。一个 Servlet 在运行 service()方法时可能会产生其他的线程，因此请确认在调用 destroy()方法时，这些线程已终止或完成。

(6)getServletConfig()方法

getServletConfig()方法返回一个 ServletConfig 对象，该对象用来返回初始化参数和 ServletContext。ServletContext 接口提供有关 Servlet 的环境信息。

(7)getServletInfo()方法

getServletInfo()方法是一个可选的方法，它提供有关 Servlet 的信息，如作者、版本、版权等。

当服务器调用 Servlet 的 service()、doGet()和 doPost()等与处理请求相关的方法时，均需要“请求”和“响应”对象作为参数。“请求”对象提供有关请求的信息，而“响应”对象提供了一个将响应信息返回给浏览器的通信途径。

2. ServletRequest 接口

ServletRequest 接口封装了客户端请求的细节，它与协议无关，并有一个指定 HTTP 的子接口。ServletRequest 主要处理：

- 找到客户端的主机名和 IP 地址
- 检索请求参数
- 取得和设置属性
- 取得输入和输出流

ServletRequest 接口中的常用方法：

(1)Object getAttribute(String name)

返回具有指定名字的请求属性，如果不存在则返回 null。属性可由 Servlet 引擎设置或使用 setAttribute()显式加入。

(2)Enumeration <String> getAttributeNames()

返回请求中所有属性名的枚举值。如果不存在属性，则返回一个空的枚举集合。

(3)String getCharacteEncoding()

返回请求所用的字符编码。

(4)String getParameter(String name)

返回指定输入参数，如果不存在，返回 null。

(5)Enumeration <String> getParameterNames()

返回请求中所有参数名的一个可能为空的枚举。

(6)String[] getParameterValues(String name)

返回指定输入参数名的取值数组，如果参数不存在则返回 null，它在参数具有多个取值的情况下十分有用。

(7)RequestDispatcher getRequestDispatcher(String name)

返回指定源名称的 RequestDispatcher 对象。

3. HttpServletRequest 接口

HttpServletRequest 接口主要处理：

- 读取和写入 HTTP 头标
- 取得和设置 cookie
- 取得路径信息
- 标识 HTTP 会话

HttpServletRequest 接口中的常用方法：

(1)String getContextPath()

返回指定 Servlet 上下文(Web 应用)的 URL 的前缀。

(2)Cookie[] getCookies()

返回与请求相关 cookie 的一个数组。

(3)String getMethod()

返回 HTTP 请求方法(例如 GET、POST 等)。

(4)String getPathInfo()

返回在 URL 中指定的任意附加路径信息。

(5)String getQueryString()

返回查询字符串，即 URL 中？后面的部分。

(6)String getRequestedSessionId()

返回客户端的会话 ID。

(7)String getRequestURI()

返回 URL 中一部分，从“/”开始，包括上下文，但不包括任意查询字符串。

(8)String getServletPath()

返回 URL 中该请求所调用的 Servlet 的名字或路径子串。

(9)HttpSession getSession()

返回与这个请求关联的当前有效 session。

(10)boolean isRequestedSessionIdValid()

检查与此请求关联的 session 当前是不是有效，有效则返回 true。

4. ServletResponse 接口

ServletResponse 对象将一个 Servlet 生成的结果传到发出请求的客户端。ServletResponse 操作主要是作为输出流及其内容类型和长度的包容器，它由 Servlet 引擎创建。

ServletResponse 接口中的常用方法：

(1)String getCharacterEncoding()

返回响应所使用的字符编码的名字。除非显式设置，否则为 ISO-8859-1。

(2)ServletOutputStream getOutputStream()throws IOException

返回用于将返回的二进制输出写入客户端的流，此方法和 getWrite()方法二者只能调用其一。

(3)PrintWriter getWriter()throws IOException

返回用于将返回的文本输出写入客户端的一个字符写入器，此方法和 getOutputStream()方法二者只能调用其一。

(4)void reset()

清除输出缓存及任何响应头标。如果响应已得到确认,则抛出一个 IllegalStateException 异常。

(5)void setContentLength(int length)

设置内容体的长度。

(6)void setContentType(String type)

设置内容类型。在 HTTP Servlet 中即设置 Content-Type 头标。

5. HttpServletResponse 接口

HttpServletResponse 加入表示状态码、状态信息和响应头标的方法,它还负责对 URL 中写入一个 Web 页面的 HTTP 会话 ID 进行解码。

HttpServletResponse 接口中的常用方法:

(1)void addCookie(Cookie cookie)

将参数指定的 cookie 加入响应中。

(2)void setHeader(String name,String value)

设置具有指定名字和取值的一个响应头标。

(3)String encodeRedirectURL(String url)

对参数所指定的重定向 URL 进行编码,如果经判定编码是没必要的,那么直接原封不动返回该 URL。

(4)void sendError(int status)

将参数所指定的错误状态码发送到客户端并清空缓存。

6. ServletContext 接口

一个 Servlet 上下文是 Servlet 引擎提供用来服务于 Web 应用的接口,一个 Web 应用只有一个上下文。Servlet 上下文的名字(即它所属的 Web 应用的名字)是一个唯一映射到文件系统的目录。

一个 Servlet 可以通过 ServletConfig 对象的 getServletContext()方法得到 Servlet 上下文的引用,如果该 Servlet 是 GenericServlet 类的直接或间接子类,则可以直接调用 getServletContext()方法得到其上下文对象。

Web 应用中 Servlet 可以使用 Servlet 上下文得到:

- 在调用期间保存和检索属性的功能,并与其他 Servlet 共享这些属性。
- 读取 Web 应用中文件内容和其他静态资源的功能。
- 互相发送请求的方式。
- 记录错误和信息化消息的功能。

ServletContext 接口中的常用方法:

(1)Object getAttribute(String name)

返回 Servlet 上下文中具有指定名字的对象,如果不存在则返回 null。从 Web 应用的标准观点看,这样的对象是全局对象,因为它们可以被同一 Servlet 在另一时刻访问,或被上下文中任意其他 Servlet 访问。

(2)void setAttribute(String name, Object obj)

设置 Servlet 上下文中具有指定名字的对象。

(3)Enumeration<String> getAttributeNames()

返回保存在 Servlet 上下文中所有属性名字的枚举。

(4)ServletContext getContext(String uripath)

返回参数所指定的 URL 在服务器上所对应的 Servlet 上下文对象，该 URL 必须是以“/”开头的相对于服务器文档根目录的路径。

(5)String getInitParameter(String name)

返回指定名称对应的上下文范围的初始化参数值。ServletConfig 也有此方法，二者的区别在于范围不同，ServletConfig 的此方法只返回指定 Servlet 范围内的初始化参数。

(6)Enumeration<String> getInitParameterNames()

返回(可能为空)指定上下文范围的初始化参数值名字的枚举值。

(7)RequestDispatcher getNameDispatcher(String name)

返回具有指定名字或路径的 Servlet 或 JSP 的 RequestDispatcher。如果不能创建 RequestDispatcher，返回 null。如果指定路径，必须以“/”开头，并且是相对于 Servlet 上下文的顶部。

(8)String getRealPath(String path)

给定一个 URI，返回文件系统中 URI 对应的绝对路径。如果不能进行映射，返回 null。

(9)void removeAttribute(String name)

从 Servlet 上下文中删除指定属性。

7. HttpSession 接口

HttpSession 类似于哈希表的接口，它提供了 setAttribute()和 getAttribute()方法存储和检索对象。HttpSession 提供了一个会话 ID 关键字，一个参与会话行为的客户端在同一会话的请求中存储和返回它。Servlet 引擎查找适当的会话对象，并使之对当前请求可用。

HttpSession 接口中的常用方法：

(1)Object getAttribute(String name)

返回会话中与指定名称绑定的对象。

(2)void setAttribute(String name, Object value)

将指定对象与指定名称绑定并保存到会话中。

(3)void removeAttribute(String name)

从会话中删除与指定名称绑定的对象。

(4)Enumeration<String> getAttributeNames()

返回捆绑到当前会话的所有属性名的枚举值。

(5)long getCreationTime()

返回表示会话创建时间距离格林尼治时间的毫秒数。

(6)String getId()

返回会话 ID，Servlet 引擎设置的一个唯一关键字。

(7)int getMaxInactiveInterval()

返回客户端与服务器端没有交互时，Servlet 引擎维持该会话的最长时间(以秒为单位)。该值可以通过 setMaxInactiveInterval()方法进行设置。

(8)void invalidate()

使得会话被终止，释放与其绑定的所有对象。

(9) boolean isNew()

如果客户端仍未加入会话，返回 true。当会话首次被创建，会话 ID 被传入客户端，但客户端仍未进行包含此会话 ID 的第二次请求时，返回 true。

项目 19　用 Servlet 实现用户登录

用 Servlet 实现用户登录

19.1　项目描述与实现

用户登录是 Web 应用程序开发最常见的功能之一，设计一个包含用户名和密码的登录界面，实现注册用户的登录验证。

分析：在 Eclipse 新建注册的 JSP 页面，然后再在 Eclipse 中创建名为 UserLogin 的 Servlet，编写代码，实现已注册用户的登录功能。当记录不存在，提示用户名或密码错误；当数据库记录验证通过后，将进行页面跳转。如图 6-10～图 6-12 所示。

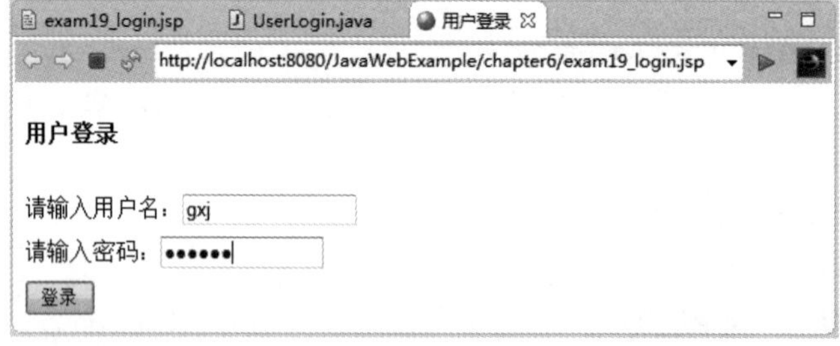

图 6-10　用户登录

图 6-11　用户登录成功

图 6-12　用户未登录直接访问 exam19_loginok.jsp 页面

实现过程：

1. 制作登录界面

新建 JSP 文件，制作登录界面，页面包括用户名、密码输入文本框，效果见图 6-10，代码如下：

【程序 6-5】 exam19_login.jsp

```
<%@ page contentType="text/html; charset=utf-8" language="java"%>
<! DOCTYPE HTML>
<html>
<head>
<meta http-equiv="Content-Type" content="text/html; charset=utf-8">
<title>用户登录</title>
<style type="text/css">
body{
    line-height:30px;
}
</style>
</head>
<body>
<form method="post" action="UserLogin">
<h4>用户登录</h4>
请输入用户名:<input type="text" name="uname" size="15"/><br/>
请输入密码:<input type="password" name="upwd" size="15"/><br/>
<input type="submit" name="submit" value="登录"/>
</form>
</body>
</html>
```

代码分析:这里表单 action 属性为 UserLogin,UserLogin 为处理用户登录信息 Servlet 类名。

2. 创建 Servlet

在 Eclipse 中创建名为 UserLogin 的 Servlet,可按图 6-13 所示输入包名、类名。

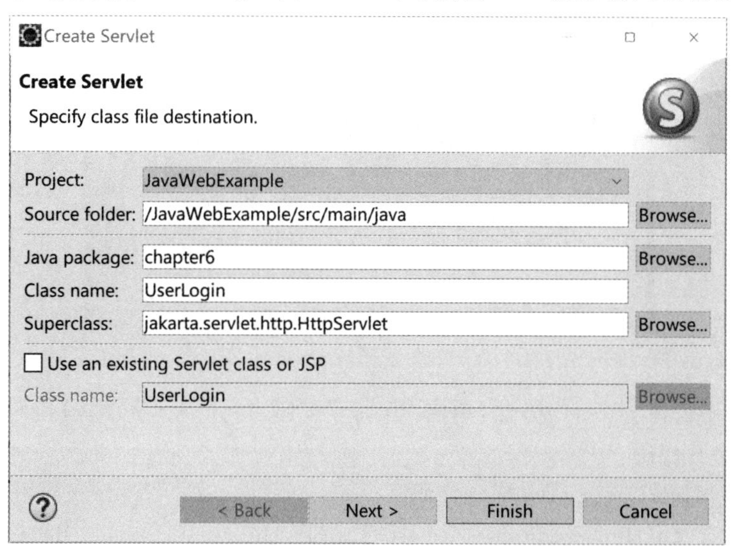

图 6-13 创建 UserLogin 登录 Servlet,输入包名、类名

单击“Next”按钮进入下一步,如图 6-14 所示。

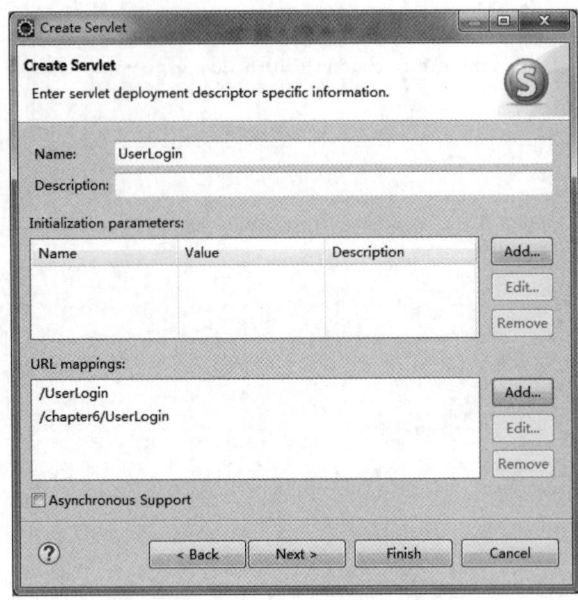

图 6-14　创建 UserLogin 登录 Servlet，添加映射

此处设置 URL mappings，单击“Add”按钮，添加访问路径/chapter6/UserLogin，单击“Next”按钮进入下一步，如图 6-15 所示。

图 6-15　创建 UserLogin 登录 Servlet，选择 doPost()方法

在默认选择中去掉 doGet()方法，单击“Finish”按钮，打开 Servlet 编写代码，找到 doPost()方法，输入程序 6-6 代码。

【程序 6-6】　UserLogin.java 部分代码

```
protected void doPost(HttpServletRequest request, HttpServletResponse response) throws ServletException,
IOException {
    response.setContentType("text/html");
    response.setCharacterEncoding("utf-8");
```

```
        PrintWriter out=response.getWriter();
        String uname=request.getParameter("uname");
        String upwd=request.getParameter("upwd");
        String dbupwd;
        String sql="SELECT * FROM users WHERE uname='"+uname+"';";
        MySQLDb db=new MySQLDb();
        ResultSet rs=db.getResult(sql);
        try {
            if(rs.next()){
                dbupwd=rs.getString("upwd");
                if(upwd.equals(dbupwd)){
                    HttpSession session=request.getSession();
                    session.setAttribute("uid", rs.getString("id"));
                    session.setAttribute("uname", uname);
                    response.sendRedirect("exam19_loginok.jsp");
                    //关闭数据库
                    db.Release();
                }else{
                    out.println("<script>alert(\"用户名或密码错误\"); window.history.back();</script>");
                    return;
                }
            }else{
                out.println("<script>alert(\"用户名或密码错误\"); window.history.back();</script>");
                return;
            }
        } catch (SQLException e) {
            e.printStackTrace();
        }
    }
```

代码分析:用户登录为用户名和用户密码的验证,主要是在数据库中查找对应的记录,此处为"SELECT * FROM users WHERE…",SQL 语句的 WHERE 子句查找与接收参数相同的记录。数据库的使用这里不再介绍,可参见前面项目。当记录不存在,提示用户名或密码错误;当数据库记录验证通过后,将进行页面跳转,这里使用 response.sendRedirect("exam19_loginok.jsp")进行页面跳转,整个登录过程结束。

19.2 新知识点——Servlet 中会话存储、重定向到 JSP 页面

1. 会话跟踪

Servlet API 提供了一种简单而又高效的模型来跟踪会话信息。在 Web 服务器看来,一个会话是由在一次浏览过程中所发出的全部 HTML 请求组成的。换句话说,一次会话是从打开浏览器开始到关闭浏览器结束。会话跟踪的第一个障碍就是如何唯一标识每一个客户会话。这只能通过为每一个客户分配一个某种标识,并将这些标识保存在客户端上,以后客户端发给服务器的每一个 HTML 请求都提供这些标识来实现。

Servlet 中使用 HttpServletRequest 对象的 getSession(boolean create)方法来取得当前的

用户会话，其参数决定了如果会话尚不存在，是否创建一个新会话。还有一个版本的 getSession 没有任何参数，它将缺省地创建一个新会话。当一个新用户第一次调用 Servlet 引擎时，将会强制产生一个新的会话。请注意，是 Servlet 引擎而不是某一个 Servlet。所有的会话数据都是由 Servlet 引擎来维护的，并且在 Servlet 之间共享。这样就可以使用一组 Servlet 一起为一个客户会话服务了。另外，Servlet API 规范上指出："为了确保会话被正确维护，Servlet 的开发都必须在提交响应之前调用 getSession()方法。"这正是说，在向响应的输出流中写入之前，一定要调用 getSession()方法。

一旦获得了会话对象，它工作起来就像标准 Java 的哈希表或字典一样。使用一个唯一的键，可以在会话对象中加入或者获取任何对象。由于会话数据是由 Servlet 引擎维护存储的，在为这些键赋值时一定要注意维护它的唯一性。建议将 Servlet 的名字甚至它的包名作为键的一部分，这样就不会不小心修改其他 Servlet 设置的键值了。

2. Servlet 中会话存储

我们知道，Web 应用是基于 HTTP 协议的，而 HTTP 协议恰恰是一种无状态协议，为解决这个矛盾，Session 由此产生。既然 Web 应用并不了解有关同一用户以前请求的信息，那么解决这个问题的一个办法是使用 Servlet/JSP 容器提供的会话跟踪功能，Servlet API 规范定义了一个简单的 HttpSession 接口，通过它我们可以方便地实现会话跟踪。

HttpSession 接口提供了存储和返回标准会话属性的方法。标准会话属性如会话标识符、应用数据等，都以"名字-值"对的形式保存。简而言之，HttpSession 接口提供了一种把对象保存到内存、在同一用户的后续请求中提取这些对象的标准办法。在会话中保存数据的方法是 setAttribute(String s, Object o)，从会话提取原来所保存对象的方法是 getAttribute(String s)。

在服务器端，每当新用户请求一个使用了 HttpSession 对象的 JSP 页面，Servlet/JSP 容器除了发回响应页面之外，还要向浏览器发送一个特殊的数字。这个特殊的数字称为"会话标识符"，它是一个唯一的用户标识符。此后，HttpSession 对象就驻留在内存之中(这当然是在服务器端)，等待同一用户返回时再次调用它的方法。

在客户端，浏览器保存会话标识符，并在每一个后续请求中把这个会话标识符发送给服务器。会话标识符告诉 JSP 容器当前请求不是用户发出的第一个请求，服务器以前已经为该用户创建了 HttpSession 对象。此时，JSP 容器不再为用户创建新的 HttpSession 对象，而是寻找具有相同会话标识符的 HttpSession 对象，然后建立该 HttpSession 对象和当前请求的关联。

3. Servlet 重定向到 JSP 页面

重定向技术可以分为两类：一类是客户端重定向，一类是服务器端重定向。客户端重定向可以通过设置特定的 HTTP 头，或者写 JavaScript 脚本实现。

(1)RequestDispatcher. forward()

该方法是在服务器端起作用，当使用 forward()时，Servlet Engine 传递 HTTP 请求从当前的 Servlet 或 JSP 到另外一个 Servlet、JSP 或普通 HTML 文件，即 form 提交至 a. jsp，在 a. jsp 用到了 forward()重定向至 b. jsp，此时 form 提交的所有信息在 b. jsp 都可以获得，参数自动传递。但 forward()无法重定向至有 frame 的 JSP 文件，可以重定向至有 frame 的 html 文件，同时 forward()无法在后面带参数传递，比如 servlet? name=frank，这样不行，可以程序内通过 response. setAttribute("name", name)来传至下一个页面，重定向后浏览器地址栏 URL 不变。通常在 Servlet 中使用，不在 JSP 中使用。

(2)response. sendRedirect()

该方法是在用户的浏览器端工作，sendRedirect()可以带参数传递，比如 servlet? name=frank

传至下一个页面，同时它可以重定向至不同的主机上，sendRedirect()可以重定向有 frame 的 JSP 文件。重定向后在浏览器地址栏上会出现重定向页面的 URL。

由于 response 是 JSP 页面中的隐含对象，故在 JSP 页面中可以用 response. sendRedirect()直接实现重定向。使用 response. sendRedirect()时要注意：

- 使用 response. sendRedirect 时，前面不能有 HTML 输出。
- 使用 response. sendRedirect 之后，应该紧跟一句 return。

RequestDispatcher. forward()和 response. sendRedirect()两种方法比较：

- RequestDispatcher. forward()是容器中控制权的转向，在客户端浏览器地址栏中不会显示出转向后的地址。
- response. sendRedirect()则是完全的跳转，浏览器将会得到跳转的地址，并重新发送请求链接。这样，从浏览器的地址栏中可以看到跳转后的链接地址。

前者更加高效，在前者可以满足需要时，尽量使用 RequestDispatcher. forward()方法。在有些情况下，比如，需要跳转到一个其他服务器上的资源，则必须使用 HttpServletResponse. sendRequest()方法。

思政案例

电子身份证加载更多应用场景

19.3 扩展——Java Servlet 与 JSP 的共享对象

Java Web 应用程序有四个对象存放共享对象。这些共享对象存放在那里，以便存放或者其他程序代码日后使用。这四个对象分别是页面、请求、会话和应用程序，它们都是以数据结构键/值对的形式保存的。同时这四个对象形成了四个级别的共享对象存放地，即应用程序对象中的共享对象是全局性的，在整个应用程序的生命周期内有效(当然主动去掉除外)，属于所有的上网用户；会话对象中的共享对象是在一个会话期内有效，属于用户的当前会话；请求对象中的共享对象在一个请求期内有效，属于用户发送的当前请求；页面对象中的共享对象只属于当前页面的执行实例。

1. 在 JSP 中访问共享对象

Servlet 运行时已经准备好了这些范围对象，见表 6-2。

表 6-2 JSP 中的共享对象

对象	变量名	变量类名	对象可访问范围
页面	pageContext	jakarta. servlet. jsp. pageContext	在执行某一个 JSP 时，Servlet 运行时会为它初始化 pageContext 变量，这个变量可以被整个 JSP 代码访问，包括 include 标签插进来的代码
请求	request	jakarta. servlet. http. HttpServlet-Request	用户提交一个 HTTP 请求给 Servlet 容器，Servlet 运行时会把请求封装成 HttpServlet-Request 的一个实例，在 JSP 中表现为 request 变量。能访问 pageContext 的 JSP 代码也能访问 request，另外被处理这个请求的 JSP 代码 forward 重定向的目标 JSP 中也能访问 request
会话	session	jakarta. servlet. http. HttpSession	一个 HttpSession 会话由被创建到关闭或失效期间的用户请求组成。处理这些请求的 JSP 可以访问到这期间的 session 对象中的共享对象。在会话关闭或失效时，这些对象会丢失
应用程序	application	jakarta. servlet. ServletContext	这个对象在应用程序的整个生命周期都有效，存放在这个对象内的数据任何 JSP 都能访问到

2. 在 Servlet 中访问共享对象

Servlet 中的共享对象见表 6-3。

表 6-3　Servlet 中的共享对象

对象	变量名	变量类名	对象可访问范围
请求	Servlet 类的一系列服务方法的 request 参数	jakarta. servlet. http. HttpServlet-Request	用户提交一个 HTTP 请求给 Servlet 容器，Servlet 运行时会把请求封装成 HttpServletRequest 的一个实例，并作为 Servlet 服务方法的 request 参数传递给 Servlet。这个 Servlet 也可以把这个实例传递给其他 Web 组件
会话	request. getSession() 或者 request. getSession (boolean)方法获得	jakarta. servlet. http. HttpSession	一个 HttpSession 会话由被创建到关闭或失败期间的用户请求组成。处理这些请求的 Servlet 可以访问到这期间的 session 对象中的共享对象。在会话关闭或失效时，这些共享对象会丢失
应用程序	Servlet 的. getServlet-Context()	jakarta. servlet. getServletContext	这个对象在应用程序的整个生命周期期间都有效，存放在这个对象内的数据任何 Servlet 都能访问到

项目 20　访问权限控制

访问权限控制

20.1　项目描述与实现

完成系统某些模块的受限访问，编写并配置进入后台管理系统的权限验证过滤器，没有登录，则不能访问该过滤器控制的文件或文件夹。

分析：当用户未登录访问位于 admin 目录下的系统后台页面时，给出如图 6-16 所示的提示，当用户单击该提示对话框中的“确定”按钮后，跳转至如图 6-17 所示的登录页面。

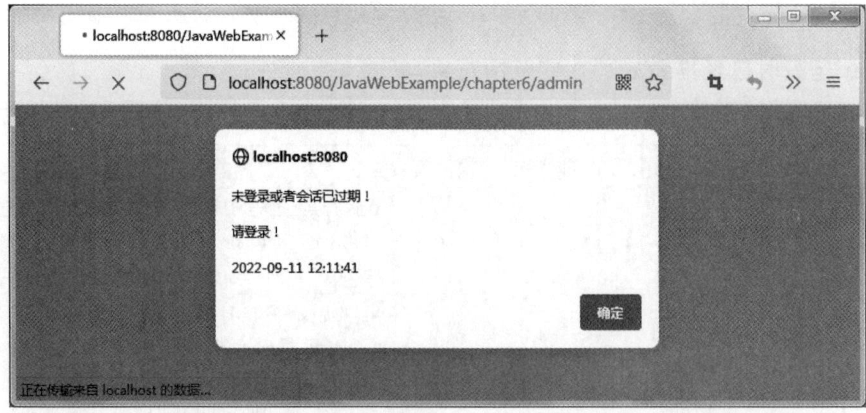

图 6-16　未登录访问后台管理页面时的提示信息

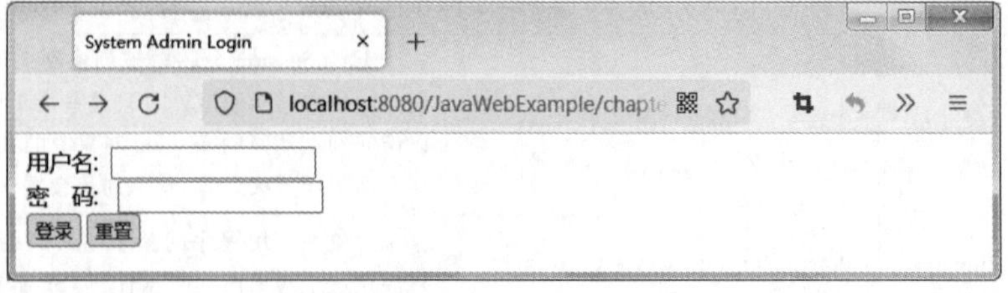

图 6-17　系统登录页面

实现过程：

1. 创建过滤器类 AdminLoginFilter，放在 src 目录下的 chapter6. filter 包中，具体代码见程序 6-7。

【程序 6-7】 AdminLoginFilter. java

```
package chapter6.filter;
import java.io.IOException;
import java.io.PrintWriter;
import java.text.SimpleDateFormat;
import java.util.Date;
import jakarta.servlet.*;
import jakarta.servlet.annotation.*;
import jakarta.servlet.http.*;
import chapter8.user.AdminUser;
@WebFilter("/chapter6/admin/*")
public class AdminLoginFilter implements Filter {
    /**
     * 登录控制过滤器主方法
     */
    public void doFilter(ServletRequest request, ServletResponse response,
    FilterChain chain)throws IOException, ServletException {
        HttpSession session=((HttpServletRequest)request).getSession();
        AdminUser checkLoginUser=(AdminUser)session.getAttribute("adminUser");
        if (checkLoginUser!=null){
            if (checkLoginUser.isLogin()){
                chain.doFilter(request, response);
            } else {
                outPrintLogin(response);
            }
        } else {
            outPrintLogin(response);
        }
    }
    /**
     * 输出的方法
     * @param response
     */
    private void outPrintLogin(ServletResponse response){
        PrintWriter out=null;
        try {
            response.setContentType("text/html; charset=utf-8");
            out=response.getWriter();
            out.println("<html>");
```

```
            out.println("<head>");
            out.println("<meta http-equiv=Content-Type content=text/html; charset=utf-8 />");
            out.println("<script language=\"JavaScript\" type=\"text/javascript\">");
            out.println("alert(\"未登录或者会话已过期！\n\n 请登录！\n\n"
            + new SimpleDateFormat("yyyy-MM-dd HH:mm:ss").format(new Date()) + "\");");
            out.println("location.replace(\"../login/exam20_adminlogin.html\");");
            out.println("</script>");
            out.println("<title>等待登录</title></head>");
            out.println("<body>");
            out.println("Error:");
            out.println("<li>1.请检查浏览器，确保可以使用 JavaScript！ </li>");
            out.println("<li>2.您未登录或者会话已过期！请登录！<a href=\"../login/exam20_
            adminlogin.html\">Login</a></li>");
            out.println("</body");
            out.println("</html>");
        } catch (IOException e) {
            e.printStackTrace();
        }
    }
}
```

代码分析：程序 6-7 为对进入后台管理系统的权限验证过滤器，没有登录，则不能访问该过滤器控制的文件或文件夹。其中，doFilter()方法为过滤器主方法，在此方法中检查 session 中是否存在名为"adminUser"的 AdminUser 对象，并检查该对象是否处于已登录状态，若存在且该对象状态为已登录，说明是一个正常登录的用户，过滤器不拦截请求，调用 chain.doFilter()方法继续执行；否则，为非法访问，过滤器拦截请求，输出错误。

2. 配置过滤器。Servlet 3.0 及之后的版本提供了@WebFilter 注解对过滤器进行配置。因此本项目既可以通过如程序 6-7 中所示的方式@WebFilter("/chapter6/admin/ * ")对该过滤器进行映射配置。也可以使用传统的方式在 web.xml 文件中进行配置，见程序 6-8。

【程序 6-8】 web.xml 中的过滤器配置代码

```
<filter>
<display-name>AdminLoginFilter</display-name>
<filter-name>AdminLoginFilter</filter-name>
<filter-class>chapter8.filter.AdminLoginFilter</filter-class>
</filter>
<filter-mapping>
<filter-name>AdminLoginFilter</filter-name>
<url-pattern>/chapter8/admin/ * </url-pattern>
</filter-mapping>
```

代码分析：filter-name 指定过滤器的名称，filter-class 指定类的名称，url-pattern 指定过滤器所关联的 URL 模式，即该过滤器要过滤/chapter6/admin 文件夹下的所有内容。

3. 在 WebContent 的 chapter6 目录下创建 admin 目录，在 admin 目录创建后台主页 exam20_index.jsp，见程序 6-9。

【程序 6-9】 后台主页 exam20_index.jsp 代码

```
<body >
<div id="container">
<div id="contain">
<div id="lefts"></div>
<div id="rights"><div id="account"></div></div>
</div>
</div>
<iframe name='message' id="message" style='display:none'></iframe>
</body>
</html>
```

代码分析：该主页的内容为成功登录后的页面，在本任务中读者不用关心这个主页的具体内容，只需关注过滤器的实现即可。

(4)在 chapter6 目录下创建 login 目录，在 login 目录下创建登录页面 exam20_adminlogin.html，见程序 6-10。

【程序 6-10】 登录页面 exam20_adminlogin.html

```
<! DOCTYPE html>
<html>
<head>
<meta charset="UTF-8">
<link rel="stylesheet" type="text/css" href="../../chapter8/css/styles.css"/>
<title>System Admin Login</title>
</head>
<body>
<div id="centre">
<div id="nameApass">
<label>用户名: 
<input name="username" type="text" id="username"/> </label><br/>
<label style="margin-top:20px;">密　码:  
<input name="password" type="password" id="password"/></label>
</div>
<div id="adminButton">
<input name="buttonLogin" type="button" id="buttonLogin" value="登录" onclick="SysLogin()"/>
<input name="buttonReset" type="button" id="buttonReset" value="重置" onclick="reSet()"/>
</div>
</div>
</body>
</html>
```

20.2 新知识点——Filter

1. Filter

(1)Filter 的概念

Filter(过滤器)是在源数据和目的数据之间起过滤作用的中间组件。对 Web 应用来说，过滤器是一个驻留在服务器端的 Web 组件，它可以截取客户端和资源之间的请求与响应信息，并对这些信息进行过滤。

当 Web 容器接收到一个对资源的请求时，它将判断是否有过滤器与这个资源相关联，如果有，那么容器将把请求交给过滤器处理。在过滤器中，你可以改变请求的内容，或者重新设置请求的报头信息，然后再将请求发送给目标资源。当目标资源对请求做出响应时，容器同样会将响应先转发给过滤器。在过滤器中，还可以对响应的内容进行转换，然后再将响应发送给客户端。

过滤器在 Web 开发中的一些主要应用如下：

①对用户请求进行统一认证。

②对用户的访问请求进行记录和审核。

③对用户发送的数据进行过滤或替换。

④转换图像格式。

⑤对响应内容进行压缩，减少传输量。

⑥对请求或响应进行加解密处理。

⑦触发资源访问事件。

(2)过滤器的实现

在 jakarta. servlet 和 jakarta. servlet. http 包中提供了开发过滤器的相关 API，其中过滤器类要实现的接口是 jakarta. servlet. Filter，该接口的具体使用方法见本节后半部分。

(3)过滤器的部署

在实现一个过滤器后，需要对其进行配置才能完成过滤器的部署。可以通过注解进行配置，也可以在部署描述文件 web. xml 中对过滤器进行配置。注解配置方式将在下一节中进行介绍。

在 web. xml 中是通过<filter>和<filter-mapping>元素来完成过滤器配置的。在<filter>元素内，<description>、<display-name>、<icon>元素与以往 Servlet 配置中的相同。<filter-name>用于为过滤器指定一个名字，该元素的内容不能为空。<filter-class>元素用于指定过滤器的全限定类名。<init-param>元素用于为过滤器指定初始化参数，它的子元素<param-name>用于指定参数的名字，<param-value>用于指定参数的值。在过滤器中，可以使用 FilterConfig 接口对象来访问初始化参数。

下面的程序 6-11 是<filter>元素的一个配置例子。

【程序 6-11】 <filter>元素配置例子

```
<filter>
<filter-name>testFitler</filter-name>
<filter-class>org. test. TestFiter</filter-class>
<init-param>
<param-name>word_file</param-name>
<param-value>/WEB-INF/word. txt</param-value>
</init-param>
</filter>
```

<filter-mapping>元素用于指定过滤器关联的 URL 模式或 Servlet。其中<filter-name>子元素的值必须是在<filter>元素中声明过的过滤器的名字。<url-pattern>元素和<servlet-name>元素可以选择其中一个；<url-pattern>元素指定过滤器关联的 URL 模式；

<servlet-name>元素用于指定过滤器对应的 Servlet。只有当用户访问<url-pattern>元素指定的 URL 上的资源或<servlet-name>元素指定的 Servlet 时，该过滤器才会被容器调用。<filter-mapping>元素还可以包含 0～4 个<dispatcher>，指定过滤器对应的请求方式，可以是 REQUEST、INCLUDE、FORWARD 和 ERROR 之一，默认为 REQUEST。

REQUEST：当用户直接请求网页资源时，Web 容器将会调用过滤器。如果目标资源是通过 RequestDispatcher 的 include()或 forward()方法访问，那么该过滤器就不会被调用。

INCLUDE：如果目标资源是通过 RequestDispatcher 的 include()方法访问，那么该过滤器将被调用，反之，该过滤器不会被调用。

FORWARD：如果目标资源是通过 RequestDispatcher 的 forward()方法访问，那么该过滤器将被调用，反之，该过滤器不会被调用。

ERROR：如果目标资源是通过声明式异常处理机制调用，那么该过滤器将被调用，反之，过滤器不会被调用。

示例见程序 6-12。

【程序 6-12】 <filter-mapping>元素配置例子

```
<filter-mapping>
<filter-name>testFilter</filter-name>
<url-pattern>/index.jsp</url-pattern>
<dispatcher>REQUEST</dispatcher>
<dispatcher>FORWARD</dispatcher>
</filter-mapping>
```

当用户直接访问 index.jsp 页面，或者通过 RequestDispatcher 的 forward()方法访问时，容器就会调用 testFilter 过滤器。

2. 过滤器的 API

与过滤器开发相关的接口和类都包含在 jakarta.servlet 和 jakarta.servlet.http 包中，接口和类主要有：jakarta.servlet.Filter 接口、jakarta.servlet.FilterConfig 接口、jakarta.servlet.FilterChain 接口、jakarta.servlet.ServletRequestWrapper 类、jakarta.servlet.ServletResponseWrapper 类、jakarta.servlet.http.HttpServletRequestWrapper 类、jakarta.servlet.http.HttpServletResponseWrapper 类。

(1)Filter 接口

Filter 接口定义了以下三个方法：

①default public void init(FilterConfig filterConfig)throws ServletException

Web 容器调用该方法来初始化过滤器。容器在调用该方法时，向过滤器传递 FilterConfig 对象，FilterConfig 的用法与 ServletConfig 类似。利用 FilterConfig 对象可以得到 ServletContext 对象，以及在@WebFilter 注解或部署描述符中配置的过滤器的初始化参数。在这个方法中，可以抛出 ServletException 异常，通知容器该过滤器不能正常工作。

②public void doFilter(ServletRequest request, ServletResponse response, FilterChain chain)throws java.io.IOException, ServletException

doFilter()方法类似于 Servlet 接口的 service()方法。当客户端请求目标资源时，容器就会调用与这个目标资源相关联的过滤器的 doFilter()方法。在特定的操作完成后，可以调用 chain.doFilter(request, response)将请求传送给下一个过滤器(或目标资源)，也可以直接向客户端返回响应信息，或者利用 RequestDispatcher 的 forward()和 include()方法，以及

HttpServletResponse 的 sendRedirect 方法将请求转向其他资源。需要注意的是,这个方法的请求和响应参数的类型是 ServletRequest 和 ServletResponse,也就是说,过滤器的使用并不依赖于具体的协议。

③default public void destroy()

Web 容器调用该方法指示过滤器的生命周期结束。在这个方法中,可以释放过滤器使用的资源。与开发 Servlet 不同的是,Filter 接口并没有相应的实现类可供继承,要开发过滤器只能直接实现 Filter 接口。

注意:在上面的方法中,init()和 destroy()方法前都使用了关键字 default 进行修饰。default 方法是 Java 8 新增的内容,目的是在接口中添加新功能特性,而且还不影响接口已有的实现类。即 default 方法已经在接口中进行了实现,实现该接口的子类可以不用重写 default 方法。依据 Java 8 的这个特性,Servlet 4.0 将 Filter 接口中的 init()和 destroy()方法改成了 default 方法,这也是程序 6-7 可以不用重写这两个方法的原因。

下面是一段简单的用来记录请求处理持续时间的日志 Filter,见程序 6-13。

【程序 6-13】 LogFilter. java

```
public class LogFilter implements Filter{
    FilterConfig config;
    public void setFilterConfig(FilterConfig config){
        this. config=config;
    }
    public FilterConfig getFilterConfig(){
        return config;
    }
    public void doFilter(ServletRequest req, ServletResponse res, FilterChain chain){
        ServletContext context=getFilterConfig(). getServletContext();
        long bef=System. currentTimeMillis();
        chain. doFilter(req,res);
        long aft=System. currentTimeMillis();
        context. log("Request to " +req. getRequestURI()+": " +(aft-bef));
    }
}
```

代码分析:在 doFilter()方法中通过 Server 提供的 FilterConfig 对象 config 得到当前的 ServletContext 对象,然后将用户所请求的 URI 以及该请求的持续时间通过 ServletContext 的 log()方法记入日志中。

(2)FilterConfig 接口

FilterConfig 接口由容器实现,容器将其作为参数传入过滤器对象的 init()方法中。在 FilterConfig 接口中,定义了四个方法。

①public java. lang. String getFilterName():得到描述符中指定的过滤器的名字。

②public java. lang. String getInitParameter(java. lang. String name):返回在部署描述中指定的名字为 name 的初始化参数的值,如果不存在,则返回 null。

③public java. util. Enumeration<String> getInitParameterNames():返回过滤器的所有初始化参数的名字的枚举集合。

④public ServletContext getServletContext():返回 Servlet 上下文对象的引用。

(3)FilterChain 接口

FilterChain 接口由容器实现,容器将其实例作为参数传入过滤器对象的 doFilter()方法中。过滤器对象使用 FilterChain 对象调用过滤器链中的下一个过滤器,如果该过滤器是链中的最后一个过滤器,那么将调用目标资源。FilterChain 接口只有一个方法,即 public void doFilter (ServletRequest request,ServletResponse response)throws java. io. IOException:调用该方法将使过滤器链中的下一个过滤器被调用,如果是最后一个过滤器,则会调用目标资源。

3. 处理字符编码的过滤器

编写一个处理中文乱码的过滤器,该过滤器能够将所有请求参数(包括 get 和 post 方式提交的参数)的编码方式由“ISO-8859-1”改为“UTF-8”编码。

任务实现:

(1)根据 Decorator(装修者)设计模式,对 HttpServletRequest 对象进行进一步装饰,在该类中改变其 getParameter(String name)方法的行为特性。即:自定义一个 MyServletRequest,该类继承 HttpServletRequestWrapper 包装类。具体代码见程序 6-14。

【程序 6-14】 MyServletRequest. java

```
class MyServletRequest extends HttpServletRequestWrapper {
    //要装饰的对象
    HttpServletRequest myrequest;
    public MyServletRequest(HttpServletRequest request){
        super(request);
        this. myrequest=request;
    }
    //要增强的功能方法
    public String getParameter(String name){
        //使用被装饰的成员,获取数据
        String value=this. myrequest. getParameter(name);
        if (value==null)
            return null;
        //将数据转码后返回
        try {
            value=new String(value. getBytes("ISO8859-1"), "UTF-8");
        } catch (UnsupportedEncodingException e){
            e. printStackTrace();
        }
        return value;
    }
}
```

(2)编写过滤器类 Encoding,在该类的 doFilter()方法中,在使用 FilterChain 对象将请求传递至下一个过滤器或调用目标资源前,将原 request 对象进行装饰。代码见程序 6-15。

【程序 6-15】 Encoding. java

```
public class Encoding implements Filter {
    public void doFilter(ServletRequest arg0, ServletResponse arg1,
```

```
    FilterChain arg2)throws IOException, ServletException {
        arg2.doFilter(new MyServletRequest((HttpServletRequest)arg0), arg1);
    }
}
```

20.3 扩展——Servlet 3.0 新特性

Servlet 3.0 在 Servlet 2.5 版本的基础上提供了若干新特性，用于简化 Web 应用的开发和部署。其中有几项特性的引入获得了 Java 开发人员的赞誉：

(1)异步处理支持：有了该特性，Servlet 线程不再需要一直阻塞，直到业务处理完毕才能输出响应，最后才结束该 Servlet 线程。在接收到请求之后，Servlet 线程可以将耗时的操作委派给另一个线程来完成，自己在不生成响应的情况下返回至容器。针对业务处理较耗时的情况，这将大大减少服务器资源的占用，并且提高并发处理速度。

(2)新增的注解支持：Servlet 3.0 新增了若干注解，用于简化 Servlet、过滤器(Filter)和监听器(Listener)的声明，使得 web.xml 部署描述文件从该版本开始不再是必选的。

(3)可插性支持：熟悉 Struts2 的开发者一定会对其通过插件的方式与包括 Spring 在内的各种常用框架的整合特性记忆犹新。将相应的插件封装成 JAR 包并放在类路径下，Struts2 运行时便能自动加载这些插件。现在 Servlet 3.0 提供了类似的特性，开发者可以通过插件的方式很方便地扩充已有 Web 应用的功能，而不需要修改原有的应用。

下面对新增的注解支持@WebFilter 做进一步的介绍：

@WebFilter 用于将一个类声明为过滤器，该注解将会在部署时被容器处理，容器将根据具体的属性配置将相应的类部署为过滤器。该注解具有一些常用属性(见表 6-4)，属性均为可选属性，但是 value、urlPatterns、servletNames 三者必须至少包含一个，且 value 和 urlPatterns 不能共存，如果同时指定，通常忽略 value 的取值。

表 6-4　@WebFilter 常用属性

属性名	类　型	描　述
filterName	String	指定过滤器的 name 属性，等价于 <filter-name>
value	String[]	该属性等价于 urlPatterns 属性。但是两者不应该同时使用
urlPatterns	String[]	指定一组过滤器的 URL 匹配模式。等价于 <url-pattern> 标签
servletNames	String[]	指定过滤器将应用于哪些 Servlet。取值是@WebServlet 中的 name 属性的取值，或者是 web.xml 中 <servlet-name>的取值
dispatcherTypes	DispatcherType	指定过滤器的转发模式。具体取值包括：ASYNC、ERROR、FORWARD、INCLUDE、REQUEST
initParams	WebInitParam[]	指定一组过滤器初始化参数，等价于 <init-param> 标签
asyncSupported	boolean	声明过滤器是否支持异步操作模式，等价于 <async-supported> 标签
description	String	该过滤器的描述信息，等价于 <description> 标签
displayName	String	该过滤器的显示名，通常配合工具使用，等价于 <display-name> 标签

下面是一个简单的示例，见程序 6-16。

【程序 6-16】 MyAnnotationFilter.java

```
@WebFilter(servletNames={"SimpleServlet"},filterName="SimpleFilter")
public class MyAnnotationFilter implements Filter{...}
```

如此配置之后，就可以不必在 web. xml 中配置相应的<filter>和<filter-mapping>元素了，容器会在部署时根据指定的属性将该类发布为过滤器。它等价的 web. xml 中的配置形式见程序 6-17。

【程序 6-17】 与程序 6-16 中注解等价的 web. xml 配置

```
<filter>
    <filter-name>SimpleFilter</filter-name>
    <filter-class> MyAnnotationFilter </filter-class>
</filter>
<filter-mapping>
    <filter-name>SimpleFilter</filter-name>
    <servlet-name>SimpleServlet</servlet-name>
</filter-mapping>
```

项目 21 用 EL 遍历数据

用 EL 遍历数据

21.1 项目描述与实现

使用 EL 配合 JSTL 标签遍历输出 JSP 容器中一个 Map 中的数据。运行后的效果如图 6-18 所示。

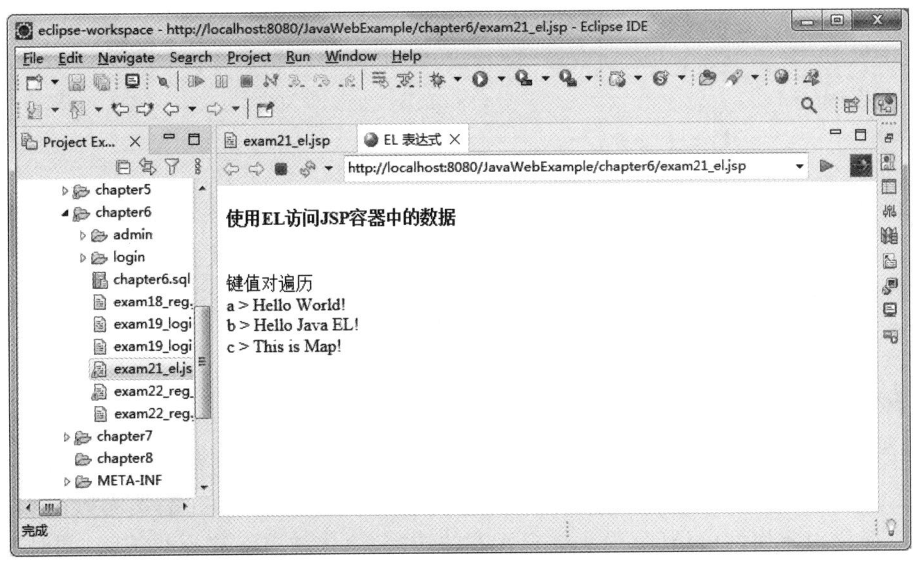

图 6-18 使用 EL 访问 JSP 容器中的数据

实现过程：

1. 引入 JSTL 库文件

在官方网站下载 jakarta. servlet. jsp. jstl-2. 0. 0. jar 和 jakarta. servlet. jsp. jstl-api-2. 0. 0. jar 两个文件，拷贝到项目 WEB-INF\lib 目录下。

2. 创建 JSP 文件

在 Eclipse 中 JavaWebExample 项目下创建 chapter6 目录，并创建 exam21_el. jsp 文件，在文件首部添加<%@taglib uri="http://java. sun. com/jsp/jstl/core" prefix="c" %>，在本例中，我们使用 EL 访问 JSP 容器中的数据，详细代码见程序 6-18。

【程序 6-18】 exam21_el.jsp

```
<%@ page contentType="text/html; charset=utf-8" language="java" import="java.util.*"%>
<%@taglib uri="http://java.sun.com/jsp/jstl/core" prefix="c" %>
<! DOCTYPE HTML>
<html>
<head>
<meta http-equiv="Content-Type" content="text/html; charset=UTF-8">
<title>EL 表达式</title>
</head>
<body>
<h4>使用 EL 访问 JSP 容器中的数据</h4>
<%
Map<String,String> map2=new HashMap();
map2.put("a","Hello World!");
map2.put("b","Hello Java EL!");
map2.put("c","This is Map!");
request.setAttribute("map2",map2);
%>
<br>
键值对遍历<br>
<c:forEach var="item" items="${map2}">
${item.key} > ${item.value} <br>
</c:forEach>
</body>
</html>
```

代码分析：在本例中，使用了 Java 中的集合类 HashMap，创建了对象 map2，调用该 Map 对象的 put 方法，将键值对放入该对象中，然后使用 JSTL 中的迭代标签 forEach（该标签的 items 属性代表要迭代的集合，var 属性代表每一次迭代时所取出来的集合元素），迭代输出 map2 对象中的键（key）和值（value）。

21.2 新知识点——EL 语法基础

EL（Expression Language，表达式语言），是 JSP 2.0 的一个重要组件，在 JSTL 中被广泛使用。EL 使用十分方便，语法也很简单，已成为标准规范之一。EL 的主要优势在于：简化对象的访问、简化对象属性的访问、简化集合元素的访问、简化请求参数等的访问，同时 EL 还提供了运算符集合、支持条件输出、支持自动类型转换等功能。

1. EL 语法结构

EL 语法为 ${expression}，是一个以“${”开始，以“}”结束的表达式，expression 通常是一个变量名称或者表达式，功能是在 JSP 页面中输出该变量或表达式对应的值。

2. EL 运算符

EL 提供“.”和“[ ]”两种运算符来存取数据。当要存取的属性名称中包含一些特殊字符，如“.”或“?”等并非字母或数字的符号，就一定要使用“[ ]”。

例如：${user.My-Name}应当改为${user["My-Name"] }。

此外，如果要动态取值时，应该使用“[ ]”，因为“.”无法做到动态取值。

例如：$ {sessionScope. user[data]}中 data 是一个变量。

3. 变量

EL 存取变量数据的方法很简单，例如 $ {username}。它的意思是取出某一范围中名称为 username 的变量。

由于我们并没有指定是哪一个范围的变量 username，所以它会依序从 page、request、session、application 范围查找。假如途中找到 username，就直接回传，不再继续找下去，但是假如全部的范围都没有找到时，就回传 null。属性范围在 EL 中的名称见表 6-5。

表 6-5　属性范围在 EL 中的名称

属性范围	EL 中的名称
page	pageScope
request	requestScope
session	sessionScope
application	applicationScope

我们也可以指定要取出哪一个范围的变量，见表 6-6。

表 6-6　属性范围范例及说明

范　例	说　明
$ {pageScope. username}	取出 page 范围的 username 变量
$ {requestScope. username}	取出 request 范围的 username 变量
$ {sessionScope. username}	取出 session 范围的 username 变量
$ {applicationScope. username}	取出 application 范围的 username 变量

其中，pageScope、requestScope、sessionScope 和 applicationScope 都是 EL 的隐含对象，由它们的名称可以很容易判断出它们所代表的意思，例如：$ {sessionScope. username}是取出 session 范围的 username 变量。

21.3　扩展——EL 运算符

JSP 表达式语言提供以下操作符，其中大部分是 Java 中常用的操作符，基本分为四大类，分别是算术运算符、关系运算符、逻辑运算符和其他运算符。

1. 算术运算符

表达式语言支持的算术运算符和逻辑运算符非常多，所有在 Java 语言里支持的算术运算符、表达式语言都可以使用，甚至 Java 语言不支持的一些算术运算符和逻辑运算符，表达式语言也支持。常用的算术运算符有五个，见表 6-7。

表 6-7　EL 常用算术运算符

算术运算符	描述	举例	运算结果
+	加法	$ {1.2 +2.3}	3.5
−	减法	$ {4−3}	1
*	乘法	$ {21 * 2}	42
/(或 div)	除法	$ {32/4}	8
%(或 mod)	求余	$ {21%5}	1

2. 关系运算符

表达式语言不仅可在数字与数字之间比较，还可在字符与字符之间比较，字符串的比较是根据其对应 UNICODE 值来比较大小的。常用的关系运算符有六个，见表 6-8。

表 6-8　　EL 常用关系运算符

关系运算符	描述	举例	运算结果
==(或 eq)	等于	${5==5}或${5eq5}	true
!=(或 ne)	不等于	${5!=5}或${5ne5}	false
<(或 lt)	小于	${3<5}或${3lt5}	true
>(或 gt)	大于	${3>5}或${3gt5}	false
<=(或 le)	小于等于	${3<=5}或${3le5}	true
>=(或 ge)	大于等于	${3>=5}或${3ge5}	false

3. 逻辑运算符

EL 常用的逻辑运算符有三个，见表 6-9。

表 6-9　　EL 常用逻辑运算符

逻辑运算符	描述	举例	运算结果
&&(或 and)	与	${A && B}或${A and B}	true/false
||(或 or)	或	${A \|\| B}或${A or B}	true/false
!(或 not)	非	${! A }或${not A}	true/false

4. 其他运算符

(1)empty 运算符

empty 运算符主要用来判断值是否为空(null、空字符串、空集合)。

(2)条件运算符

${ A ? B : C}:若条件表达式 A 为 true，则执行表达式 B，否则执行表达式 C。

(3)()运算符

${A * (B+C)} 用来改变表达式之间的运算优先级。

注意：如果需要在支持表达式语言的页面中正常输出“$”符号，则在“$”符号前加转义字符“\”，否则系统以为“$”是表达式语言的特殊标记。

项目 22　用 EL 简化 JSP 开发

用 EL 简化 JSP 开发

22.1　项目描述与实现

使用 EL 重写 JSP 页面。完成与模块 3 中项目 6 相同的注册功能，但要求在获取请求参数时不再使用 Java 脚本获取，而是使用 EL 表达式获取 request 参数。

分析：使用了 EL 表达式的请求参数 param 对象，用于读取请求参数的值，等同于 JSP 中的 request. getParameter (String name)方法，用户注册页面如图 6-19 所示，当注册请求提交后服务器返回的响应页面如图 6-20 所示。

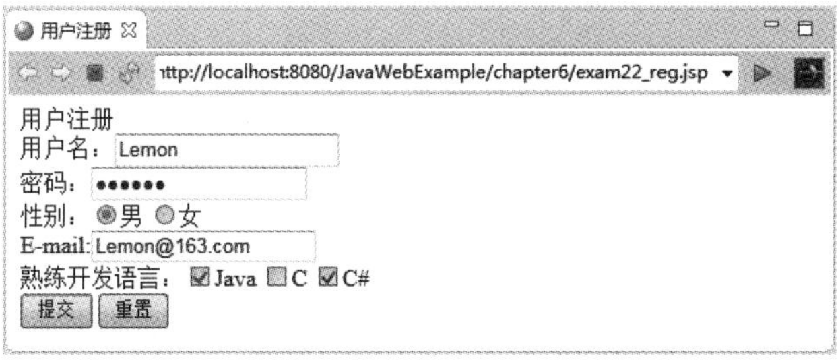

图 6-19　用户注册页面

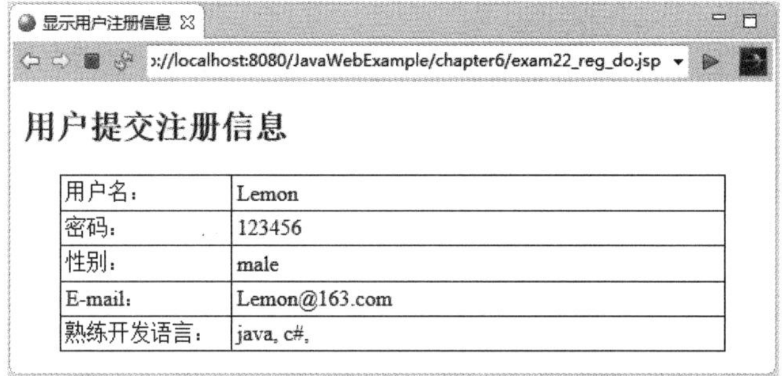

图 6-20　获取并显示用户注册信息

实现过程：

1. 创建用户注册表单页面

用户注册页面我们选用模块 3 中项目 6 exam6_reg. jsp 页面，新建 JSP 文件 exam22_reg. jsp，复制 exam6_reg. jsp 文件内容，更改 form 表单 action 属性为 exam22_reg_do. jsp。详细代码见程序 6-19。

【程序 6-19】 exam22_reg. jsp 文件

```
<%@ page contentType="text/html; charset=utf-8" language="java"%>
<! DOCTYPE HTML>
<html>
<head>
<meta http-equiv="Content-Type" content="text/html; charset=utf-8">
<title>用户注册</title>
</head>
<body>
<form id="reg" name="reg" method="post" action="exam22_reg_do. jsp">
用户注册 <br />
用户名:<input name="username" type="text" id="username"/> <br />
密码:<input name="password" type="password" id="password"/> <br />
性别:<input type="radio" name="sex" value="male"/>男
<input type="radio" name="sex" value="female"/>女 <br />
E-mail: <input name="email" type="text" id="email"/> <br />
熟练开发语言:<input name="lan" type="checkbox" id="lan" value="Java"/> Java
<input name="lan" type="checkbox" id="lan" value="C"/> C
<input name="lan" type="checkbox" id="lan" value="C#"/>C#<br />
```

```
<input type="submit" name="Submit" value="提交"/>
<input type="reset" name="Submit2" value="重置"/>
</form>
</body>
</html>
```

2. 创建使用 EL 的注册信息处理页面

在 Eclipse 中创建 JSP 文件 exam22_reg_do. jsp，该文件功能同 exam6_reg_do. jsp，这里我们用 EL 重写显示注册信息功能。

【程序 6-20】 exam22_reg_do. jsp

```
<%@ page contentType="text/html; charset=utf-8" language="java"%>
<%@taglib uri="http://java.sun.com/jsp/jstl/core" prefix="c" %>
<! DOCTYPE HTML>
<html>
<head>
<meta http-equiv="Content-Type" content="text/html; charset=utf-8">
<title>显示用户注册信息</title>
<style type="text/css">
    table{width:90%;border:solid 1px black;border-collapse:collapse;margin:0 auto}
    table td{border:solid 1px Black;padding: 3px}
</style>
</head>
<body>
<h2>用户提交注册信息</h2>
<table>
  <tr>
    <td width="120">用户名:</td>
    <td>${param.username}</td>
  </tr>
  <tr>
    <td>密码:</td>
    <td>${param.password}</td>
  </tr>
  <tr>
    <td>性别:</td>
    <td>${param.sex}</td>
  </tr>
  <tr>
    <td>E-mail:</td>
    <td>${param.email}</td>
  </tr>
  <tr>
    <td>熟练开发语言:</td>
```

```
    <td>
    <c:forEach var="p" items="${paramValues.lan}">
    ${p},
    </c:forEach>
    </td>
  </tr>
</table>
</body>
</html>
```

代码分析:此处使用了 EL 表达式的请求参数 param 及 paramValues 对象,用于读取请求参数的值,分别等同于 JSP 中的 request.getParameter (String name)和 request.getParameterValues (String name)方法,很明显,使用 EL 后,代码变得简单。

3. 运行页面

首先运行 exam22_reg.jsp 页面(运行效果见图 6-19),填写相关信息后单击“提交”按钮,得到如图 6-20 所示运行效果。

22.2 新知识点——EL 内建对象

JSP 有九个隐含对象,而 EL 也有自己的内建对象。EL 内建对象分为六大类,总共有 11 个,详细描述见表 6-10。

表 6-10 EL 内建对象

类别	隐含对象	描述
JSP 页面	pageContext	代表此 JSP 页面的 pageContext 对象
作用范围	pageScope	用于读取 page 范围内的属性值
	requestScope	用于读取 request 范围内的属性值
	sessionScope	用于读取 session 范围内的属性值
	applicationScope	用于读取 application 范围内的属性值
请求参数	param	用于读取请求参数中的参数值,等同 JSP 中的 request.getParameter(String name)
	paramValues	用于取得请求参数中的参数值数组,等同 JSP 中的 request.getParameterValues(String name)
请求头	header	用于取得指定请求头的值,等同 JSP 中的 request.getHeader(String name)
	headerValues	用于取得指定请求头的值数组,等同 JSP 中的 request.getHeaders(String name)
Cookie	cookie	用于取得 request 中的 cookie 集,等同 JSP 中的 request.getCookies()
初始化参数	initParam	用于取得 Web 应用程序上下文初始化参数值,等同 JSP 中的 application.getInitParameter(String name)

需要注意的是,如果要用 EL 输出一个常量,则字符串要加双引号,否则 EL 会默认把常量当作一个变量来处理,这时如果这个变量在四个声明范围不存在的话会输出空,如果存在则输出该变量的值。

22.3 扩展——EL 数据类型和自动类型转换

EL 是为了便于存取数据而定义的一种语言，JSP 2.0 之后才成为一种标准。EL 借鉴了 JavaScript 语言简单的数据类型和多类型之间转换无关性的特点，使用非常方便。

1. EL 数据类型

表达式语言 EL 定义了五种数据类型，即：

- Boolean：布尔型，值为 true 或 false。
- Integer：整型，与 Java 语言一样。
- Float：浮点型，与 Java 语言一样。
- String：字符串，与 Java 语言中的 String 一样。
- Null：空值，null。

2. EL 自动类型转换

表达式语言 EL 除了提供方便存取变量的语法之外，它另外一个方便的功能就是：自动转变类型，主要优点表现在于：

• EL 元素可以出现在常规的页面正文、HTML 以及 JSP 的标签属性中。EL 表达式的结果会被强制转换成字符串，并和其他静态文本拼接在一起。

• EL 的各种操作运算中，不需要考虑运算对象和结果的类型转换，原因是在表达式内部已经处理好了。从隐含对象中获取参数的值时，可以自动进行类型转换，对类型的限制很宽松。比如：${param.count+20}，假若窗体传来 count 的值为 10 时，那么上面的结果为 30。

• 空值代替错误消息。大多数情况下，缺失的值或 NullPointerExceptions 会导致空串，不会抛出异常。

所以，EL 排除了大部分类型的转换，使得 JSP 编程变得更加灵活、更容易。

小　结

本模块通过六个具体的项目，分别介绍了 Java Servlet 功能及配置方法，工作原理、生命周期、核心类和接口的常用方法，介绍了 Servlet 会话跟踪、管理、重定向技术，介绍了访问权限控制过滤器的设计流程和 Filter 新特性以及 JSP 中 EL 表达式语言，包括 EL 的基本语法、算术运算符、内建对象、数据类型和类型转换方法。

Java Servlet 是 Java Web 技术的基础，通过 Java Servlet 的学习，有助于读者更加深刻地理解和应用 Java Web 开发技术，通过实现字符过滤器项目，让读者了解和掌握 Java Web 中访问权限控制高级编程技术，同时引入 EL，在提高 JSP 页面上逻辑处理能力的同时又减少页面使用 Java 代码提供逻辑支持，从而实现 Java 代码和 HTML 界面的分离，能够提高 Web 程序的开发进度。

习　题

一、选择题

1. Servlet 生命周期的执行时期使用的方法是(　　)。

A. init( )　　B. service( )　　C. destroy( )　　D. 以上都不对

2. 对于自己编写的 Servlet1，以下对 Servlet1 的定义正确的是(　　)。

A. class Servlet1 implements jakarta. servlet. Servlet

B. class Servlet1 extends jakarta. servlet. GenericServlet

C. class Servlet1 extends jakarta. servlet. http. HttpServlet

D. class Servlet1 extends jakarta. servlet. ServletRequest

3. 下列有关 Servlet 的生命周期，说法不正确的是(　　)。

A. 在创建自己的 Servlet 时，应该在初始化方法 init()方法中创建 Servlet 实例

B. 在 Servlet 生命周期的服务阶段，执行 service()方法，根据用户请求的方法，执行相应的 doGet()方法或 doPost()方法

C. 在销毁阶段，执行 destroy()方法后系统立刻进行垃圾回收

D. destroy()方法仅执行一次，即在服务器停止且卸载 Servlet 时执行该方法

4. EL 表达式可以访问(　　)中的数据。

A. JavaBean　　B. Applet　　C. Servlet　　D. Java 程序

5. 不能在 EL 表达式中使用的变量是(　　)。

A. param　　B. Cookie　　C. header　　D. pageContext

6. 在 JSP 中，代码 ${1+2}，运行将输出(　　)。

A. 1+2　　B. 3　　C. null　　D. 表达式错误，没有输出

7. 下面哪个不是 EL 定义的隐含对象？(　　)

A. attributes　　B. Cookie　　C. initParam　　D. pageContext

二、填空题

1. Servlet 的 service()方法包含两个参数，它们是 HttpServletRequest 对象和________对象。

2. 基于 HTTP 协议的 Servlet 必须引入________和________包。

3. empty 运算符用于________。

4. EL 提供________和________两种运算符来存取数据。

5. EL 内建对象分为________大类，总共有________个。

三、问答题

1. 请描述一下 Servlet 的生命周期？

2. Servlet API 中 forward() 与 redirect()两个方法的区别是什么？

3. 在什么情况下调用 doGet()方法，什么情况下调用 doPost()方法？

4. Filter 接口定义了哪些方法？

5. EL 变量有效范围与传统的四种有效范围存在什么关系？

四、编程题

1. 编写一个 Servlet，保存为 Hello. java，Servlet 显示“Welcome you!”。写出 Servlet 的 Java 源程序并对其进行配置。

2. 编写一个 JSP 页面，使用 EL 隐含对象，获取显示当前页面的所有四种有效范围的属性对象。

3. 编写一个特殊字符过滤器，将英文状态半角的单引号自动转换为“'”。

模块 7

组件应用及常用模块

知识目标

掌握 Java Web 的常用实用组件，包括在线编辑器、邮件发送组件、文件上传组件、图片自动生成缩略图组件、图片增加水印组件、验证码、密码的加密与验证等。掌握 UEditor 的配置与使用、JavaMail、缩略图原理、水印实现方法等知识点。

技能目标

掌握 Java Web 常用组件及其使用方法。

素质目标

培养学生信息素养、工匠精神，提升安全意识。

项目 23　带在线编辑器的信息发布模块制作

23.1　项目描述与实现

一般在进行信息在线编辑时，需要插入图片，进行文字排版等，使显示时以固定排版格式显示，因此，需要在录入时，能够允许进行信息的在线样式编辑，如图 7-1 所示。

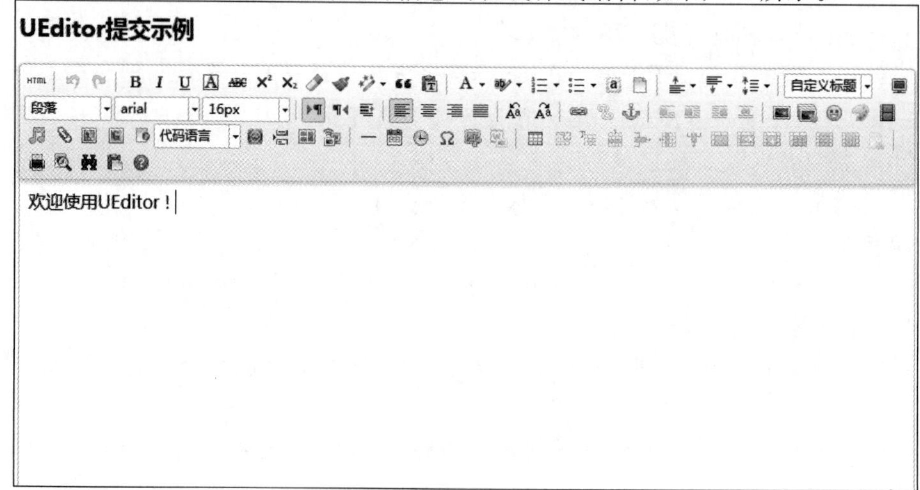

图 7-1　在线编辑器效果

在 JSP 中，可采用 UEditor 在线编辑器实现以上描述功能。

实现过程：

1. 下载 UEditor。在 UEditor 官方网站（网址 http://ueditor.baidu.com）下载 UEditor 的 JSP 版本。

本例下载 1.4.3.3 JSP 版本。

2. 将 UEditor 文件夹和 jar 复制到指定位置。下载后解压，将 UEditor 解压后的 jsp\lib 目录下的 ueditor.jar 等文件复制到采用站点的 WEB-INF/lib/目录下，将解压后的所有文件复制到站点文件夹的 WebContent/chapter7/uditor/目录下。

3. 编写调用表单文件。编写含有在线编辑器的表单，即在原先表单制作的基础上，增加相应 UEditor 的调用语句即可。程序 7-1 为实现了含有在线编辑器的一个表单页面。

【程序 7-1】 exam23_1_ueditorform.jsp

```
<%@ page contentType="text/html; charset=utf-8" language="java" import="java.sql.*" errorPage="" %>
<!DOCTYPE html PUBLIC "-//W3C//DTD XHTML 1.0 Transitional//EN"
"http://www.w3.org/TR/xhtml1/DTD/xhtml1-transitional.dtd">
<html xmlns="http://www.w3.org/1999/xhtml">
<head>
<meta http-equiv="Content-Type" content="text/html; charset=utf-8"/>
<title>UEditor 测试</title>
</head>
<body>
<form id="form1" name="form1" method="post" action="exam23_1_editorpost.jsp">
文章标题：
<input name="title" type="text" id="title" size="60"/>
<br />
文章正文：
<textarea cols="50" id="ArtContent" name="ArtContent" rows="3">欢迎使用 UEditor! </textarea>
<input type="submit" name="Submit" value="提交"/>
</form>
<!--配置文件 -->
<script type="text/javascript" src="ueditor/ueditor.config.js"></script>
<!--编辑器源码文件 -->
<script type="text/javascript" src="ueditor/ueditor.all.js"></script>
<!--实例化编辑器 -->
<script type="text/javascript">
    var editor=UE.getEditor('ArtContent');
</script>
</body>
</html>
```

代码说明：本程序使用在线编辑器，在程序中 JavaScript 脚本调用编辑器。

调用编辑器配置文件：

```
<script type="text/javascript" src="ueditor/ueditor.config.js"></script>
```

指定调用编辑器编码文件：

<script type="text/javascript" src="ueditor/ueditor.all.js"></script>

实例化编辑器：var editor=UE.getEditor('ArtContent')；该脚本的作用是用在线编辑器替换原有的表单文本区域 ArtContent。在脚本调用中使用的 JS 文件为相对路径。页面其他部分与一般表单一致。该程序运行效果如图 7-2 所示。

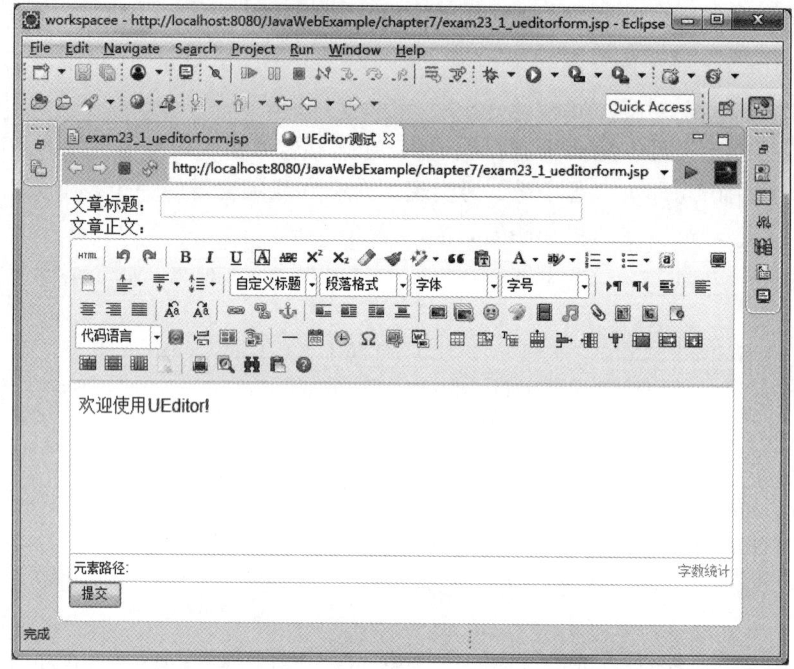

图 7-2　带在线编辑器的表单

23.2　新知识点——UEditor 编辑器

1. Web 在线编辑器简介

在线编辑器是指用于在线编辑的工具，编辑的内容是基于 HTML 的文档。Web 在线编辑器可用于在线编辑 HTML 的文档，因此，它经常被用于留言板留言、论坛发帖、微博编写日志、文章发布等需要用户输入普通 HTML 的地方。

目前 Web 在线编辑器有很多，比较常用的有如下几个：

(1)UEditor

UEditor 是由百度「FEX 前端研发团队」开发的所见即所得富文本 Web 编辑器，具有轻量、可定制，注重用户体验等特点，开源基于 MIT 协议，允许自由使用和修改代码，是目前市场上使用比较广泛的一个在线编辑器。

(2)CKEditor

免费、开源、用户量庞大的在线编辑器，有良好的社区支持。

CKEditor 创建于 2003 年，起初为 FCKeditor，2009 年更名为 CKEditor，官方网站：http://ckeditor.com。

2. UEditor 常用 API

(1)getEditor()，实例化编辑器，其使用格式为：

```
var ue=UE.getEditor('container');
```

使用如：

```
<script type="text/javascript">
    var ue=UE.getEditor('ArtContent');
</script>
```

表示实例化编辑器到 id 为 ArtContent 的 dom 容器上。

(2)setContent()，设置编辑器内容，其使用格式为：

```
ue.setContent('<p>hello! </p>');
```

如：

```
<script type="text/javascript">
    var ue=UE.getEditor('ArtContent');
    ue.ready(function() {
        ue.setContent('<p>new text</p>', true);
    });
</script>
```

思政小贴士

了解版权的概念，树立抵制盗版的价值观，倡导使用正版软件、维护知识产权。

23.3 扩展1——修改信息时采用在线编辑器

在线信息修改时，需要将原有信息读取出来，显示在在线编辑器，再做调整，因此需要使用在线编辑器时使用默认值。

1. 表单元素设置默认值。只要在表单元素中设置默认值，则采用编辑器后，仍然保持默认值，如对程序7-1，其原表单元素为：

```
<textarea cols="80" id="ArtContent" name="ArtContent" rows="3">欢迎使用 UEditor! </textarea>
```

其默认值为：欢迎使用 UEditor！

2. 采用 setContent 方法设置默认值，其关键代码如下：

```
<!--实例化编辑器-->
<script type="text/javascript">
    var editor=UE.getEditor('ArtContent');
    editor.ready(function() {
        editor.setContent('<p>hello! </p>');
    });
</script>
```

运行效果如图7-3所示。

23.4 扩展2——简化的在线编辑器

收集信息时，表单文本框个别情况不需要做太多编辑，只需简单编辑，因此，编辑器不需太复杂，所以采用简化的编辑器，UEditor 提供编辑器的可选按钮的调用。

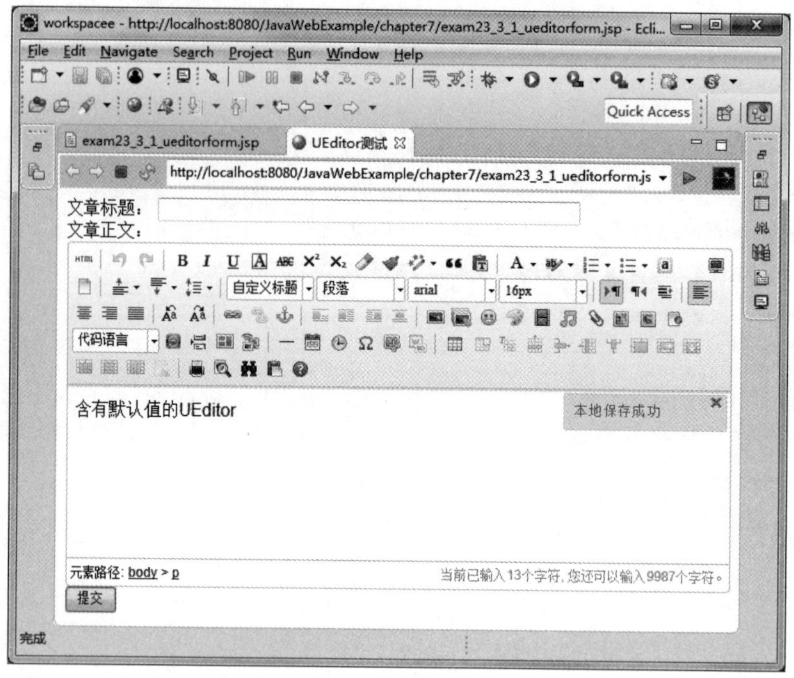

图 7-3　含有初始值的在线编辑器

对于程序 7-1,用简化样式重新设置,效果如图 7-4 所示。代码见程序 7-2。

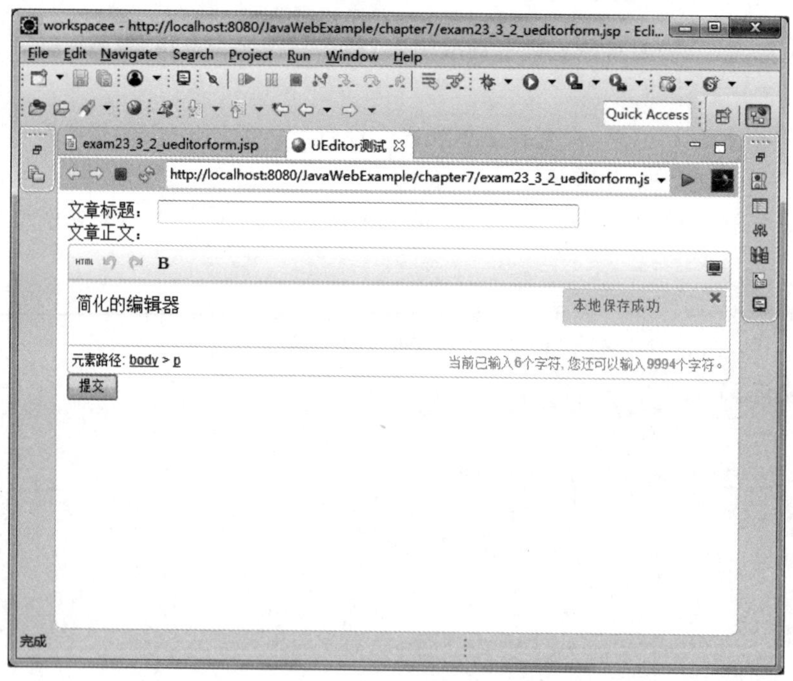

图 7-4　简化的编辑器

【程序 7-2】　exam23_3_2_ueditorform. jsp

```
<%@ page contentType="text/html; charset=utf-8" language="java" import="java.sql.*"
errorPage="" %>
<!DOCTYPE html PUBLIC "-//W3C//DTD XHTML 1.0 Transitional//EN"
```

```
"http://www.w3.org/TR/xhtml1/DTD/xhtml1-transitional.dtd">
<html xmlns="http://www.w3.org/1999/xhtml">
<head>
<meta http-equiv="Content-Type" content="text/html; charset=utf-8"/>
<title>UEditor 测试</title>
</head>
<body>
<form id="form1" name="form1" method="post" action="exam23_1_editorpost.jsp">
文章标题:
<input name="title" type="text" id="title" size="60"/>
<br />
文章正文:
<textarea cols="50" id="ArtContent" name="ArtContent" rows="3"></textarea>
<input type="submit" name="Submit" value="提交"/>
</form>
<!--配置文件-->
<script type="text/javascript" src="ueditor/ueditor.config.js"></script>
<!--编辑器源码文件-->
<script type="text/javascript" src="ueditor/ueditor.all.js"></script>
<!--实例化编辑器-->
<script type="text/javascript">
    var editor=UE.getEditor('ArtContent', {
    toolbars: [
        ['fullscreen', 'source', 'undo', 'redo', 'bold']
     ],
    autoHeightEnabled: true,
    autoFloatEnabled: true
    });
    editor.ready(function() {
        editor.setContent('<p>简化的编辑器</p>');
    });
</script>
</body>
</html>
```

代码说明:本程序采用简化的编辑器。采用 toolbars 配置其工具按钮,需要哪个就配置哪个。主要代码为:

```
toolbars: [
    ['fullscreen', 'source', 'undo', 'redo', 'bold']
],
```

本程序配置了五个工具按钮,即全屏、源码、撤销、重做、字体加粗。其他更多的工具按钮使用,可以依次设置进去,其余按钮见 UEditor 配置文件 ueditor.config.js。

项目 24　用户注册时发送欢迎邮件

24.1　项目描述与实现

在网站注册成功后，会发送邮件到注册者邮箱，提示注册成功，如图 7-5 所示，自动发送到编者注册信箱 ljq816@126.com。

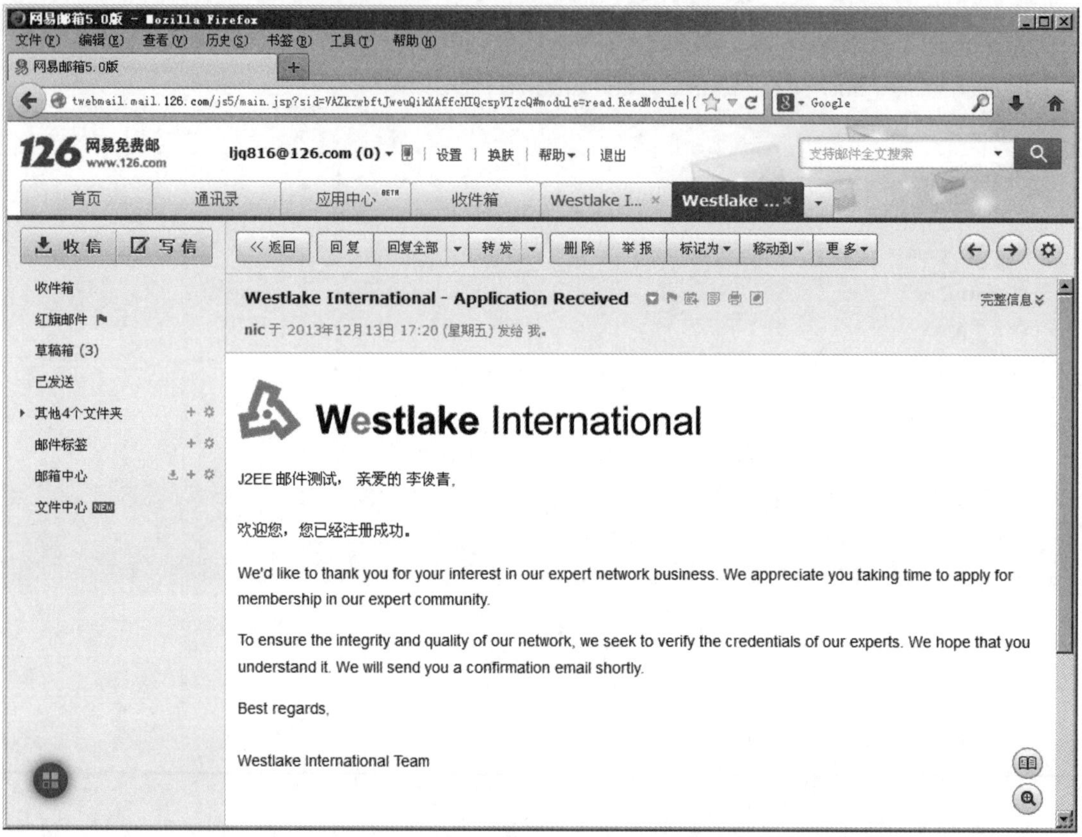

图 7-5　用户注册成功后提示的邮件

实现过程：

1. 下载并加载 JavaMail API

收发邮件需要下载 JavaMail API 并加载到服务器后，才可以正常执行。JavaMail API 目前的版本为 JavaMail API 1.4.3。可以从如下地址下载：

http://java.sun.com/products/javamail/downloads/index.html

下载后，解压并找到 mail.jar 文件，将其复制到项目的 WEB-INF/lib/文件夹下，如直接加载到 Web 服务器，则复制到 Tomcat 安装目录下的 lib 文件夹中。

2. 编写邮件身份验证类

邮件身份验证类代码见程序 7-3。

【程序 7-3】　Auth.java

```
package chapter7.mail;
import java.util.Properties;
```

```
import jakarta.mail.Authenticator;
import jakarta.mail.PasswordAuthentication;
public class Auth extends Authenticator {
    private String username="";
    private String password="";
    public Auth(String username, String password){
        this.username=username;
        this.password=password;
    }
    protected PasswordAuthentication getPasswordAuthentication(){
        return new PasswordAuthentication(username, password);
    }
}
```

代码说明:本程序用来验证 SMTP 服务器身份。程序继承了 Authenticator 类,它主要用来实现登录邮件服务器时的认证。它包含两个属性:username 和 password,分别用来存储认证时所需的用户名和密码信息。程序重写了 Authenticator 类的 getPasswordAuthentication()方法,该方法返回 PasswordAuthentication 对象,此对象包含通过 SMTP 服务器身份验证所需的用户名和密码,供认证时 Session 调用。

3. 编写发送邮件类

发送邮件类代码见程序 7-4。

【程序 7-4】 SendMail. java

```
package chapter7.mail;
import java.util.Properties;
import javax.mail.Message;
import javax.mail.Session;
import javax.mail.Transport;
import javax.mail.internet.InternetAddress;
import javax.mail.internet.MimeMessage;
public class SendMail {
    private Properties props;//系统属性
    private Session mailSession;//邮件会话对象
    private MimeMessage mimeMsg; //MIME 邮件对象
    public SendMail(String SMTPHost, String Port, String MailUsername,
    String MailPassword){
        Auth au=new Auth(MailUsername, MailPassword);
        //设置系统属性
        props=java.lang.System.getProperties(); //获得系统属性对象
        props.put("mail.smtp.host", SMTPHost); //设置 SMTP 主机
        props.put("mail.smtp.port", Port); //设置服务端口号
        props.put("mail.smtp.auth", "true");//同时通过验证
        //获得邮件会话对象
        mailSession=Session.getInstance(props, au);
    }
```

```
    public boolean sendingMimeMail(String MailFrom, String MailTo,
    String MailCopyTo, String MailBCopyTo, String MailSubject,
    String MailBody){
        try {//创建 MIME 邮件对象
            mimeMsg=new MimeMessage(mailSession);
            mimeMsg.setFrom(new InternetAddress(MailFrom)); //设置发信人
            //设置收信人
            if (MailTo!=null){
                mimeMsg.setRecipients(Message.RecipientType.TO,
                InternetAddress.parse(MailTo));
            }
            if (MailCopyTo!=null){
                mimeMsg.setRecipients(javax.mail.Message.RecipientType.CC,
                InternetAddress.parse(MailCopyTo)); //设置抄送人
            }
            if (MailBCopyTo!=null){
                mimeMsg.setRecipients(javax.mail.Message.RecipientType.BCC,
                InternetAddress.parse(MailBCopyTo)); //设置暗送人
            }
            mimeMsg.setSubject(MailSubject,"gb2312");//设置邮件主题
            //设置邮件内容,将邮件 body 部分转化为 HTML 格式
            mimeMsg.setContent(MailBody,"text/html;charset=gb2312");
            Transport.send(mimeMsg); //发送邮件
            return true;
        } catch (Exception e){
            e.printStackTrace();
            return false;
        }
    }
}
```

代码说明:该程序为一个邮件发送通用类的程序,SendMail 构造方法实现对发送邮件身份的认证,获得 Session 对象。该方法中 SMTPHost、Port、MailUsername、MailPassword 分别表示所使用的 SMTP 服务器、服务器的 SMTP 端口、用户名和密码。sendingMimeMail()方法为发送邮件的方法,在该方法需要传入的参数中,MailFrom 为发件人电子信箱,MailTo 为收件人电子信箱,MailCopyTo 为抄送人电子信箱,MailBCopyTo 为暗送人电子信箱,MailSubject 为发送邮件主题,MailBody 为发送邮件正文。sendingMimeMail()返回 boolean 类型,表示是否发送成功。发送邮件时先调用构造方法 SendMail()创建邮件发送对象,然后调用 sendingMimeMail()方法发送。

4. 编写注册表单

注册表单代码见程序 7-5。

【程序 7-5】 exam24_1_reg.html

```
<!DOCTYPE html PUBLIC "-//W3C//DTD XHTML 1.0 Transitional//EN"
"http://www.w3.org/TR/xhtml1/DTD/xhtml1-transitional.dtd">
```

```
<html xmlns="http://www.w3.org/1999/xhtml">
<head>
<meta http-equiv="Content-Type" content="text/html; charset=UTF-8"/>
<title>注册测试</title>
</head>
<body>
<form id="form1" name="form1" method="post" action="../chapter7Reg.do">
<p>注册并发送欢迎邮件测试 </p>
<p>姓名:<input name="username" type="text" id="username"/></p>
<p>E-mail:<input name="email" type="text" id="email"/></p>
<p><input type="submit" name="Submit" value="提交"/></p>
</form>
</body>
</html>
```

代码说明:本程序为用户注册过程中的一个注册页面,主要用来收集用户注册相关信息。程序运行效果如图 7-6 所示。

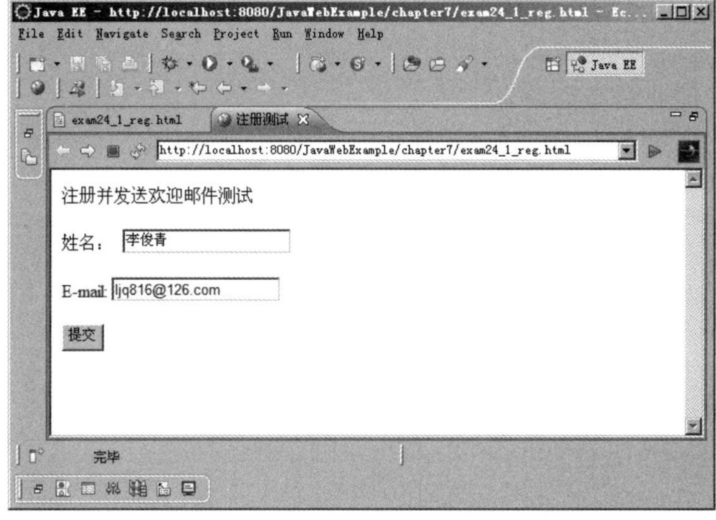

图 7-6 注册表单

5. 编写注册 Servlet,包括发邮件功能

注册程序代码见程序 7-6。

【程序 7-6】 Reg.java

```
package chapter7;
import java.io.*;
import jakarta.servlet.*;
import jakarta.servlet.http.*;
import chapter7.mail.SendMail;
public class Reg extends HttpServlet {
    private ServletConfig Servletconf;
    private String username;
    private String email;
```

```
private String msg;
public void init(ServletConfig config)throws ServletException {
      super.init(config);
      this.Servletconf=config;
}
protected void doPost(HttpServletRequest request, HttpServletResponse
response)throws ServletException, IOException {
      request.setCharacterEncoding("UTF-8");
      username=request.getParameter("username");
      email=request.getParameter("email");
      /*
      * ……
      * 省略注册并写入数据库部分
      */
      /*
      * 注册成功,发送欢迎邮件
      */
      if(sendmail(email,username))
      {msg="邮件发送成功";}
      else
      {msg="邮件发送失败";}
      toResponse(response,msg);
}
private boolean sendmail(String mailto,String username){
      String MailTo=mailto;
      String MailSubject="Westlake International -Application Received";
      String MailBCopyTo="";
      String MailCopyTo="";
      String MailBody="<p><img alt=\"westlakelogo\" src=
      \"http://www.expertsonchina.com/images/top.gif\" border=
      \"0\"/></p>"
      +"<p>亲爱的"+username+",<br />" +
      "<br />" +
      " 欢迎您,您已经注册成功。</p>" +
      " <p>We'd like to thank you for your interest in our expert
       network business. We appreciate you taking time to apply for
       membership in our expert community. </p>" +
      " <p>To ensure the integrity and quality of our network, we seek
       to verify the credentials of our experts. We hope that you
       understand it. We will send you a confirmation email
       shortly. </p>" +
      " <p>Best regards,<br />" +
      " <br /> Westlake International Team </p> <p> </p>";
```

```
        String SMTPHost=Servletconf.getInitParameter("smtphost");
        String Port=Servletconf.getInitParameter("port");
        String MailUsername=Servletconf.getInitParameter("mailusername");
        String MailPassword=Servletconf.getInitParameter("mailpassword");
        String MailFrom=Servletconf.getInitParameter("mailfrom");
        if(SMTPHost==null||SMTPHost==""||MailUsername==null||
        MailUsername==""||MailPassword==null||MailPassword==
        ""||MailFrom==null||MailFrom=="")
        {System.out.println("Servlet parameter Wrongs");}
        SendMail send=new SendMail(
        SMTPHost,Port,MailUsername,MailPassword);
        if(send.sendingMimeMail(MailFrom, MailTo, MailCopyTo, MailBCopyTo,
        MailSubject, MailBody)){
            return true;
        }
        else
        {return false;}
    }
    private void toResponse(HttpServletResponse response,
    String toString)throws IOException
    {
        response.setCharacterEncoding("UTF-8");
        PrintWriter out=response.getWriter();
        out.println(toString);
    }
}
```

代码说明：该程序为注册程序的 Servlet，主要功能为获取用户提交的注册信息，将信息写入数据库，并发送欢迎邮件到用户信箱。程序中对于注册写入数据库部分代码省略，主要实现发送邮件部分。init()方法为 Servlet 的初始化方法，此处是要获取 ServletConfig 对象，并将其赋值给 Servletconf，再通过 Servletconf.getInitParameter()方法从 web.xml 配置文件中获取变量。该发送邮件部分所使用的邮件服务器信息全部写入 web.xml 中，本 Servlet 在 web.xml 中的配置代码如下：

```
<servlet>
<description>chapter7.reg</description>
<display-name>chapter.Reg</display-name>
<servlet-name>chapter7Reg</servlet-name>
<servlet-class>chapter7.Reg</servlet-class>
<init-param>
<description>SMTP Host</description>
<param-name>smtphost</param-name>
<param-value>smtp.myeyou.net</param-value>
</init-param>
```

```
<init-param>
<description>Mail Port</description>
<param-name>port</param-name>
<param-value>25</param-value>
</init-param>
<init-param>
<description>Mail Host Username</description>
<param-name>mailusername</param-name>
<param-value>webmaster@myeyou.net</param-value>
</init-param>
<init-param>
<description>Mail Host Password</description>
<param-name>mailpassword</param-name>
<param-value>wdesix3s#</param-value>
</init-param>
<init-param>
<description>Mail From</description>
<param-name>mailfrom</param-name>
<param-value>us@myeyou.net</param-value>
</init-param>
</servlet>
<servlet-mapping>
<servlet-name>chapter7Reg</servlet-name>
<url-pattern>/chapter7Reg.do</url-pattern>
</servlet-mapping>
```

在此处定义了邮件发送服务器的相关信息。

邮件 SMTP 服务器：smtp. myeyou. net。

服务器监听端口：25。

登录邮件服务器用户名：webmaster。

密码：wdesix3s＃。

邮件发送人信箱：us@myeyou. net。

sendmail()方法为发送邮件的方法。在该方法中，设置了邮件的主题 MailSubject、邮件的正文 MailBody，并调用 Servletconf. getInitParameter()方法获取 web. xml 中定义邮件发送的服务器信息，即：

```
String SMTPHost=Servletconf.getInitParameter("smtphost");
String Port=Servletconf.getInitParameter("port");
String MailUsername=Servletconf.getInitParameter("mailusername");
String MailPassword=Servletconf.getInitParameter("mailpassword");
String MailFrom=Servletconf.getInitParameter("mailfrom");
```

然后创建 SendMail 对象，并调用 sendingMimeMail()方法发送邮件。

注册并发送邮件整个程序运行过程效果如图 7-6～图 7-8 所示。在如图 7-6 所示页面添加注册信息提交后，注册程序 chapter7Reg. do 发送邮件，并显示成功，如图 7-7 所示。此时，注册页面提交的 ljq816@126. com 的信箱收到欢迎的邮件，如图 7-8 所示。

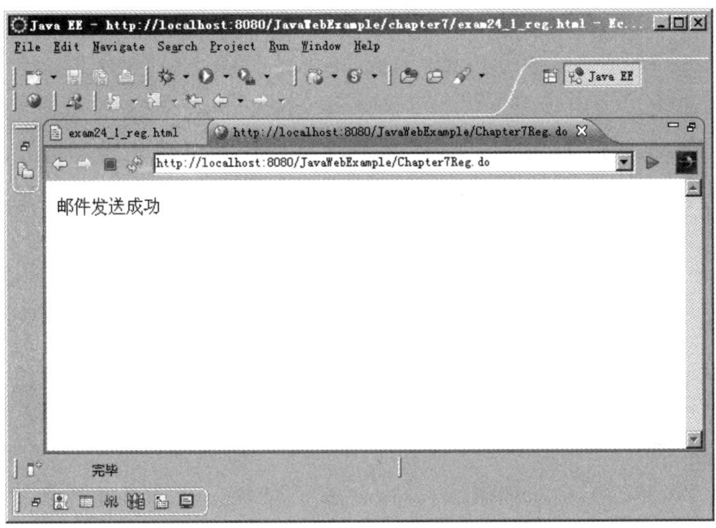

图 7-7　注册成功提示邮件发送

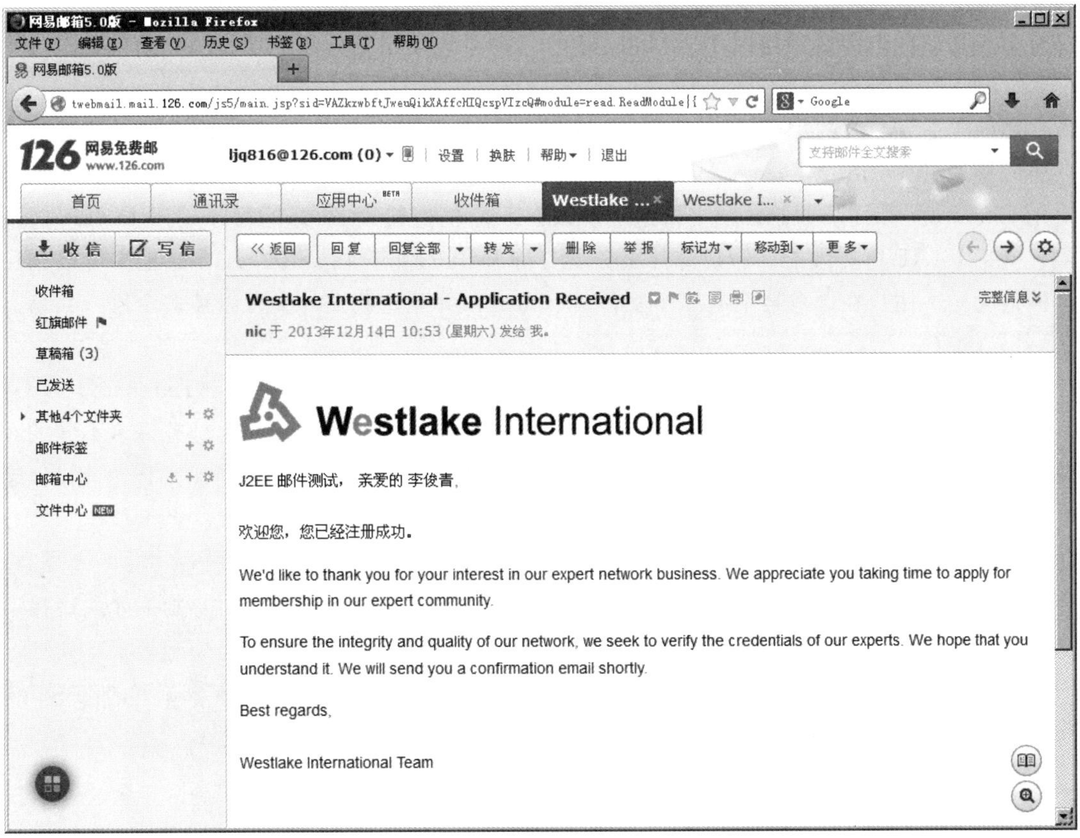

图 7-8　在 126 信箱收到的邮件

24.2　新知识点——JavaMail

JavaMail API 是一个用于阅读、编写和发送电子消息的可选包(标准扩展)，可以用来建立标准的邮件客户端程序，它支持各种网络邮件协议。

1. SMTP

SMTP（Simple Mail Transfer Protocol，简单邮件传输协议）由 RFC 821 定义，它定义了发送电子邮件的机制。在 JavaMail API 环境中，基于 JavaMail 的程序将与您的公司或 Internet 服务供应商的（Internet Service Provider′s，ISP′s）SMTP 服务器通信。SMTP 服务器会中转消息给接收方 SMTP 服务器，以便最终让用户经由 POP 或 IMAP 获得。这不是要求 SMTP 服务器成为开放的中继，而是要求尽管 SMTP 服务器支持身份验证，但还是要确保它的配置正确。像配置服务器来中继消息或添加、删除邮件帐号这类任务的实现，JavaMail API 并不支持。

2. POP

POP（Post Office Protocol）代表邮局协议。目前使用的是版本 3，因此也称 POP3，RFC 1939 定义了这个协议。POP 是一种机制，Internet 上大多数人用它收发邮件，也规定每个用户支持一个邮箱。虽然这是它所能做的，但也造成了许多混淆。使用 POP 时，用户熟悉的许多性能并不是由 POP 协议支持的，如查看新邮件消息这一性能。这些性能内建于如 Eudora 或 Microsoft Outlook 之类的程序中，它们能记住一些事，诸如最近一次收到的邮件，还能计算出有多少是新的。因此当使用 JavaMail API 时，如果想要以上这些信息，就必须自己计算。

3. IMAP

IMAP 是更高级的用于接收消息的协议。在 RFC 2060 中被定义，IMAP 代表 Internet 消息访问协议（Internet Message Access Protocol），目前使用的是版本 4，因此也称 IMAP4。当使用 IMAP 时，邮件服务器必须支持这个协议。不能仅把使用 POP 的程序用于 IMAP，并期望它支持 IMAP 所有性能。假设邮件服务器支持 IMAP，基于 JavaMail API 的程序可以利用这种情况——用户在服务器上有多个文件夹（folder），并且这些文件夹可以被多个用户共享。

4. MIME

MIME 代表多用途 Internet 邮件扩展标准（Multipurpose Internet Mail Extensions）。它不是邮件传输协议，但对传输内容的消息、附件及其他内容定义了格式。这里有许多不同的有效文档，如 RFC 822、RFC 2045、RFC 2046 和 RFC 2047。作为一个 JavaMail API 的用户，通常不必对这些格式操心。无论如何，一定存在这些格式而且程序会用到它。

思政小贴士

无论是做人还是做事，都要遵纪守法。开发软件也要担负起社会责任，不能去开发违反国家法律法规的软件。

开发软件要考虑对自然、生态环境的影响，要将人类的可持续发展时刻放在心中，要积极开发能够减少碳排放，有利于绿色环保的软件。

项目 25　上传文件模块制作

25.1　项目描述与实现

使用 Servlet 接口上传文件。要求不使用任何外部组件，使用 Servlet 提供的文件上传接口完成文件上传提交功能。

实现步骤：

(1)创建文件提交页面。在 WebContent\chapter7 文件夹中创建一个名为 exam25_1_uploadPaper. jsp 的 JSP 页面，该页面为文件上传表单页面，具体代码如程序 7-7。

【程序 7-7】 文件上传页面 exam25_1_uploadPaper. jsp

```
<? xml version="1.0" encoding="UTF-8" ? >
<%@ page language="java" contentType="text/html; charset=UTF-8"
pageEncoding="UTF-8"%>
<! DOCTYPE html PUBLIC "-//W3C//DTD XHTML 1.0 Transitional//EN"
"http://www.w3.org/TR/xhtml1/DTD/xhtml1-transitional.dtd">
<html xmlns="http://www.w3.org/1999/xhtml">
<head>
<meta http-equiv="Content-Type" content="text/html; charset=UTF-8"/>
<title>期末课程论文提交</title>
<link rel="stylesheet" type="text/css" href="css/uploadPaperStyles.css"/>
</head>
<body>
<h1>期末课程论文提交</h1>
<hr width=50%/>
<form id="fileUploadForm" action="/JavaWebExample/servlet/doPaperUpload" method="post"
enctype="multipart/form-data">
学        号：
<input type="text" name="stuNum"/><br/>
姓        名：
<input type="text" name="stuName"/><br/>
论文题目：<input type="text" name="title"/><br/>
课程论文：<input type="file" name="paper"/><br/><br/>
<input type="submit" value="提交" name="submit"/>
</form>
</body>
</html>
```

代码分析：在需要上传文件的客户端的页面代码中，首先根据 RFC 1867 的要求将 form 表单的 enctype 属性设置为“multipart/form-data”，method 属性设置为“post”；然后在 form 表单中添加类型为 file 的 input 表单。

(2)编写 Servlet，完成文件上传功能。在源文件夹下的 chapter7 包中创建一个 Servlet 类 PaperUploadwithS3_do，该类中的文件上传处理思路：首先获取 stuNum、stuName、title(分别表示学号、姓名、标题)这三个普通表单域的值，然后在将用户上传的文件存储到服务器磁盘上时使用上述三个表单域的值组合成文件的名字。具体代码见程序 7-8。

【程序 7-8】 PaperUploadwithS3_do. java

```
package chapter7;
import java.io.IOException;
import java.io.PrintWriter;
import jakarta.servlet.annotation.MultipartConfig;
import jakarta.servlet.annotation.WebServlet;
import jakarta.servlet.http.*;
```

```
@WebServlet({ "/chapter7/doPaperUploadwithS3.do" })
@MultipartConfig(fileSizeThreshold=4 * 1024,location="D:/uploadImg",maxFileSize=10000 * 1024)
public class PaperUploadwithS3_do extends HttpServlet{
    @Override
    protected void doPost(HttpServletRequest request, HttpServletResponse response){
        try {
            request.setCharacterEncoding("UTF-8");
            response.setContentType("text/html;charset=UTF-8");
            //获取学号
            String stuNum=request.getParameter("stuNum");
            //获取学生姓名
            String stuName=request.getParameter("stuName");
            //获取标题
            String title=request.getParameter("title");
            //获取上传文件 Part
            Part paperPart=request.getPart("paper");
            //获取 paperPart 的"content-disposition"头的内容
            //返回字符串的格式为:form-data; name="表单域名字"; filename="文件名"
            String contentDes=paperPart.getHeader("content-disposition");
            //System.out.println(contentDes);
            //分离出文件名
            String fileName = contentDes.substring(contentDes.lastIndexOf("filename=\"") + 10,
            contentDes.length()-1);
            //获取文件的后缀名
            String fileNameSuffix=fileName.substring(fileName.lastIndexOf("."));
            //文件存储时使用的新名字
            String newFileName=stuNum+"-"+stuName+"-"+title+fileNameSuffix;
            //将文件写到磁盘上,写入 MultipartConfig 注解的 location 属性所指定的文件夹
            paperPart.write(newFileName);
            PrintWriter out=response.getWriter();
            out.println("已成功上传文件:"+fileName+"<br/>");
            out.println("文件大小为:"+paperPart.getSize()+"字节"+"<br/>");
            out.println("重命名为:"+newFileName);
        } catch (Exception e){
            try {
                response.getWriter().println("发生异常:"+e.toString());
            } catch (IOException e1){
                e1.printStackTrace();
            }
        }
    }
}
```

代码分析:首先使用@MultipartConfig 注解来对上传操作相关的一些参数进行了配置:@MultipartConfig(fileSizeThreshold = 4 * 1024, location ="D:/uploadImg", maxFileSize = 10000 * 1024),表示文件的缓冲区大小为 4 KB,文件超过这个大小的话会在存储文件之前暂

时将文件保存在磁盘的临时文件夹内；location 指服务器上存储上传文件的路径，该路径同时也作为临时文件夹；maxFileSize 限制上传文件最大只能为 10 MB。使用 Servlet 提供的接口上传文件可以使用 request. getParameter 方法正常获取请求参数，通过该方法获取学号、学生姓名、论文标题这三个表单域的值。request. getPart("paper")方法能将域名称为"paper"的表单域封装到一个 Part 对象中，Part 接口的对象用来表示一个"multipart/form-data"类型的 Post 请求中所包含的一个文件或者普通表单项。然后通过将"学号-姓名-标题"和上传文件本身的后缀名相结合，组成新的文件名将该文件使用 Part 对象的 write()方法存储到服务器磁盘上。

(3)测试。将项目部署到 Tomcat 服务器上，然后访问文件上传页面，在该页填写相关信息并单击"浏览"按钮选择要上传的文件，如图 7-9 所示。

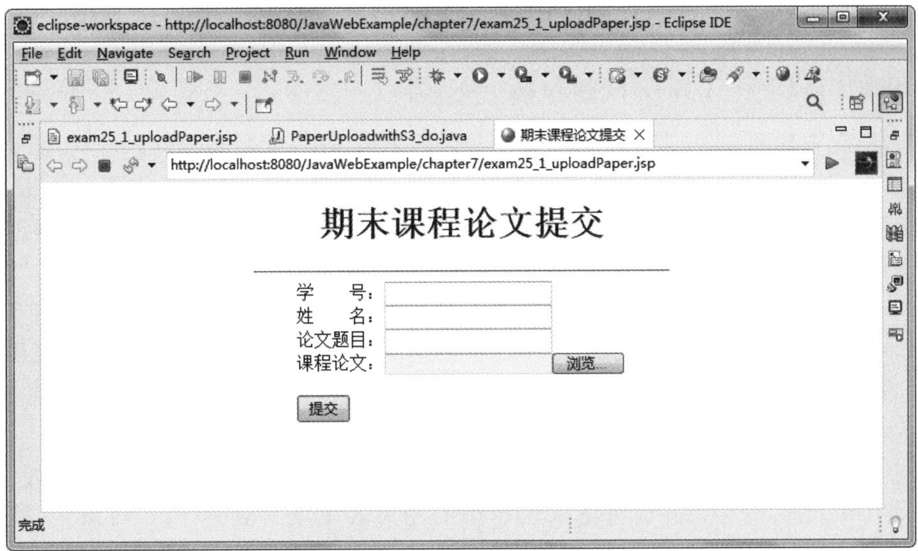

图 7-9　客户端论文提交页面

用户提交请求后，响应页面如图 7-10 所示。

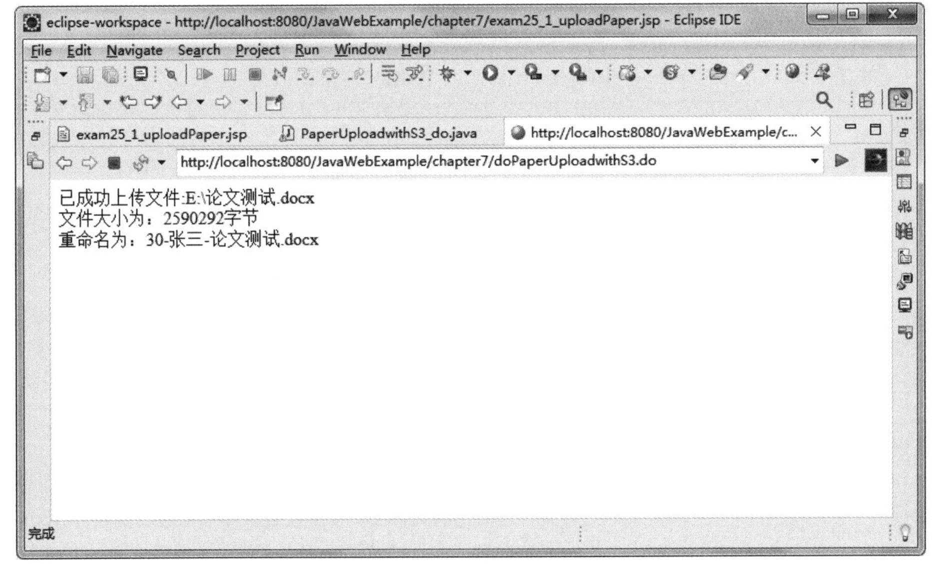

图 7-10　文件上传后的响应页面

查看服务器 D 盘的 uploadImg 目录，可以看到之前上传的文件被重命名存储到了这个文件夹下，如图 7-11 所示。

图 7-11 服务器的上传存储文件夹目录

25.2 新知识点——上传组件及方法

目前，绝大多数的 Web 应用中都涉及了文件的上传功能，如邮箱附件、个性头像等。自从 RFC 1867 规范中要求 HTML 增加 file 类型的 input 标签后，只要简单地设置一个标签，浏览器端就能很好地对文件上传功能进行支持；在 Web 服务器端要获取并存储浏览器上传的文件，Servlet 提供了这个功能。

在 Servlet 3.0 版本之前，文件上传基本都是依赖第三方组件来实现的，Servlet 3.0 之后的 Servlet 版本提供了文件上传功能，使用也较为简单。Servlet 3.0 后的 Servlet 提供的文件上传功能主要涉及两个接口（HttpServletRequest 和 Part）以及一个注解类型（MultipartConfig），下面进行介绍。

可按如下流程使用 Servlet 提供的接口来完成文件的上传操作：首先通过 HttpServletRequest 的相关方法将请求表单中的相关表单域封装到 Part 对象中，然后依据 @MultipartConfig 注解所指定的配置，由 Part 对象完成文件存储操作。

jakarta.servlet.http.HttpServletRequest 接口所提供的获取 jakarta.servlet.http.Part 对象的方法见表 7-1。注意：这两个方法的使用前提都是当前请求的类型为“multipart/form-data”。

表 7-1 HttpServletRequest 用来获取 Part 对象的方法

方 法	说 明
Part getPart(String name)	将名为 name 的表单域封装到一个 Part 对象中返回
java.util.Collection<Part> getParts()	将当前请求的所有 Part 对象组成 Collection 返回

jakarta.servlet.http.Part 接口的方法见表 7-2。

表 7-2 Part 接口提供的方法

方 法	说 明
String getName()	获取 Part 对象的名称，即其所对应的表单域的名称
String getContentType()	获取 Part 对象的 MIME 类型
void write(String fileName)	将表单域的内容写到磁盘指定路径下的以 fileName 为文件名的文件中。如果该表单域是普通表单域，则将其包含的值写到指定文件中；如果是文件域，则将上传文件存储到指定文件中

（续表）

方　法	说　明
String getHeader(String name)	以字符串形式返回指定的 MIME 头的值。如果当前 Part 不包含参数名所指定的头，则返回 null；如果有多个同名的头，则返回第一个
Collection<String> getHeaders(String name)	以字符串集合的形式返回名为 name 的所有 MIME 头的值
Collection<String> getHeaderNames()	返回当前 Part 对象所有的 header 名字，某些 Servlet 容器不允许使用这个方法(即使用时会返回 null 值)，所以用时要注意
void delete()	删除与当前 Part 对象对应的底层文件存储，包括任何与之相关联的临时文件
InputStream getInputStream()	将当前 Part 对象的内容作为一个输入流对象返回
long getSize()	获取当前 Part 对象的内容的大小，如果是文件项，则返回文件的大小，如果是普通表单项，则返回值字符串的大小

@MultipartConfig 注解提供的元素见表 7-3。

表 7-3　　@MultipartConfig 注解提供的元素

元　素	说　明
int fileSizeThreshold	表示文件大小的一个阈值，文件大小超过该值就会被写入临时文件中。可以理解成文件上传过程中的缓冲区大小
String location	文件将要被存储的目录
long maxFileSize	允许上传文件总大小的最大值
long maxRequestSize	所能够允许的“multipart/form-data”请求的最大 size

25.3 扩展——下载

实现文件下载功能。当用户单击下载页面的文件下载按钮或链接时，能弹出文件下载对话框，用户能够将服务器上的相关文件下载到客户机上。

任务实现：

1. 创建文件下载页面 exam25_3_downloadFile. jsp，该页面提供“2011010201-张三-浅谈 Spring 的 IoC 机制. docx”这个文件的下载按钮。当单击该按钮提交表单时，下载任务交由“/JavaWebExample/servlet/downloadFile”这个 Servlet 来处理。具体代码见程序 7-9。

【程序 7-9】　文件下载页面 exam25_3_downloadFile. jsp

```
<? xml version="1.0" encoding="UTF-8" ? >
<%@ page language="java" contentType="text/html; charset=UTF-8"pageEncoding="UTF-8"%>
<! DOCTYPE html PUBLIC "-//W3C//DTD XHTML 1.0 Transitional//EN"
"http://www.w3.org/TR/xhtml1/DTD/xhtml1-transitional.dtd">
<html xmlns="http://www.w3.org/1999/xhtml">
<head>
<meta http-equiv="Content-Type" content="text/html; charset=UTF-8"/>
<title>下载文件</title>
```

```
</head>
<body>
<form name="downloadForm" action="/JavaWebExample/servlet/downloadFile" method="post">
<input type="hidden" name="filename" value="2011010201-张三-浅谈 Spring 的 IoC 机制.docx"/>
2011010201-张三-浅谈 Spring 的 IoC 机制.docx     
<input type="submit" value="下载"/>
</form>
</body>
</html>
```

2. 在源文件夹的 chapter7 包内创建一个 Servlet 类 DownLoad_do，由于下载页面的表单提交方式为“post”，所以实现该 Servlet 的 doPost()方法来处理文件下载任务，具体代码见程序 7-10。

【程序 7-10】 文件下载 Servlet：DownLoad_do.java

```
package chapter7;
import java.io.File;
import java.io.IOException;
import jakarta.servlet.*;
import jakarta.servlet.annotation.WebServlet;
import jakarta.servlet.http.*;
@WebServlet({ "/chapter7/download.do" })
public class DownLoad_do extends HttpServlet{
    public void doPost(HttpServletRequest request, HttpServletResponse response)throws ServletException,
    IOException {
        response.setContentType("text/html");
        javax.servlet.ServletOutputStream out=response.getOutputStream();
        //文件在服务器中的路径
        String filepath="D:/uploadImg";
        //获取下载页面传递过来请求参数:文件名
        String filename=request.getParameter("filename");
        //要下载的文件对象
        File file=new File(filepath, filename);
        //如果在磁盘中不存在该文件,则报错!
        if (! file.exists()){
            out.println(new String((filename+" 文件不存在!").getBytes(),"iso8859-1"));
            return;
        }
        //读取文件流
        java.io.FileInputStream fileInputStream=new java.io.FileInputStream(file);
        //下载文件
        if (filename! =null && filename.length()> 0){
            //设置响应头和下载保存的文件名
            response.setContentType("binary/octet-stream");
```

```
            response.setHeader("Content-Disposition", "attachment; filename=" +new String(filename.
            getBytes(),"iso8859-1")+"");
            if (fileInputStream! =null){
                //容量为 1024 字节的字节数组
                byte[] buffer=new byte[1024];
                int i=-1;
                //循环读出文件
                //i=fileInputStream.read(buffer):
                //说明:从输入流读取 buffer.length 个字节的内容到 buffer 中
                //如果 fileInputStream 剩下的内容已不足 buffer.length 个字节
                //则将剩余的内容全部填充到 buffer 的前半部分
                //返回的 i 值是实际读取的字节数
                while ((i=fileInputStream.read(buffer))! =-1){
                    //将读出来的内容写到输出流中
                    out.write(buffer, 0, i);
                }
                fileInputStream.close();
                out.flush();
                out.close();
            }
        }
    }
}
```

代码分析:该文件下载功能实现的流程是,首先根据下载页面传递过来的文件名参数,查找服务器的特定路径下是否存在该文件,如果不存在的话向用户报错"xxx 文件不存在",然后返回,不再执行下面的操作。然后使用一个 FileInputStream(文件输入流)从服务器的文件存储路径下读取要下载的相关文件,再把该输入流的内容以 1 KB 为单位循环写入一个当前响应的 ServletOutputStream 输出流中。"response.setContentType("binary/octet-stream");"将响应的 MIME 类型设置为 8 位格式的二进制流。"response.setHeader("Content-Disposition", "attachment; filename="+new String(filename.getBytes(),"iso8859-1")+"");"使得客户端能够以附件的形式来下载输出流中的内容,注意:因为当前响应的输出流 ServletOutputStream 是以二进制的形式传输的,即过程中不会对字符进行编解码,仅仅负责将二进制数据原封不动地传到目的地,而 HTTP 传输使用"iso8859-1"编码,所以在设定 filename 值时,对当前的 filename 字符串进行了"iso8859-1"编码;同理,上面的 out.println(xxx)语句中的字符串也进行了"iso8859-1"编码。

3.测试。将项目部署到 Tomcat 服务器上,然后访问文件下载页面,如图 7-12 所示。

在上述下载页面单击"下载"按钮时,将弹出如图 7-13 的文件下载对话框。

无论是单击"Open"按钮直接打开该文件还是单击"Save"按钮将文件保存到客户端,查看内容后,都可以看到该文件的内容已被正确无误下载下来。

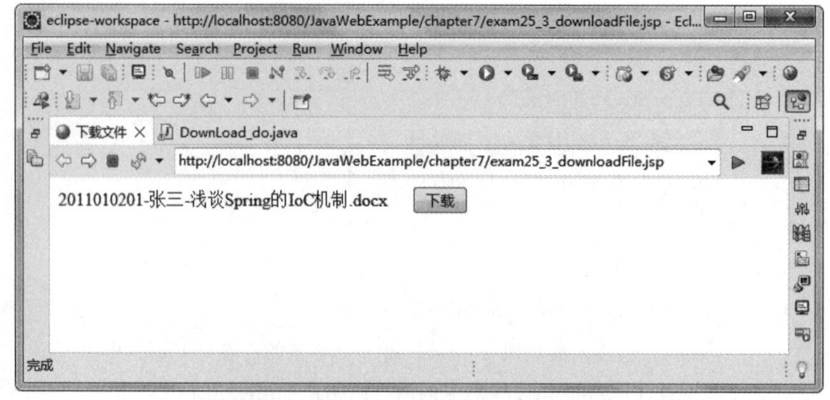

图 7-12　文件下载页面

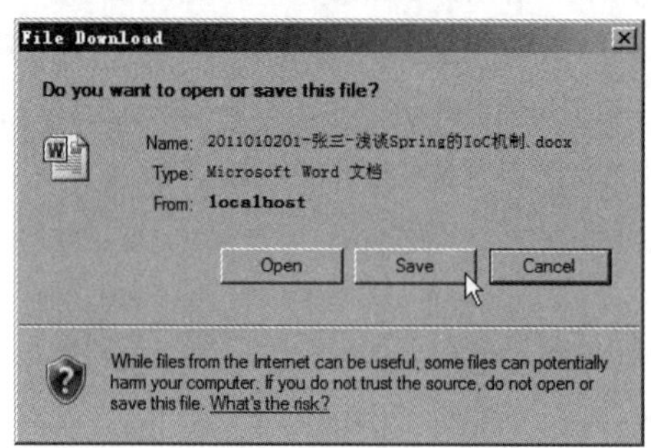

图 7-13　文件下载对话框

项目 26　缩略图的制作

26.1　项目描述与实现

完成一个上传图片并自动生成缩略图的功能。当用户在图片上传页面上传 JPG/JPEG 格式的图片时，能够正确将用户上传的图片以“当前时间的毫秒数_100 以内随机数”形式重命名后存储到服务器“D:\uploadImg”目录下，并生成该图片的缩略图存储到“D:\uploadImg\small”目录下，然后在响应页面打印出用户所上传的图片的名称、大小、缩略图以及原始图片。

实现步骤：

(1)实现生成缩略图的工具类。具体代码见程序 7-11。

【程序 7-11】　生成缩略图的工具类 JpegTool.java

```
package chapter7;
import java.awt.geom.AffineTransform;
import java.awt.image.AffineTransformOp;
import java.awt.image.BufferedImage;
import java.io.File;
import java.io.IOException;
import javax.imageio.ImageIO;
public class JpegTool {
    private boolean isInitFlag=false; //对象是否已经初始化
    private String pic_big_pathfilename=null; //定义原始图片所在的带路径目录的文件名
```

```
private String pic_small_pathfilename=null; //生成缩略图的带存放路径目录的文件名
private int smallpicwidth=0; //定义生成缩略图的宽度
private int smallpicheight=0; //定义生成缩略图的高度
private int pic_big_width=0;
private int pic_big_height=0;
private double picscale=0; //定义缩略图相比原始图片的比例
/**
 * 构造函数
 * @param 没有参数
 */
public JpegTool(){
    this.isInitFlag=false;
}
/**
 * 私有函数,重置所有的参数
 * @param 没有参数
 * @return 没有返回参数
 */
private void resetJpegToolParams(){
    this.picscale=0;
    this.smallpicwidth=0;
    this.smallpicheight=0;
    this.isInitFlag=false;
}
/**
 * @param scale 设置缩略图相对于原始图片的大小比,例如 0.5
 * @throws JpegToolException
 */
public void SetScale(double scale)throws JpegToolException
{
    if(scale<=0){
        throw new JpegToolException("缩放比例不能为 0 和负数!");
    }
    this.resetJpegToolParams();
    this.picscale=scale;
    this.isInitFlag=true;
}
/**
 * @param smallpicwidth 设置缩略图的宽度
 * @throws JpegToolException
 */
public void SetSmallWidth(int smallpicwidth)throws JpegToolException
{
    if(smallpicwidth<=0)
    {
```

```
            throw new JpegToolException(" 缩略图的宽度不能为 0 和负数！");
        }
        this.resetJpegToolParams();
        this.smallpicwidth=smallpicwidth;
        this.isInitFlag=true;
    }
    /**
     * @param smallpicheight 设置缩略图的高度
     * @throws JpegToolException
     */
    public void SetSmallHeight(int smallpicheight)throws JpegToolException {
        if(smallpicheight<=0)
        {
            throw new JpegToolException(" 缩略图的高度不能为 0 和负数！");
        }
        this.resetJpegToolParams();
        this.smallpicheight=smallpicheight;
        this.isInitFlag=true;
    }
    /**
     *返回大图片路径
     */
    public String getpic_big_pathfilename()
    {
        return this.pic_big_pathfilename;
    }
    /**
     * 返回小图片路径
     */
    public String getpic_small_pathfilename()
    {
        return this.pic_small_pathfilename;
    }
    public int getsrcw()
    {
        return this.pic_big_width;
    }
    public int getsrch()
    {
        return this.pic_big_height;
    }
    /**
     * 生成原始图片的缩略图
     * @param pic_big_pathfilename 原始图片文件名，包含路径(如 Windows 下 C:\\pic.jpg; Linux 下 /home/abner/pic/pic.jpg)
```

```
 * @param pic_small_pathfilename 生成的缩略图文件名，包含路径(如 Windows 下 C:\\pic_small.jpg; Linux 下 /home/abner/pic/pic_small.jpg)
 * @throws JpegToolException
 */
public void doFinal(String pic_big_pathfilename,String pic_small_pathfilename)throws JpegToolException {
    System.out.println(pic_big_pathfilename);
    if(! this.isInitFlag){
        throw new JpegToolException("对象参数没有初始化!");
    }
    if(pic_big_pathfilename==null || pic_small_pathfilename==null){
        throw new JpegToolException("包含文件名的路径为空!");
    }
    if((! pic_big_pathfilename.toLowerCase().endsWith("jpg")) && (! pic_big_pathfilename.
    toLowerCase().endsWith("jpeg"))){
        throw new JpegToolException("只能处理 JPG/JPEG 文件!");
    }
    if((! pic_small_pathfilename.toLowerCase().endsWith("jpg")) &&! pic_small_pathfilename.
    toLowerCase().endsWith("jpeg")){
        throw new JpegToolException("只能处理 JPG/JPEG 文件!");
    }
    this.pic_big_pathfilename=pic_big_pathfilename;
    this.pic_small_pathfilename=pic_small_pathfilename;
    int smallw=0;
    int smallh=0;
    //新建原始图片和生成的小图片的文件对象
    File fi=new File(pic_big_pathfilename);
    File fo=new File(pic_small_pathfilename);
    //生成图像变换对象
    AffineTransform transform=new AffineTransform();
    //通过缓冲读入原始图片文件
    BufferedImage bsrc=null;
    try {
        bsrc=ImageIO.read(fi);
    }catch (IOException ex){
        throw new JpegToolException("读取原始图片文件出错!");
    }
    this.pic_big_width=bsrc.getWidth();//原始图片的高度
    this.pic_big_height=bsrc.getHeight();//原始图片的宽度
    double scale=(double)pic_big_width/pic_big_height;//图片的长宽比例
    if(this.smallpicwidth! =0)
    {
        //根据设定的宽度求出高度
        smallw=this.smallpicwidth;//新生成的缩略图的高度
        smallh=(smallw * pic_big_height)/pic_big_width ;//新生成的缩略图的宽度
    }
```

```
        else if(this. smallpicheight! =0)
        {
            //根据设定的高度求出宽度
            smallh=this. smallpicheight;//新生成的缩略图的高度
            smallw=(smallh * pic_big_width)/pic_big_height;//新生成的缩略图的宽度
        }
        else if(this. picscale! =0)
        {
            //根据设置的缩小比例设置图片的高和宽
            smallw=(int)((float)pic_big_width * this. picscale);
            smallh=(int)((float)pic_big_height * this. picscale);
        }
        else
        {
            throw new JpegToolException(" 对象参数初始化不正确! ");
        }
        double sx=(double)smallw/pic_big_width;//小/大图片的宽度比例
        double sy=(double)smallh/pic_big_height;//小/大图片的高度比例
        transform. setToScale(sx,sy);//设置图片转换的比例
        //生成图片转换操作对象
        AffineTransformOp ato=new AffineTransformOp(transform,null);
        //生成缩略图的缓冲对象
        BufferedImage bsmall=new BufferedImage(smallw, smallh, BufferedImage. TYPE_3BYTE_BGR);
        //生成小图片
        ato. filter(bsrc,bsmall);
        //输出小图片
        try{
            ImageIO. write(bsmall, "jpeg", fo);
        }
        catch (IOException ex1)
        {
            throw new JpegToolException(" 写入缩略图文件出错! ");
        }
    }
}
```

代码分析:该类能够依据三种方式生成缩略图:固定缩略图的宽度、固定缩略图的高度、按缩小比例。且优先级依次降低,即如果设定了缩略图的宽度,那么就按照该宽度来同比例缩小高度生成缩略图;如果没设定缩略图宽度,才依次考虑使用后两种方式。该类的核心方法是doFinal(String pic_big_pathfilename,String pic_small_pathfilename),其余的都是相关参数的 set 方法。该方法通过 javax. imageio. ImageIO 类的静态方法从磁盘文件中将图片读取到内存中,存储在一个 java. awt. image. BufferedImage 对象中,然后通过 java. awt. image. AffineTransformOp 对象的 filter (BufferedImage src, BufferedImage dst)方法转换源 BufferedImage,并将结果存储在目标 BufferedImage 中。当参数不符合要求或者执行中出现 IOException 异常时,程序 7-11 都抛出 JpegToolException 来中断程序执行,这是一个自定义的异常。

(2)定义异常类 JpegToolException,具体代码见程序 7-12。

【程序 7-12】 JpegToolException. java

```
package chapter7;
public class JpegToolException extends Exception {
    private String errMsg="";
    public JpegToolException(String errMsg)
    {
        this.errMsg=errMsg;
    }
    public String toString(){
        return "JpegToolException:"+this.errMsg;
    }
}
```

(3)创建图片上传页面 exam26_1_uploadImage. jsp,具体代码见程序 7-13。

【程序 7-13】 exam26_1_uploadImage. jsp 中<body>标签内的代码

```
<body>
<form action="ImageUpload.do" method="post" enctype="multipart/form-data">
请选择上传的图片:
<input type="file" name="img"/><br/>
注意:只能上传 JPG/JPEG 格式的图片
<input type="submit" name="submit" value="上传"/>
</form>
</body>
```

(4)编写 Servlet 类 ImageUpload_do,该类的 doPost()方法用来处理图片上传、生成缩略图以及向用户返回响应的工作。具体代码见程序 7-14。

【程序 7-14】 ImageUpload_do. java

```
package chapter7;
import java.io.IOException;
import java.io.PrintWriter;
import java.util.Calendar;
import jakarta.servlet.annotation.*;
import jakarta.servlet.http.*;
@WebServlet({ "/chapter7/ImageUpload.do" })
@MultipartConfig(fileSizeThreshold=4*1024,location="D:/uploadImg",
maxFileSize=10000*1024)
public class ImageUpload_do extends HttpServlet {
    @Override
    protected void doPost(HttpServletRequest request, HttpServletResponse response){
        try {
            request.setCharacterEncoding("UTF-8");
            response.setContentType("text/html;charset=UTF-8");
            //(1)上传图片
            //(1-1)获取上传文件的 Part 对象
            Part imgPart=request.getPart("img");
```

```
        //(1-2)获取 imgPart 的"content-disposition"头的内容
        //返回字符串的格式为:form-data; name="表单域名字"; filename="文件名"
        String contentDes=imgPart.getHeader("content-disposition");
        //(1-3)分离出文件名
        String fileName=contentDes.substring(contentDes.lastIndexOf("filename=\"")+10,
        contentDes.length()-1);
        //(1-4)获取文件的后缀名
        String fileNameSuffix=fileName.substring(fileName.lastIndexOf(".")+1);
        //(1-5)如果文件不是 JPG 或 JPEG 格式,则抛出异常
        if((!fileNameSuffix.toLowerCase().equals("jpg"))&&(!fileNameSuffix.toLowerCase().
        equals("jpeg"))){
            throw new JpegToolException("只能处理 JPG/JPEG 文件!");
        }
        //(1-6)生成图片新名称
        long currTime=System.currentTimeMillis();
        int randomNumber=(int)(Math.random()*100)+1;
        String newFileName=currTime+"_"+randomNumber+"."+fileNameSuffix;
        //(1-6)将文件写到磁盘上,写入 MultipartConfig 注解的 location 属性所指定的文件夹
        imgPart.write(newFileName);
        //(2)生成图片的缩略图
        //(2-1)创建缩略图生成工具类的对象
        JpegTool jpgTool=new JpegTool();
        //(2-2)设置参数
        jpgTool.SetSmallWidth(200);//设置缩略图的宽度为 200 px
        //原始图片名称(包含路径)
        String pic_big_pathfilename="D:/uploadImg/"+newFileName;
        //缩略图名称(包含路径)
        String pic_small_pathfilename="D:/uploadImg/small/small"+newFileName;
        //(2-3)使用工具对象完成生成缩略图的任务
        jpgTool.doFinal(pic_big_pathfilename, pic_small_pathfilename);
        PrintWriter out=response.getWriter();
        out.println("已成功上传图片:"+fileName);
        out.println("<img src=\""+pic_small_pathfilename+"\"/>"+"<br/>");
        out.println("图片大小为:"+imgPart.getSize()+"字节"+"<br/>");
        out.println("原始图片:"+"<br/>");
        out.println("<img src=\""+pic_big_pathfilename+"\"/>"+"<br/>");
    } catch (Exception e){
        try {
            response.getWriter().println("发生异常:"+e.toString());
        } catch (IOException e1){
            e1.printStackTrace();
        }
    }
  }
}
```

代码分析：doPost()中的代码主要完成三部分工作：①使用 Servlet 3.0 提供的文件上传接口完成将图片上传并存储到服务器指定目录的工作；②设置相关的参数后，调用 JpegTool 类的 doFinal()方法完成缩略图的生成工作；③向客户端打印响应信息，包括上传图片的名称、大小、缩略图、原始图片。

(5)测试。将项目部署到 Tomcat 服务器上，然后访问图片上传页面，如图 7-14 所示。

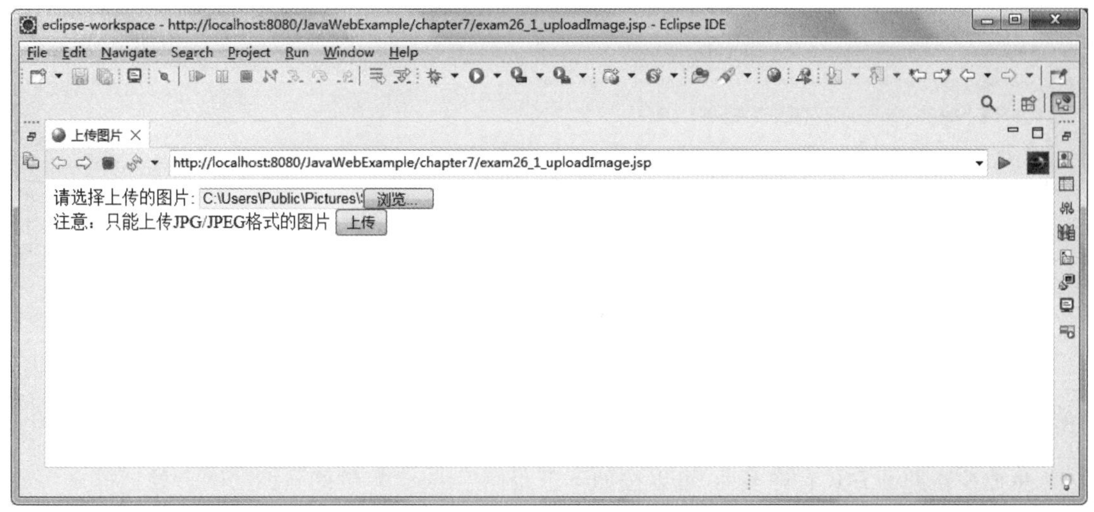

图 7-14 图片上传页面

当单击“浏览”按钮并从客户端选择一张 JPG/JPEG 格式的图片，然后单击“上传”按钮时，得到的响应如图 7-15 所示，响应页面中的小图就是之前生成的缩略图，大图是用户上传的原始图片。

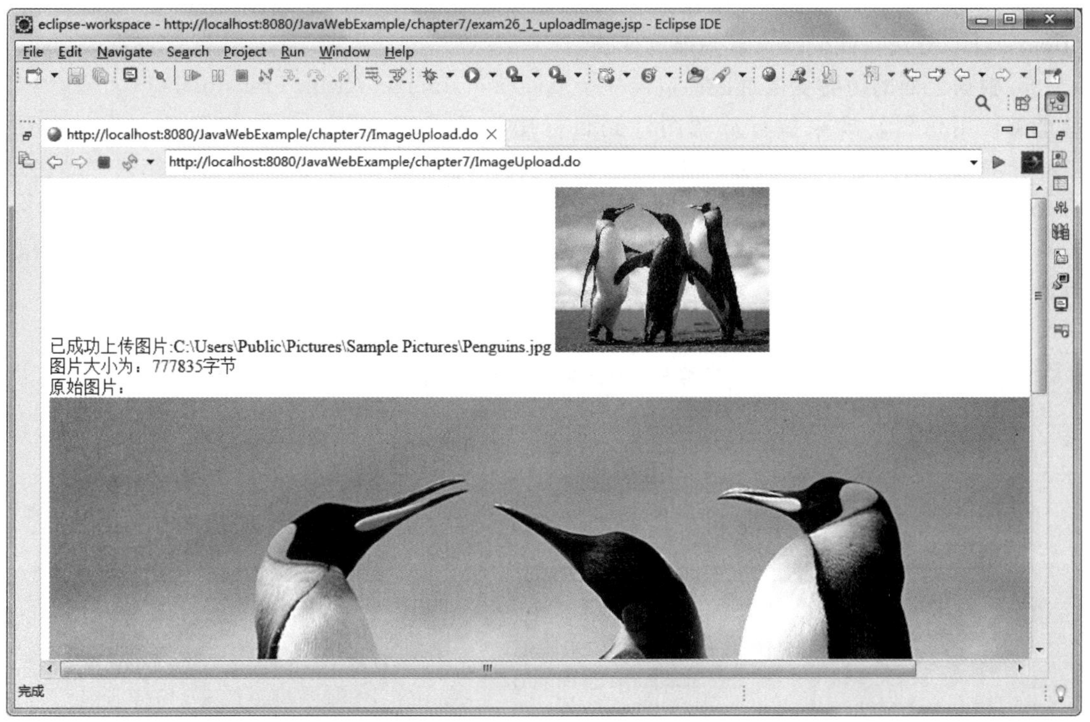

图 7-15 上传图片后的响应页面

如果用户上传的不是 JPG/JPEG 格式的图片或者甚至是其他类型的文件，系统不会继续处理，会得到一个如图 7-16 所示的异常信息，如果出现其他异常（如参数不符合条件、IO 异常等），得到的响应格式也是一样的。

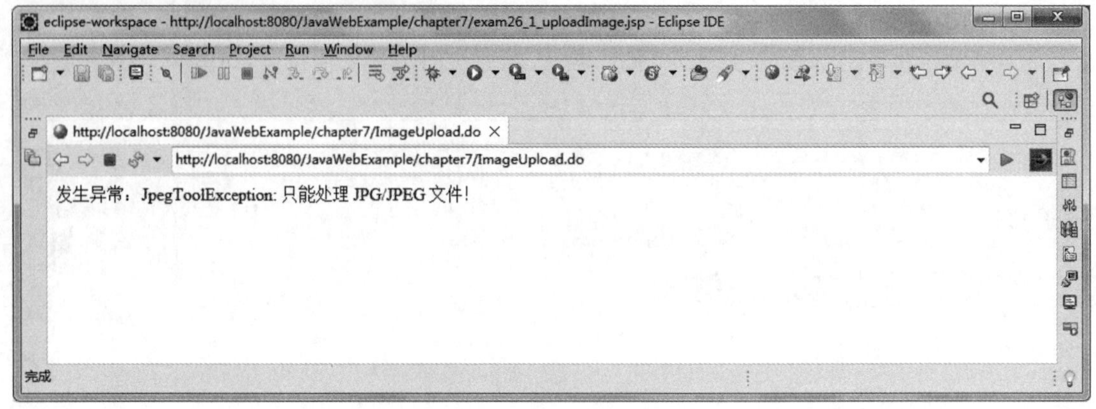

图 7-16　发生异常时的响应格式

26.2　新知识点——缩略图原理

生成缩略图的方式有许多种，可以按如下思路使用 Java 提供的强大的图形处理类来生成一个图片的缩略图：

1. 使用 javax. imageio. ImageIO 类的静态方法 BufferedImage read(File input)从磁盘文件中将图片读取到内存中，存储在一个 java. awt. image. BufferedImage 对象中。

2. 构建一个仿射变换对象 java. awt. geom. AffineTransform，然后确定目标图片与源图片的宽度比例以及高度比例，依据这两维的缩放比例调用 AffineTransform 的 setToScale (float，float)方法将此变换设置为缩放变换。

3. 根据上面的仿射变换对象构造出一个 java. awt. image. AffineTransformOp 对象，该对象能够使用仿射转换来执行从源图片到目标图像的线性映射。具体使用的方法是 filter (BufferedImage src，BufferedImage dst)，此方法将转换源 BufferedImage 并将结果存储在目标 BufferedImage 中。

4. 使用 ImageIO 类的 write()方法将转换好的目标 BufferedImage 以一定的图片类型写到磁盘文件上。

表 7-4 中将列出以上缩略图生成方式中涉及的方法和类。

表 7-4　缩略图生成方式中涉及的方法和类

所属类	方　法	说　明
javax. imageio . ImageIO	BufferedImage read(File input)	读取参数所指定的 File 对象所对应的磁盘上的文件，将其解码后封装在一个 ImageInputStream 流中，然后进一步封装成 BufferedImage 对象返回
	boolean write(RenderedImage im, String formatName, File output)	将 RenderedImage 图像 im 的内容以给定的格式(formatName)写入名为 output 的 File 中。如果已经有一个 File 存在，则丢弃其内容。注意 BufferedImage 是 RenderedImage 接口的实现类

（续表）

所属类	方　法	说　明
java. awt. image . BufferedImage	BufferedImage(int width, int height, int imageType)	构造方法，构造一个类型为预定义图像类型的 BufferedImage，参数 width 和 height 分别表示所创建图像的宽度和高度，imageType 表示所创建图像的类型，其值请参考 BufferedImage 类表示图像类型的常量
java. awt. geom . AffineTransform	AffineTransform()	构造方法，构造一个表示 Identity 变换的新 AffineTransform
	void setToScale(double sx, double sy)	将此变换设置为缩放变换，sx 表示坐标沿 X 轴方向缩放的因子，sy 表示坐标沿 Y 轴方向缩放的因子
java. awt. image . AffineTransformOp	AffineTransformOp(AffineTransform xform, RenderingHints hints)	构造方法，根据仿射转换 xform 构造 AffineTransformOp，由 RenderingHints 对象 hints 确定插值类型，如果没有指定提示(hints 为 null)，则插值类型为 TYPE_NEAREST_NEIGHBOR(最接近的邻插值类型)
	BufferedImage filter(BufferedImage src, BufferedImage dst)	转换源 BufferedImage 并将结果存储在目标 BufferedImage 中。如果两个图像的颜色模型不匹配，则将颜色模型转换成目标颜色模型。如果目标图像为 null，则使用源 ColorModel 创建 BufferedImage

26.3　扩展——图片增加水印

给用户上传的图片添加水印。当用户在图片上传页面填写用户名并从客户端选择文件提交上传请求后，服务器能够将用户上传的图片存储到服务器的特定路径下，并能够将用户名以水印的形式标记到图片上，存储该水印图片并打印到响应页面。

实现步骤：

1. 编写为图片添加水印标记的工具类。代码见程序 7-15。

【程序 7-15】 ImageMarkTool. java

```
package chapter7;
import java.awt.AlphaComposite;
import java.awt.Color;
import java.awt.Font;
import java.awt.Graphics2D;
import java.awt.RenderingHints;
import java.awt.image.BufferedImage;
import java.io.File;
import java.io.FileNotFoundException;
import javax.imageio.ImageIO;
public class ImageMarkTool {
    /**
     * 给图片添加文字水印，无旋转
```

```
 * @param text 水印文字
 * @param srcImgPath 原始图片路径
 * @param targetImgPath 目标图片路径
 */
public static void markedByText(String text, String srcImgPath, String targetImgPath){
    markedByText(text, srcImgPath, targetImgPath, null);
}
/**
 * 给图片添加文字水印,可设置水印的旋转角度
 * @param text 水印文字
 * @param srcImgPath 原始图片路径
 * @param degree 旋转角度
 */
public static void markedByText(String text, String srcImgPath,
String targetImgPath, Integer degree){
    try {
        File srcFile=new File(srcImgPath);
        if(! srcFile.exists()){
            throw new FileNotFoundException("找不到图片文件"+srcImgPath);
        }
        //将原始图片文件以 BufferedImage 的形式读取到内存中
        BufferedImage srcBuffImg=ImageIO.read(srcFile);
        //得到画笔对象
        Graphics2D g=srcBuffImg.createGraphics();
        //设置对线段的锯齿状边缘处理
        g.setRenderingHint(RenderingHints.KEY_INTERPOLATION,
        RenderingHints.VALUE_INTERPOLATION_BILINEAR);
        //绘制图像
        g.drawImage(srcBuffImg, 0, 0, null);
        if (null! =degree){
            //设置水印旋转
            g.rotate(Math.toRadians(degree),
            (double)srcBuffImg.getWidth()/2, (double)srcBuffImg.getHeight()/2);
        }
        //设置颜色
        g.setColor(Color.blue);
        //设置字体
        g.setFont(new Font("宋体", Font.BOLD, 30));
        float alpha=0.5f;
        //为 Graphics2D 上下文设置 Composite
        //它指定新的像素如何在呈现过程中与图形设备上的现有像素组合
        g.setComposite(AlphaComposite.getInstance(AlphaComposite.SRC_ATOP, alpha));
        //三个参数分别表示:要往图片上写的文字内容、文字在图片上的坐标位置(x,y)
        g.drawString(text, srcBuffImg.getWidth()-500, srcBuffImg.getHeight()-100);
```

```
            //释放此图形的上下文并释放它所使用的所有系统资源
            g.dispose();
            //目标文件
            File targetFile=new File(targetImgPath);
            //生成图片
            ImageIO.write(srcBuffImg, "JPG", targetFile);
        } catch (Exception e){
            e.printStackTrace();
        }
    }
}
```

代码分析：该类提供了两个为图片添加文字水印的方法，其中一个是无旋转角度设置的方法，另一个可以设置水印的旋转角度，实际上前一个方法只需简单调用后一个方法即可(使旋转角度参数为 null)。添加水印的设计思路为：读取原始图片文件产生一个 BufferedImage，然后为该 Image 对象创建 Graphics2D 画笔对象，进行一系列的画笔属性设置后，调用其 drawString 方法将标记文字添加到图片上，最后把该 BufferedImage 对象以“JPG”格式保存到目标文件中。

2. 创建图片上传页面 exam26_1_uploadImage2.jsp，具体代码见程序 7-16。

【程序 7-16】 exam26_1_uploadImage2.jsp 中<body>标签内的代码

```
<form action="/JavaWebExample/servlet/uploadImageAndMarked" method="post" enctype="multipart/form-data">
用户名：<input type="text" name="username"/><br/>
请选择上传的图片：
<input type="file" name="img"/><br/>
注意：只能上传 JPG/JPEG 格式的图片
<input type="submit" name="submit" value="上传"/>
</form>
```

3. 编写 Servlet 类 ImageUploadAndMark_do，该类的 doPost()方法用来处理图片上传、为图片添加水印标记以及向用户返回响应的工作。具体代码见程序 7-17。

【程序 7-17】 ImageUploadAndMark_do.java

```
package chapter7;
import java.io.IOException;
import java.io.PrintWriter;
import jakarta.servlet.annotation.*;
import jakarta.servlet.http.*;
@WebServlet({ "/chapter7/uploadImageAndMarked.do" })
@MultipartConfig(fileSizeThreshold=4*1024,location="D:/uploadImg",maxFileSize=10000*1024)
public class ImageUploadAndMark_do extends HttpServlet {
    @Override
    protected void doPost(HttpServletRequest request, HttpServletResponse response){
        try {
            request.setCharacterEncoding("UTF-8");
            //获取请求参数 username 的值
```

```
String username=request.getParameter("username");
response.setContentType("text/html;charset=UTF-8");
//(1)上传图片
//(1-1)获取上传文件的 Part 对象
Part imgPart=request.getPart("img");
//(1-2)获取 imgPart 的"content-disposition"头的内容
//返回字符串的格式为:form-data; name="表单域名字"; filename="文件名"
String contentDes=imgPart.getHeader("content-disposition");
//System.out.println(contentDes);
//(1-3)分离出文件名
String fileName = contentDes.substring(contentDes.lastIndexOf("filename=\"") + 10,
contentDes.length()-1);
//(1-4)获取文件的后缀名
String fileNameSuffix=fileName.substring(fileName.lastIndexOf(".")+1);
//(1-5)如果文件不是 JPG 或 JPEG 格式,则抛出异常
if((!fileNameSuffix.toLowerCase().equals("jpg")) && (!fileNameSuffix.toLowerCase().
equals("jpeg"))){
    throw new JpegToolException("只能处理 JPG/JPEG 文件!");
}
//(1-6)生成图片新名称
long currTime=System.currentTimeMillis();
int randomNumber=(int)(Math.random() * 100)+1;
String newFileName=currTime+"_"+randomNumber+"."+fileNameSuffix;
//(1-6)将文件写到磁盘上,写入 MultipartConfig 注解的 location 属性所指定的文件夹
imgPart.write(newFileName);
//(2)在图片上添加水印标记
//(2-1)设置图片路径
//源图片路径
String srcImgPath="D:/uploadImg/"+newFileName;
//水印图片 1 路径
String targetImgPath="D:/uploadImg/marked/marked_"+newFileName;
//水印图片 2 路径
String targetImgPath2="D:/uploadImg/marked/marked2_"+newFileName;
//(2-2)添加无旋转水印
ImageMarkTool.markedByText("@"+username, srcImgPath, targetImgPath);
//(2-3)在上一步基础上,添加逆时针旋转 45°水印
ImageMarkTool.markedByText("@"+username, targetImgPath, targetImgPath2, -45);
PrintWriter out=response.getWriter();
out.println("已成功上传图片:"+fileName+"<br/>");
out.println("<img src=\""+targetImgPath2+"\"/>"+"<br/>");
} catch (Exception e){
    try {
        response.getWriter().println("发生异常:"+e.toString());
    } catch (IOException e1){
```

```
                e1.printStackTrace();
            }
        }
    }
}
```

代码分析：doPost()中的代码主要完成三部分工作：(1)使用 Servlet 3.0 提供的文件上传接口完成将图片上传并存储到服务器指定目录的工作；(2)调用 ImageMarkTool 类的静态方法 markedByText 来完成在图片上添加文字水印的工作，注意，该部分首先向源图片添加了一个无旋转的水印，然后又在该已添加水印的图片的基础上添加了一个逆时针旋转 45°的水印；(3)向客户端打印响应信息，包括上传图片的名称、添加过两次水印的图片。

4. 测试。将项目部署到 Tomcat 服务器上，然后访问图片上传页面，如图 7-17 所示。

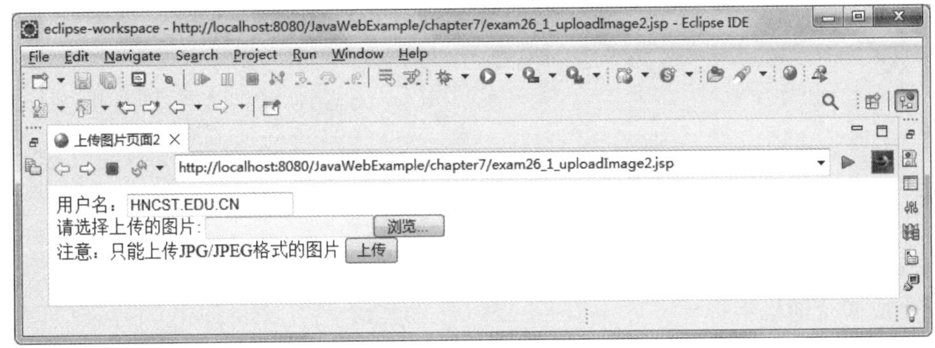

图 7-17　图片上传页面

填写用户名，单击“浏览”按钮并从客户端选择一张 JPG/JPEG 格式的图片，然后单击“上传”按钮，得到的响应如图 7-18 所示，响应页面中的图片就是添加过无旋转和逆时针旋转 45°水印的图片。当查看服务器“D:/uploadImg”目录时可以看到用户上传的原始图片，在“D:/uploadImg/marked”中有两张添加过水印的图片。测试结果符合设计的流程和逻辑。

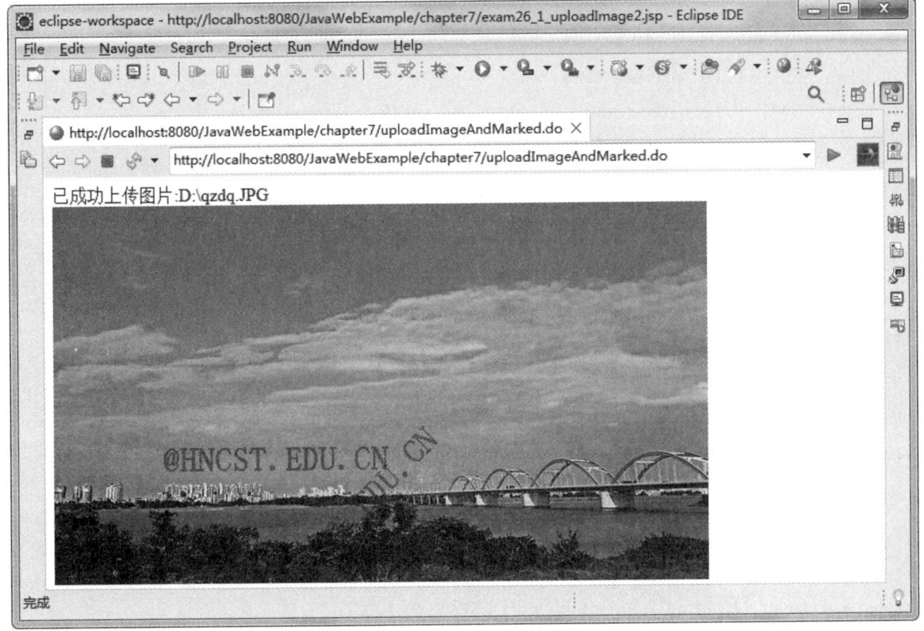

图 7-18　上传图片后的响应页面

项目 27　验证码的制作

27.1　项目描述与实现

使用 JSP 程序，在用户登录界面加载一个图片验证码。效果如图 7-19 所示。

图 7-19　应用了 JSP 验证码的登录界面

验证码生成的思路如下：

(1)生成四个随机字符。

(2)设置随机背景颜色。

(3)增加背景干扰线。

(4)生成 JPG 图像。

实现过程：

(1)编写验证码程序，见程序 7-18。

【程序 7-18】　checknum.jsp

```
<%@ page language="java" import="java.sql.*" errorPage="" %>
<%@ page contentType="image/jpeg"
import="java.awt.*,java.awt.image.*,java.util.*,javax.imageio.*" %>
<%!
Color getRandColor(int fc,int bc){//给定范围获得随机颜色
    Random random=new Random();
    if(fc>255)fc=255;
    if(bc>255)bc=255;
    int r=fc+random.nextInt(bc-fc);
    int g=fc+random.nextInt(bc-fc);
    int b=fc+random.nextInt(bc-fc);
    return new Color(r,g,b);
}
%>
<%
response.setHeader("Pragma","No-cache");//设置页面不缓存
response.setHeader("Cache-Control","no-cache");
```

```
response. setDateHeader("Expires", 0);
int width=80, height=30;
BufferedImage image=new BufferedImage(width, height,
BufferedImage. TYPE_INT_RGB);
Graphics g=image. getGraphics();// 获取图片上下文
Random random=new Random();//生成随机对象
g. setColor(getRandColor(200,250)); // 设定背景颜色
g. fillRect(0, 0, width, height);
g. setFont(new Font("Times New Roman",Font. PLAIN,18)); //设定字体
// 随机产生 155 条干扰线,使图片中的验证码不易被其他程序探测到
g. setColor(getRandColor(160,200));
for (int i=0;i<155;i++)
{
    int x=random. nextInt(width);
    int y=random. nextInt(height);
    int xl=random. nextInt(12);
    int yl=random. nextInt(12);
    g. drawLine(x,y,x+xl,y+yl);
}
// 取随机产生的验证码(4 位数字)
String sRand="";
for (int i=0;i<4;i++){
    String rand=String. valueOf(random. nextInt(10));
    sRand+=rand;
    // 将验证码显示到图片中
    g. setColor(new Color(20+random. nextInt(110),
    20+random. nextInt(110),20+random. nextInt(110)));
    //设置显示的随机字符的颜色
    g. drawString(rand,13 * i+6,16);
}
session. setAttribute("rand",sRand); // 将验证码存入 SESSION
g. dispose();// 图片生效
// 输出图片到页面
ImageIO. write(image, "JPEG", response. getOutputStream());
out. clear();
out=pageContext. pushBody();
%>
```

代码分析:此段代码主要实现用 JSP 程序生成 JPG 验证码,验证码为 4 个随机数字字符。

生成验证码文件后,在登录页面可以以图片的形式加载验证码程序,调用方式为使用 XHTML 的 img 标签,如<img src="checknum. jsp" id="code" width="50" height="30"/>。

(2)编写带有验证码的 HTML 登录程序,代码见程序 7-19。

【程序 7-19】 login. html

```
<! DOCTYPE html PUBLIC "-//W3C//DTD XHTML 1.0 Transitional//EN"
```

```
"http://www.w3.org/TR/xhtml1/DTD/xhtml1-transitional.dtd">
<html xmlns="http://www.w3.org/1999/xhtml">
<head>
<meta http-equiv="Content-Type" content="text/html; charset=gb2312"/>
<title>教师信息查询系统</title>
<link href="main.css" rel="stylesheet" type="text/css"/>
<script language="JavaScript" type="text/javascript"
src="main.js"></script>
</head>
<body oncontextmenu="return false" onselectstart="return false"
ondragstart="return false">
<noscript><iframe></iframe></noscript>
<div id="topkongbai"></div>
<center>
<div id="middle">
<div id="middlelefttu"><img src="images/leftmainpic.jpg"
alt="教师信息查询系统" width="442" height="263"/></div>
<div id="middleright">
<div><img src="images/righttop.jpg" alt="教师信息查询系统"
width="312" height="53"/><img src="images/rightlogin.jpg"
id="loginpageChange" alt="人事处登录" width="50" height="53"
class="imgbutton" onclick="requestAdminForm()"/></div>
<div id="mainlogin">
<div id="loginform"><li id="waitLogin">
</li>
<li>用户编码:
<input name="username" type="text" id="username"
maxlength="5"/>
*<input name="action" type="hidden" id=
"action" value="userLogin"/></li>
<li> 密     码:
<input name="password" type="password" id="password"
maxlength="20"/>
*</li>
<li> 验  证  码:
<input class="imgbutton" name="checknum" type="text"
id="checknum" maxlength="4"/>
*</li>
<img class="imgbutton" src="images/submit.jpg"
alt="教职员工登录" id="buttonLogin" width="44" height="28"
onclick="userLogin()"/> 
<img class="imgbutton" src="images/cancer.jpg" alt="取消"
id="buttonReset" width="44" height="28" onclick="reSet()"/></div>
<div id="checkNumPic">
```

```
<img src="checknum.jsp" alt="Change" border="1"
onclick="changeCheckNum()"/>
</div>
</div>
<div><img src="images/banquan.jpg" alt="海南软件职业技术学院"
/></div></div>
<div id="bott"><img src="images/bottom.jpg" alt="教师信息查询系统"
/></div>
</div>
</center>
</body>
</html>
```

代码分析：斜体加粗代码（实际编程中字体为正体、不用加粗，后同）为在 login.html 代码中调用验证码的标签<img>。请注意<img>标签的 src 属性是指定验证码图片的路径，本例中 checknum.jsp 和 login.html 在同一目录下。

如图 7-19 所示为应用了 JSP 验证码的登录页面 login.html 的运行效果。

27.2 新知识点——验证码原理及生成方法

验证码的英文为 CAPTCHA（Completely Automated Public Turing test to tell Computers and Humans Apart，全自动区分计算机和人类的图灵测试）。这个词最早是在 2002 年由卡内基梅隆大学的 Luis von Ahn、Manuel Blum、Nicholas J. Hopper，以及 IBM 的 John Langford 所提出的。CAPTCHA 是一种区分用户是计算机还是人类的公共全自动程序。虽然这个问题可以由计算机生成并判别，但是必须且只有人类才能解答。由于计算机无法解答 CAPTCHA 的问题，所以回答出问题的用户就可以认为是人类。

在程序中登录时，为了防止某些别有用心的用户利用机器人（恶意程序）自动注册、自动登录、恶意灌水、恶意增加数据库访问、使用特定程序暴力破解密码，可采用验证码技术。

验证码应用原理：浏览器应用 HTML 标准与网站服务器动态联系，在 HTML 的表单中，基本上都是使用指定有 Action 的 post()方法。如果不应用验证码方法，很容易被一些别有用心的人利用机器人程序或盗用 Action 的恶意程序，进而破解程序。应用验证码技术可以保护服务器，防止这一问题的发生。例如，要求用户在输入表单内容时，要识读一个由服务器生成的验证码图片并输入该验证码。当服务器收到这样的表单后，首先将用户提交的验证码与 Session 值（Session 值在生成验证码图片时产生）进行比较，根据比较结果判断用户是否在合理使用网站功能。

验证码应用注意事项：为了防止计算机 OCR（Optical Character Recogntion，光学字符识别）识别读图程序和破解验证码，一般需要在合理范围内适当增加对验证码图片的识别难度。

目前常用的验证码生成方法有数字和字母混合、扭曲翻转字符、增加背景噪点、添加干扰条纹、随机改变字符在图片上的位置、随机改变背景颜色等。在增加识别难度上需要掌握好度，太难识别的验证码，会影响用户对网站使用的积极性。

网站应用验证码后，将增大服务器负荷，具体表现在两个方面：一是生成验证码会占用服务器 CPU 时间；二是应用 Session 会消耗服务器内存。因此，并不是所有网站都使用验证码，目前使用比较多的还是提交表单。

目前常见的验证码有以下几种：

(1)数字和字母验证码。随机地产生若干长度的数字或字母组合字符串，并在网页上显示。这种是早期的验证码。

(2)生成图片的验证码，验证码内容随机变化，如随机数字＋随机字母＋随机干扰＋随机位置等，这是目前应用比较广泛的一种验证码。验证码格式可以为JPG、GIF、BMP等。例如CSDN网站用户登录用的验证码。

(3)汉字验证码是目前最新的验证码，它随机生成汉字，输入时比较麻烦。如QQ申诉页面的验证码。

(4)问题验证码是以问答形式来进行填写的。它的查看比加干扰的验证码更容易辨别和录入，系统可以生成诸如“1＋2＝?”的问题让用户进行回答，当然这样的问题是随机生成的。另一种问题验证码则是文字式的问题验证码，诸如生成“中国的全称是什么?”问题，当然有些网站还在问题后面给出了提示答案或直接答案。

Java验证码的样式有如下几种：

(1)标准样式。

(2)背景颜色随机变化样式。

(3)干扰线条随机变化样式。

(4)干扰噪点随机变化样式。

(5)扭曲程度随机变化样式。

(6)首字符位置随机变化样式。

(7)随机增加3D阴影样式。

(8)字符数量随机变化样式。

(9)字体大小随机变化样式。

Java验证码生成方法一般通过以下步骤实现。

(1)随机产生一定长度的字符。

(2)使用System.Drawing的Graphics类的方法将字符绘制成图片。

(3)在第(2)步的基础上，也就是应用第(2)步的方法对图片进行各种操作，使之复杂化，增加识别难度。一般来说，第(2)步和第(3)步都是一起进行的。

27.3 扩展——Servlet验证码的使用

将项目27的验证码生成方式用Servlet形式来实现。

实现过程：

(1)编写验证码程序，代码见程序7-20。

【程序7-20】 CheckNum.java

```
package chapter7;
import java.awt.Color;
import java.awt.Font;
import java.awt.Graphics;
import java.awt.image.BufferedImage;
import java.io.IOException;
import java.util.Random;
import javax.imageio.ImageIO;
```

```
import jakarta.servlet.*;
import jakarta.servlet.http.*;
import jakarta.servlet.annotation.*;
@WebServlet({"/CheckNum.do"})
public class CheckNum extends HttpServlet {
    private static final long serialVersionUID=1L;
    private Font mFont=new Font("Times New Roman", Font.PLAIN, 18);
    //设置字体
    protected void doGet(HttpServletRequest request, HttpServletResponse
    response)throws ServletException, IOException {
        HttpSession session=request.getSession(false);
        response.setContentType("image/gif");
        response.setHeader("Pragma", "No-cache");
        response.setHeader("Cache-Control", "no-cache");
        response.setDateHeader("Expires", 0);
        int width=60, height=20;
        ServletOutputStream out=response.getOutputStream();
        BufferedImage image=new BufferedImage(width, height,
        BufferedImage.TYPE_INT_RGB); //设置图片的大小
        Graphics gra=image.getGraphics();
        Random random=new Random();
        gra.setColor(getRandColor(200, 250)); //设置背景颜色
        gra.fillRect(0, 0, width, height);
        gra.setColor(Color.black); //设置字体颜色
        gra.setFont(mFont);
        // 随机产生 155 条干扰线,使图像中的验证码不易被其他程序探测到
        gra.setColor(getRandColor(160, 200));
        for (int i=0; i < 155; i++)
        {
            int x=random.nextInt(width);
            int y=random.nextInt(height);
            int xl=random.nextInt(12);
            int yl=random.nextInt(12);
            gra.drawLine(x, y, x +xl, y +yl);
        }
        // 取随机产生的验证码(4 位数字)
        String sRand="";
        for (int i=0; i < 4; i++)
        {
            String rand=String.valueOf(random.nextInt(10));
            sRand +=rand;
            //将验证码显示到图像中
            gra.setColor(new Color(20 +random.nextInt(110),
            20 +random.nextInt(110),
```

```
            20 +random.nextInt(110)));
            //设置显示的随机字符的颜色
            gra.drawString(rand, 13 * i +6, 16);
        }
        session.setAttribute("getImg", sRand);
        ImageIO.write(image,"jpeg",out);
        out.close();
    }
    static Color getRandColor(int fc, int bc)
    {
        //给定范围获得随机颜色
        Random random=new Random();
         if (fc > 255)
             fc=255;
         if (bc > 255)
             bc=255;
        int r=fc +random.nextInt(bc -fc);
        int g=fc +random.nextInt(bc -fc);
        int b=fc +random.nextInt(bc -fc);
        return new Color(r, g, b);
    }
}
```

代码分析:doGet()方法用来生成 JPG 验证码,getRandColor()方法用来获取颜色。在 XHTML 中使用<img>标签加载即可显示,如<img src="CheckNum.do" id="code" width="50" height="30"/>。

(2)编写登录页面。将 27.1 节登录页面中显示的验证码更换为 Servlet 形式的验证码,具体代码见程序 7-21。

【程序 7-21】 login2.html 部分代码

```
……
<div id="mainlogin">
<div id="loginform"><li id="waitLogin">
</li>
<li>用户编码:
<input name="username" type="text" id="username"
maxlength="5"/>
 * <input name="action" type="hidden" id="action"
value="userLogin"/></li>
<li> 密     码:
<input name="password" type="password" id="password"
maxlength="20"/>
 * </li>
<li> 验  证  码:
<input class="imgbutton" name="checknum" type="text"
```

```
id="checknum" maxlength="4"/>
*</li>
<img class="imgbutton" src="images/submit.jpg" alt="教职员工登录"
id="buttonLogin" width="44" height="28" onclick="userLogin()"
/> 
<img class="imgbutton" src="images/cancer.jpg" alt="取消"
id="buttonReset" width="44" height="28" onclick="reSet()"/>
</div>
<div id="checkNumPic">
<img src="CheckNum.do" alt="Change" border="1"
onclick="changeCheckNum()"/>
</div>
</div>
<div><img src="images/banquan.jpg" alt="海南软件职业技术学院"/>
</div></div>
```

项目 28　密码的加密与解密

28.1　项目描述与实现

用户注册时，要将用户密码加密后再存入数据库，加密算法采用 MD5 加密算法，编写程序进行密码及登录时的密码验证。

实现过程：

(1)Java 程序编写 MD5 加密，代码见程序 7-22。

【程序 7-22】 Md5.java

```
/*
* 系统名称:MD5 加密算法
* 创建日期 2022-09-25
*/
package chapter7.encrypt;
public class Md5 {
    /*
    * Convert a 32-bit number to a hex string with ls-byte first
    */
    String hex_chr="0123456789abcdef";
    private String rhex(int num){
        String str="";
        for (int j=0; j <=3; j++)
            str=str +hex_chr.charAt((num >> (j * 8 +4))& 0x0F)
                +hex_chr.charAt((num >> (j * 8))& 0x0F);
        return str;
    }
    /*
```

```
* Convert a string to a sequence of 16-word blocks, stored as an array.
* Append padding bits and the length, as described in the MD5 standard.
*/
private int[] str2blks_MD5(String str){
    int nblk=((str.length()+8)>> 6)+1;
    int[] blks=new int[nblk * 16];
    int i=0;
    for (i=0; i < nblk * 16; i++){
        blks[i]=0;
    }
    for (i=0; i < str.length(); i++){
        blks[i >> 2] |=str.charAt(i)<< ((i % 4) * 8);
    }
    blks[i >> 2] |=0x80 << ((i % 4) * 8);
    blks[nblk * 16 -2]=str.length() * 8;
    return blks;
}
/*
* Add integers, wrapping at 2^32
*/
private int add(int x, int y){
    return ((x & 0x7FFFFFFF)+(y & 0x7FFFFFFF)) ^ (x & 0x80000000) ^ (y & 0x80000000);
}
/*
* Bitwise rotate a 32-bit number to the left
*/
private int rol(int num, int cnt){
    return (num << cnt)| (num >>> (32 -cnt));
}
/*
* These functions implement the basic operation for each round of the algorithm.
*/
private int cmn(int q, int a, int b, int x, int s, int t){
    return add(rol(add(add(a, q), add(x, t)), s), b);
}
private int ff(int a, int b, int c, int d, int x, int s, int t){
    return cmn((b & c)| ((~b)& d), a, b, x, s, t);
}
private int gg(int a, int b, int c, int d, int x, int s, int t){
    return cmn((b & d)| (c & (~d)), a, b, x, s, t);
}
private int hh(int a, int b, int c, int d, int x, int s, int t){
    return cmn(b ^ c ^ d, a, b, x, s, t);
}
```

```
private int ii(int a, int b, int c, int d, int x, int s, int t){
    return cmn(c ^ (b | (~d)), a, b, x, s, t);
}
/*
 * Take a string and return the hex representation of its MD5.
 */
public String calcMD5(String str){
    int[] x=str2blks_MD5(str);
    int a=0x67452301;
    int b=0xEFCDAB89;
    int c=0x98BADCFE;
    int d=0x10325476;
    for (int i=0; i < x.length; i +=16){
        int olda=a;
        int oldb=b;
        int oldc=c;
        int oldd=d;
        a=ff(a, b, c, d, x[i +0], 7, 0xD76AA478);
        d=ff(d, a, b, c, x[i +1], 12, 0xE8C7B756);
        c=ff(c, d, a, b, x[i +2], 17, 0x242070DB);
        b=ff(b, c, d, a, x[i +3], 22, 0xC1BDCEEE);
        a=ff(a, b, c, d, x[i +4], 7, 0xF57C0FAF);
        d=ff(d, a, b, c, x[i +5], 12, 0x4787C62A);
        c=ff(c, d, a, b, x[i +6], 17, 0xA8304613);
        b=ff(b, c, d, a, x[i +7], 22, 0xFD469501);
        a=ff(a, b, c, d, x[i +8], 7, 0x698098D8);
        d=ff(d, a, b, c, x[i +9], 12, 0x8B44F7AF);
        c=ff(c, d, a, b, x[i +10], 17, 0xFFFF5BB1);
        b=ff(b, c, d, a, x[i +11], 22, 0x895CD7BE);
        a=ff(a, b, c, d, x[i +12], 7, 0x6B901122);
        d=ff(d, a, b, c, x[i +13], 12, 0xFD987193);
        c=ff(c, d, a, b, x[i +14], 17, 0xA679438E);
        b=ff(b, c, d, a, x[i +15], 22, 0x49B40821);
        a=gg(a, b, c, d, x[i +1], 5, 0xF61E2562);
        d=gg(d, a, b, c, x[i +6], 9, 0xC040B340);
        c=gg(c, d, a, b, x[i +11], 14, 0x265E5A51);
        b=gg(b, c, d, a, x[i +0], 20, 0xE9B6C7AA);
        a=gg(a, b, c, d, x[i +5], 5, 0xD62F105D);
        d=gg(d, a, b, c, x[i +10], 9, 0x02441453);
        c=gg(c, d, a, b, x[i +15], 14, 0xD8A1E681);
        b=gg(b, c, d, a, x[i +4], 20, 0xE7D3FBC8);
        a=gg(a, b, c, d, x[i +9], 5, 0x21E1CDE6);
        d=gg(d, a, b, c, x[i +14], 9, 0xC33707D6);
        c=gg(c, d, a, b, x[i +3], 14, 0xF4D50D87);
```

```
            b=gg(b, c, d, a, x[i +8], 20, 0x455A14ED);
            a=gg(a, b, c, d, x[i +13], 5, 0xA9E3E905);
            d=gg(d, a, b, c, x[i +2], 9, 0xFCEFA3F8);
            c=gg(c, d, a, b, x[i +7], 14, 0x676F02D9);
            b=gg(b, c, d, a, x[i +12], 20, 0x8D2A4C8A);
            a=hh(a, b, c, d, x[i +5], 4, 0xFFFA3942);
            d=hh(d, a, b, c, x[i +8], 11, 0x8771F681);
            c=hh(c, d, a, b, x[i +11], 16, 0x6D9D6122);
            b=hh(b, c, d, a, x[i +14], 23, 0xFDE5380C);
            a=hh(a, b, c, d, x[i +1], 4, 0xA4BEEA44);
            d=hh(d, a, b, c, x[i +4], 11, 0x4BDECFA9);
            c=hh(c, d, a, b, x[i +7], 16, 0xF6BB4B60);
            b=hh(b, c, d, a, x[i +10], 23, 0xBEBFBC70);
            a=hh(a, b, c, d, x[i +13], 4, 0x289B7EC6);
            d=hh(d, a, b, c, x[i +0], 11, 0xEAA127FA);
            c=hh(c, d, a, b, x[i +3], 16, 0xD4EF3085);
            b=hh(b, c, d, a, x[i +6], 23, 0x04881D05);
            a=hh(a, b, c, d, x[i +9], 4, 0xD9D4D039);
            d=hh(d, a, b, c, x[i +12], 11, 0xE6DB99E5);
            c=hh(c, d, a, b, x[i +15], 16, 0x1FA27CF8);
            b=hh(b, c, d, a, x[i +2], 23, 0xC4AC5665);
            a=ii(a, b, c, d, x[i +0], 6, 0xF4292244);
            d=ii(d, a, b, c, x[i +7], 10, 0x432AFF97);
            c=ii(c, d, a, b, x[i +14], 15, 0xAB9423A7);
            b=ii(b, c, d, a, x[i +5], 21, 0xFC93A039);
            a=ii(a, b, c, d, x[i +12], 6, 0x655B59C3);
            d=ii(d, a, b, c, x[i +3], 10, 0x8F0CCC92);
            c=ii(c, d, a, b, x[i +10], 15, 0xFFEFF47D);
            b=ii(b, c, d, a, x[i +1], 21, 0x85845DD1);
            a=ii(a, b, c, d, x[i +8], 6, 0x6FA87E4F);
            d=ii(d, a, b, c, x[i +15], 10, 0xFE2CE6E0);
            c=ii(c, d, a, b, x[i +6], 15, 0xA3014314);
            b=ii(b, c, d, a, x[i +13], 21, 0x4E0811A1);
            a=ii(a, b, c, d, x[i +4], 6, 0xF7537E82);
            d=ii(d, a, b, c, x[i +11], 10, 0xBD3AF235);
            c=ii(c, d, a, b, x[i +2], 15, 0x2AD7D2BB);
            b=ii(b, c, d, a, x[i +9], 21, 0xEB86D391);
            a=add(a, olda);
            b=add(b, oldb);
            c=add(c, oldc);
            d=add(d, oldd);
        }
        return rhex(a)+rhex(b)+rhex(c)+rhex(d);
    }
```

```
// 产生两个随机字符
private String charRandom(){
    String Str;
    char Stra[]=new char[2];
    int randomNumber=0, i=0;
    for (i=0; i< 2; i++){
        while (randomNumber <=97 || randomNumber >=122){
            randomNumber=(int)(Math.random() * 122)+97;
        }
        Stra[i]=(char)randomNumber;
        randomNumber=0;
    }
    Str=new String(Stra);
    return Str;
}
// 将字符串中的第 3 个字母开始到结尾的字母全部变成大写
private String toUpperStr(String Str){
    String S;
    S=Str.substring(2, Str.length());
    char a[]=S.toCharArray();
    for (int i=0; i< a.length; i++){
        if (Character.isLowerCase(a[i])){
            a[i]=Character.toUpperCase(a[i]);
        }
    }
    S=new String(a);
    Str=Str.substring(0, 2)+S;
    return Str;
}
/* 获得字符串,进行 MD5 加密,并将从第 3 个开始的小写字母转换为大写字母,返回该字符串 */
public String toMd5Str(String Str){
//对字符串进行加密,加密后用后面的方法进行校验
    String StrRandom=charRandom();
    Str=StrRandom +calcMD5(StrRandom +Str);
    Str=toUpperStr(Str);
    return Str;
}
// 校验密码是否正确
public boolean checkPWD(String dbPWD, String inputPWD){
    dbPWD=dbPWD.trim();//第一个参数为加密过后的字符串
    inputPWD=inputPWD.trim();//第二个参数为用户输入的字符串
    String Str=dbPWD.substring(0, 2);
    Str=Str +calcMD5(Str +inputPWD);
```

```
            Str=toUpperStr(Str);
            if (Str.equals(dbPWD)){
                return true;
            } else {
                return false;
            }
        }
}
```

代码分析：该程序为一个应用 MD5 算法进行密码加密与判断的程序，其中 calcMD5()方法为对于给定的字符串进行 MD5 加密；charRandom()方法为产生随机两个小写字母；toMd5Str()方法为对获得的字符串进行加密；checkPWD()方法为对密码进行加密后的比较，若结果相同，则返回 true，否则返回 false。

(2)编写注册时加密程序。加密代码段如下：

```
Md5 md5=new Md5();
String pw="11111";
String jiampw=md5.toMd5Str(pw);
```

注册密码时，获得用户输入的密码 pw，通过调用 toMd5Str()方法，产生一个 34 位的加密后的字符串 jiampw，可以将该字符串写入数据库中。本例 pw 加密后的其中一个结果值为：

wkC15343FC508FC6D6E684FED22DFCB597

(3)编写密码验证程序。密码验证代码段如下：

```
Md5 md5=new Md5();
String jiampw="wkC15343FC508FC6D6E684FED22DFCB597";//可以从数据库中获得
String shurupw="11111";//用户输入的等待验证的密码
Boolean Flag=md5.checkPWD(jiampw,shurupw);
```

验证用户密码时，可通过调用 checkPWD()来验证，当 shurupw 与 pw 相同时，Flag 为 true，否则为 false。

28.2 新知识点——MD5 加密

MD5(Message-Digest Algorithm 5，信息-摘要算法 5)，是一种用于产生数字签名的单向散列算法。

MD5 算法描述：假设有一个 b 位长度的输入信号，希望产生它的报文摘要，此处 b 是一个非负整数，也可能是 0，但不一定必须是 8 的整数倍，它可能是任意大的长度，设想信号的比特流为 m_0 m_1…m_{b－1}。下面介绍如何计算信息的报文摘要，即如何通过五步来实现 MD5 加密。

(1)补位

MD5 算法是对输入的数据进行补位，如果数据位长度 LEN 对 512 求余的结果是 448，即数据扩展至(K×512＋448)位，即(K×64＋56)个字节，K 为整数。补位操作始终要执行，即使数据长度 LEN 对 512 求余的结果已为 448。

具体补位操作：补一个 1，然后补 0 至满足上述要求为止。总共最少要补 1 位，最多补 512 位。

(2)补数据长度

使用一个 64 位的数字表示数据的原始长度 b,再把 b 使用两个 32 位数表示。那么只取 b 的低 64 位。当遇到 b 大于 2^{64} 这种极少遇到的情况时,数据就填补成长度为 512 位的倍数。也就是说,此时的数据长度是 16 个字(32 位)的整数倍数,用 M[0…N−1]表示此时的数据,其中 N 是 16 的倍数。

(3)初始化 MD 缓冲器

用一个 4 个字的缓冲器(A、B、C、D)来计算报文摘要。A、B、C、D 分别是 32 位的寄存器,初始化使用的是十六进制表示的数字,A=0X01234567,B=0X89abcdef,C=0Xfedcba98,D=0X76543210。

(4)处理位操作函数

首先定义 4 个辅助函数,每个函数的输入是 3 个 32 位的字,输出是一个 32 位的字。X、Y、Z 为 32 位整数。F(X,Y,Z)=XY v not(X)Z;G(X,Y,Z)=XZ v Y not(Z);H(X,Y,Z)=X xor Y xor Z;I(X,Y,Z)=Y xor (X v not(Z))

这一步中使用一个 64 元素的常数组 T[1,2,3,…,64],它由 sine 函数构成,T[i]表示数组中的第 i 个元素,它的值等于经过 4294967296 次 abs(sin(i))后的值的整数部分(其中 i 为弧度)。T[i]为 32 位整数用十六进制表示。

具体过程如下:

```
// 处理数据原文
For i=0 to N/16-1 do
    // 每一次,把数据原文存放在 16 个元素的数组 X 中
    For j=0 to 15 do
        Set X[j] to M[i*16+j].
    end //结束对 J 的循环
    // Save A as AA, B as BB, C as CC, and D as DD
    AA=A
    BB=B
    CC=C
    DD=D
    // 第 1 轮
    /* 以 [abcd k s i]表示如下操作
    a=b +((a +F(b,c,d)+X[k] +T[i])<<< s) */
    // Do the following 16 operations
    [ABCD 0 7 1] [DABC 1 12 2] [CDAB 2 17 3] [BCDA 3 22 4]
    [ABCD 4 7 5] [DABC 5 12 6] [CDAB 6 17 7] [BCDA 7 22 8]
    [ABCD 8 7 9] [DABC 9 12 10] [CDAB 10 17 11] [BCDA 11 22 12]
    [ABCD 12 7 13] [DABC 13 12 14] [CDAB 14 17 15] [BCDA 15 22 16]
    // 第 2 轮
    /* 以 [abcd k s i]表示如下操作
    a=b +((a +G(b,c,d)+X[k] +T[i])<<< s) */
    // Do the following 16 operations
    [ABCD 1 5 17] [DABC 6 9 18] [CDAB 11 14 19] [BCDA 0 20 20]
    [ABCD 5 5 21] [DABC 10 9 22] [CDAB 15 14 23] [BCDA 4 20 24]
    [ABCD 9 5 25] [DABC 14 9 26] [CDAB 3 14 27] [BCDA 8 20 28]
```

```
[ABCD 13 5 29] [DABC 2 9 30] [CDAB 7 14 31] [BCDA 12 20 32]
// 第 3 轮
/* 以 [abcd k s i]表示如下操作
a=b +((a +H(b,c,d)+X[k] +T[i])<<< s) */
// Do the following 16 operations.
[ABCD 5 4 33] [DABC 8 11 34] [CDAB 11 16 35] [BCDA 14 23 36]
[ABCD 1 4 37] [DABC 4 11 38] [CDAB 7 16 39] [BCDA 10 23 40]
[ABCD 13 4 41] [DABC 0 11 42] [CDAB 3 16 43] [BCDA 6 23 44]
[ABCD 9 4 45] [DABC 12 11 46] [CDAB 15 16 47] [BCDA 2 23 48]
// 第 4 轮
/* 以 [abcd k s i]表示如下操作
a=b +((a +I(b,c,d)+X[k] +T[i])<<< s) */
// Do the following 16 operations.
[ABCD 0 6 49] [DABC 7 10 50] [CDAB 14 15 51] [BCDA 5 21 52]
[ABCD 12 6 53] [DABC 3 10 54] [CDAB 10 15 55] [BCDA 1 21 56]
[ABCD 8 6 57] [DABC 15 10 58] [CDAB 6 15 59] [BCDA 13 21 60]
[ABCD 4 6 61] [DABC 11 10 62] [CDAB 2 15 63] [BCDA 9 21 64]
// 然后进行如下操作
A=A +AA
B=B +BB
C=C +CC
D=D +DD
end // 结束对 i 的循环
```

(5)输出结果

报文摘要产生后的形式为:A,B,C,D。也就是从低位字节 A 开始,高位字节 D 结束。

MD5 算法很容易实现,它提供了任意长度的信息的“指纹”(或称为报文摘要)。据推测,要实现由两个不同的报文产生相同的摘要需要 2^{64} 次操作,要恢复给定摘要的报文则需要 2^{128} 次操作。

28.3 扩展——加密基础

1. 单钥密码体制

单钥密码体制是一种传统的加密算法,是指信息的发送方和接收方共同使用同一把密钥进行加解密。通常,使用的加密算法比较简便高效,密钥简短,破译极其困难。但是加密的安全性依靠密钥保管的安全性,在公开的计算机网络上安全地传送和保管密钥是一个严峻的问题,并且如果在多用户的情况下密钥的保管安全性也是一个问题。

单钥密码体制的代表是 DES。

2. 消息摘要

一个消息摘要就是一个数据块的数字指纹,即对一个任意长度的数据块进行计算,产生一个唯一指印(对于 SHA1 是产生一个 20 字节的二进制数组)。

消息摘要有两个基本属性:一个属性是两个不同的报文难以生成相同的摘要;另一个属性是难以对指定的摘要生成一个报文,而由该报文反推算出该指定的摘要。

消息摘要的代表有 SM3、SHA1、MD5。

3. 非对称算法与公钥体系

Diffie 和 Hellman 为解决密钥管理问题，提出了一种密钥交换协议，允许在不安全的媒体上，通过通信双方交换信息安全地传送私钥。在此基础上出现了非对称密钥密码体制，即公钥密码体制。在公钥密码体制中，加密密钥不同于解密密钥，加密密钥公之于众，谁都可以使用；解密密钥只有解密人自己知道。它们分别称为公钥（Public key）和私钥((Private key)。

4. 数字签名

所谓数字签名，就是信息发送者使用其私钥，对从所传报文中提取出的特征数据（或称数字指纹）进行 RSA 算法操作，以保证发信人无法抵赖曾发送过该信息（即不可抵赖性），同时也确保信息报文在经过签名后未被篡改（即完整性）。在信息接收者收到报文后，就可以用发送者的公钥对数字签名进行验证。

数字签名中有重要作用的数字指纹是通过一类特殊的散列函数（HASH 函数）生成的，对这些 HASH 函数的特殊要求是：

（1）接收的输入报文数据没有长度限制。

（2）对任何输入报文数据生成固定长度的摘要（数字指纹）输出。

（3）能从报文方便地算出摘要。

（4）难以对指定的摘要生成一个报文，而由该报文反推算出该指定的摘要。

（5）两个不同的报文难以生成相同的摘要。

数字签名的代表是 DSA。

国家职业分类
增设密码工程
技术人员新职业

小　结

本模块介绍了几种在 Java Web 开发中常用的组件，包括使用 UEditor 向 JSP 页面中添加在线编辑器、使用 JavaMail 发送邮件以及实现文件上传功能等，同时向读者展示了文件下载的实现以及使用 Java 的图形工具实现缩略图、向图片添加水印，展示了验证码、密码的加密解密等方法。

习　题

编程题

1. 实现一个简单的个人主页管理网站。当用户在本网站成功注册后，自动发送欢迎邮件到用户注册时所填写的邮箱里。每个注册用户都拥有自己的主页，用户可以进行添加日志操作，在添加日志时需使用在线编辑器；用户也可以上传照片，上传的最新 3 张照片的缩略图将显示在主页上，所有用户上传的照片都将以上传用户的用户名作为水印标记在照片上。

2. 实现用户注册模块。注册需要收集用户名、密码、邮箱、电话、个人简介（使用在线编辑器采集数据），提交后，将表单采集信息发送到填写的邮箱。

模块 8

综合实例

知识目标

掌握应用 JSP＋Servlet＋JavaBean＋Ajax 等技术开发文章管理系统的方法，掌握文章管理系统的数据库表设计，视图设计；掌握 Ajax 结合 JSP 和 Servlet 进行异步程序实现，完成文章的添加、修改、删除等功能。

技能目标

掌握 Java Web 技术开发 Web 应用系统的方法。

素质目标

掌握常规文章管理系统的设计与开发过程，具备开发常规文章管理系统的能力。培养学生综合运用专业知识与技术解决实际综合问题的能力。

项目 29　文章管理系统

29.1　系统分析和设计

1. 文章管理系统简要需求

文章管理系统具有完备的文章发布审核体系，管理员可以灵活地对文章进行管理，主要有如下功能：

(1)管理员管理

管理员在系统中按级别构成审核发布体系。本例中，分为发布管理员、审核管理员和超级管理员三个级别。

超级管理员可以对其他两个身份的人员进行管理，管理功能有添加管理员、禁用管理员和修改管理员密码。

(2)文章分类管理

本例中文章有两级分类，即一级分类和二级分类，两级分类有级联关系，各级分类能够在线添加、修改和删除。

(3)文章管理

文章管理模块为文章管理系统的主要部分，文章管理主要包括文章的添加、修改、审核、删除等功能。

在文章管理上，各个级别权限的管理人员的区别为：发布人可以添加、修改文章（文章一旦被审核后，不能修改；不能修改别人的文章）。审核管理员和超级管理员可以添加、审核、修改、删除和恢复文章。

文章设置关键字，关键字以分号分隔。

文章可以在线编辑，需要有在线编辑器，有文件上传功能。

文章可以根据主题查找，给定关键字后，实现模糊查找。

文章管理以列表呈现，列表以分类进行分类检索显示。

（4）文章显示及调用功能

文章管理系统设计为适用于网站群的管理系统，每个子站可以独立调用所属子站的文章，并且可以建立自己部门的模板，实现文章与本部门网站风格的一致性。

（5）日志功能

日志功能记录文章管理系统的操作日志，主要包括登录记录、添加文章、编辑文章、审核文章、删除文章等相关操作的时间、事件、操作人等信息。

日志列表可分类显示，显示“登录日志”“文章管理日志”。

2. 系统体系设计

文章管理系统采用 JSP＋Servlet＋JavaBean＋Ajax 来实现，系统设计由 JSP 完成页面显示，Servlet 完成事务处理，如添加、修改、删除等操作，JavaBean 完成数据库交互，Ajax 完成数据异步通信，即所有功能操作，通过在页面提交 Ajax 异步请求，接收到响应后在当前页面显示。

文章管理系统的文章管理主模块结构如图 8-1 所示，添加文章页面为 info_add_form. jsp，修改文章页面为 info_edit_form. jsp，显示文章详细信息页面为 info_detail_viewjsp，文章列表页面为 info_list. jsp，Ajax 控制程序及相关校验 JavaScript 代码位于 main. js 中，文章管理后台调度程序为 InfoManager . java。

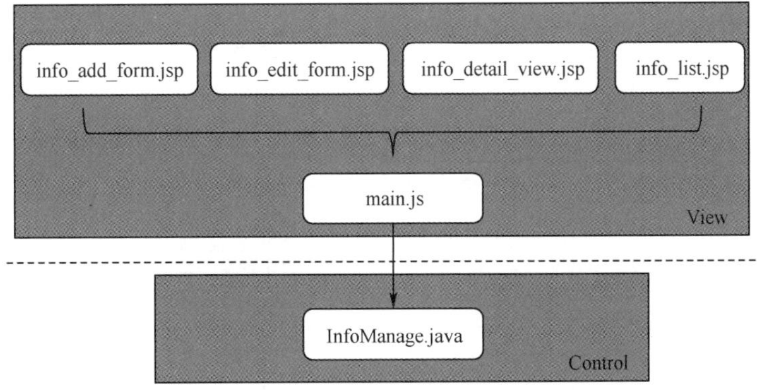

图 8-1 文章管理模块结构图

29.2 数据库设计

1. E-R 图

根据上一节对文章管理系统的需求分析，设计符合该系统需求的数据库，设计出的该数据库 E-R 图，如图 8-2 所示。

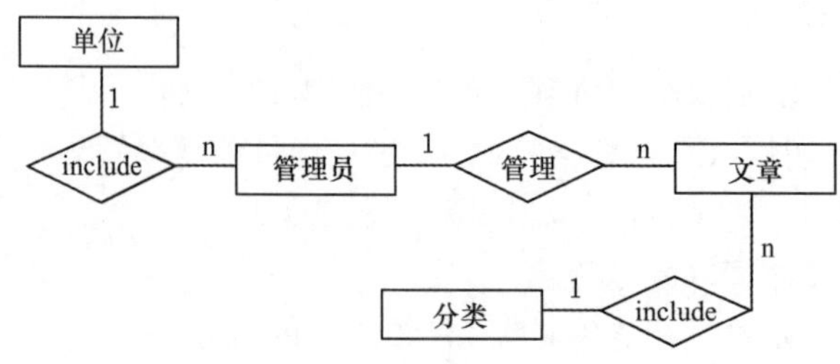

图 8-2　文章管理系统 E-R 图

文章管理系统文章表结构说明见表 8-1。其他表结构说明此处略，在建立表结构的 SQL 语句中有注释说明。本系统选用的数据库为 MySQL。

表 8-1　　文章管理系统文章表主要字段表

字段名	字段类型	字段长度	说　明
Id	bigint	8	自动增加 1；主键
ArtTitColor	varchar	100	标题颜色
ArtTitle	varchar	255	文章标题
picurl	varchar	300	文章小图位置
sortid	int	4	分类编号，与 tbl_art_sort.id 关联
Keywords	varchar	200	关键词
abstract	varchar	1000	摘要
Content	text	—	文章详细内容
ArtFrom	varchar	255	文章来源
artAuthor	varchar	255	文章作者
addtime	TIMESTAMP	—	文章添加时间，默认 now()
username	varchar	100	文章添加人员账号，与 SysAdmin.SysUserNam 关联
ischeck	bit	1	是否审核，0 没有审核；默认 0
cuserid	varchar	100	审核人员账号
viewTimes	int	4	浏览次数
isdel	bit	1	是否删除，0 没有删除，1 删除；默认 0

2. 数据库表结构

【程序 8-1】　Article.sql

```
------------------------------------------
--创建文章管理系统数据库表
--数据库 MySQL 5.5
--创建时间:2022-04-01
--最后修改时间:2022-10-08
--建表人:Ljq
------------------------------------------
……
--创建文章分类表
create table if not exists tbl_art_sort(
id              int             auto_increment,      -- 编号
```

```
sortname        varchar(200)    null,               -- 分类名
sortintro       varchar(300)    null,               -- 分类说明
parentid        int             default 0,          -- 分类父节点 id,一级节点默认为 0
isdel           bit             default 0,          -- 是否删除
Primary Key(id)
);
--创建文章表
create table if not exists tbl_article(
idbig           int             auto_increment,     -- 编号
ArtTitColor     varchar(100)    default '#000',     -- 标题默认颜色
arttitle        varchar(255)    null,               -- 文章标题
picurl          varchar(300)    null,               -- 图片路径
sortid          int             null,               -- 分类编号,与 tbl_art_sort.id 关联
Keywords        varchar(300)    null,               -- 关键字
abstract        varchar(1000)   null,               -- 摘要
Content         text            null,               -- 文章详细内容
ArtFrom         varchar(255)    null,               -- 文章来源
artAuthor       varchar(255)    null,               -- 文章作者
addtime         TIMESTAMP       default now(),      -- 文章添加时间
username        varchar(200)    null,               -- 用户 id,与 tbl_users.username 关联
ischeck         bit             default 0,          -- 是否审核,0 没有审核
cuserid         varchar(200)    null,               -- 用户 id,与 tbl_users.username 关联
checktime       TIMESTAMP       null,               --  审核时间
viewTimes       int             default 0,          -- 浏览次数
IsTuijian       bit             default 0,          -- 文章是否被推荐,1 推荐
ArtIsTop        bit             default0,           -- 文章是否置顶,1 置顶
isdel           bit             default 0,          -- 是否删除
Primary Key(id)
);
……
```

代码说明:Article.sql 为创建数据库表的 SQL 语句。在程序中,创建了文章分类表 tbl_art_sort,文章表 tbl_article;列出了文章系统涉及的主要表结构,其他表结构略。

在 MySQL 中创建数据库 hncst_net,作为文章管理系统的数据库,之后执行创建表的 SQL 语句,即执行 Article.sql,完成之后,其表在数据库中如图 8-3 所示。

3. 建立视图

建立视图,可以提高显示列表和详细内容时检索效率以及减少检索次数,所以本系统建立文章列表和文章信息内容的视图,主要程序见程序 8-2。

【程序 8-2】 CreatView.sql

```
----------------------------------------
--创建视图
--文章详细内容视图
create view v_info as
SELECT
tbl_article.id,
```

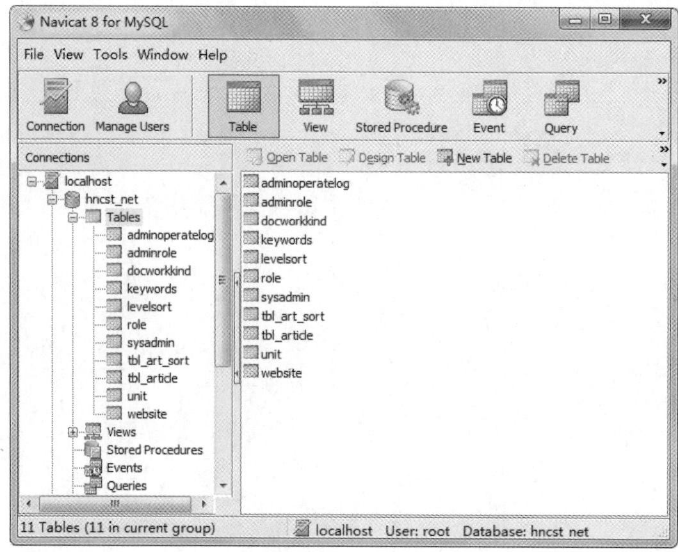

图 8-3　文章管理系统数据库表

```
tbl_article. ArtTitColor,
tbl_article. arttitle,
tbl_article. picurl,
tbl_article. sortid,
tbl_article. Keywords,
tbl_article. abstract,
tbl_article. Content,
tbl_article. ArtFrom,
tbl_article. artAuthor,
tbl_article. addtime,
tbl_article. username,
tbl_article. ischeck,
tbl_article. cuserid,
tbl_article. checktime,
tbl_article. viewTimes,
tbl_article. IsTuijian,
tbl_article. ArtIsTop,
tbl_article. isdel,
tbl_art_sort. sortname,
sysadmin. ARealName
FROM
tbl_article
Inner Join tbl_art_sort ON tbl_article. sortid = tbl_art_sort. id
Inner Join sysadmin ON tbl_article. username = sysadmin. SysUserName
--文章列表视图
create view v_info_list as
SELECT
tbl_article. id,
tbl_article. ArtTitColor,
```

```
tbl_article. arttitle,
tbl_article. picurl,
tbl_article. sortid,
tbl_article. Keywords,
tbl_article. abstract,
tbl_article. artAuthor,
tbl_article. ArtFrom,
tbl_article. addtime,
tbl_article. username,
tbl_article. ischeck,
tbl_article. cuserid,
tbl_article. checktime,
tbl_article. IsTuijian,
tbl_article. isdel,
tbl_art_sort. sortname,
sysadmin. ARealName
FROM
tbl_article
Inner Join tbl_art_sort ON tbl_article. sortid = tbl_art_sort. id
Inner Join sysadmin ON tbl_article. username = sysadmin. SysUserName;
```

代码分析:为了提高文章管理系统显示信息时的检索效率,建立视图,即 v_info,主要用于文章详细内容相关信息的视图;v_info_list,主要用于显示文章标题,列表等。

29.3 用户身份认证模块功能实现

1. 身份认证模块系统结构

用户身份认证模块主要完成文章管理系统的身份校验和权限认定功能,包括用户登录、权限控制过滤器、注销三个子模块。登录模块主要校验用户身份是否正常,权限控制过滤器完成会话有效性判断,即在操作文章管理过程中,确保会话有效,当无效时,自动提示错误并跳转到登录页面要求重新登录,注销完成会话清理,三个子模块关系图如图 8-4 所示,系统结构图如图 8-5 所示。

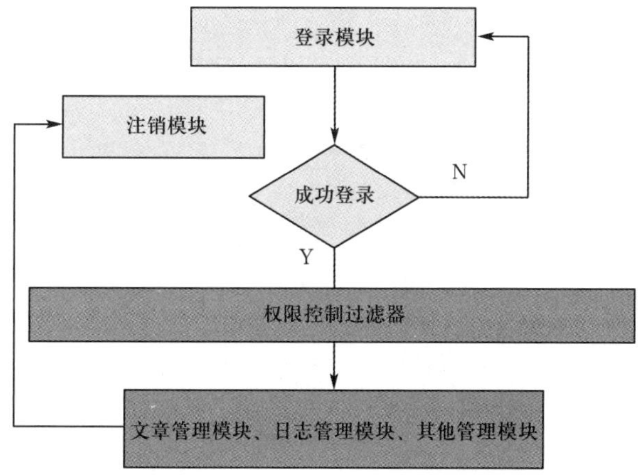

图 8-4　身份认证系统模块图

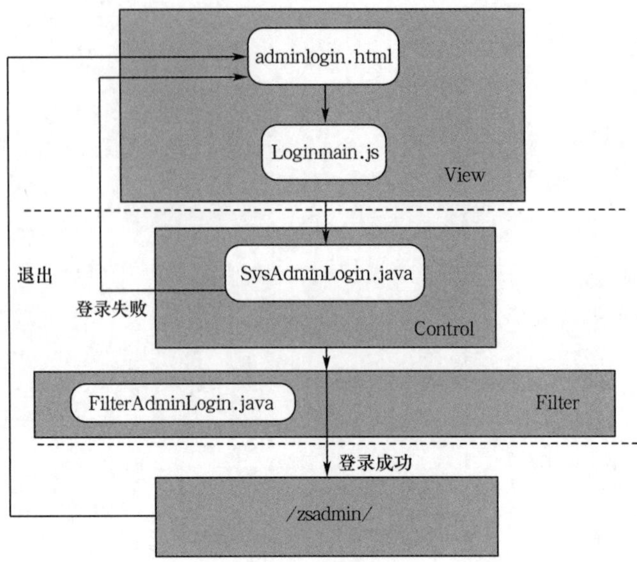

图 8-5　身份认证系统结构图

2. 管理员类

文章管理系统根据给定需求，设计管理员身份类主要结构如图 8-6 所示，源码见程序 8-3。

AdminUser
-adminUsername : string -adminPower -adminRealNmae : string -unitid : string
+setAdminUsername(in adminUsername : string) +getAdminUsername() : string +setAdminRealName(in adminRealName : string) +getAdminRealNmae() : string +setAdminPower(in sysPower) +getAdminPower() +setUnitid(in unitid : string) +getUnitid() : string

图 8-6　管理员类结构图

【程序 8-3】　AdminUser. java 代码

```
package user;
import java.util.Vector;
public class AdminUser {
    private boolean isLogin=false;//是否登录
    private String adminUsername="";//用户名
    private Vector adminPower=null;//权限
    private String adminRealNmae="";//真实姓名
    private String SysLTime="";//登录时间
    private String unitid;//所在单位编号
    public String getAdminRealNmae(){
        return adminRealNmae;
    }
    public void setAdminRealNmae(String adminRealNmae){
```

```
        this.adminRealNmae=adminRealNmae;
    }
    public Vector getAdminPower(){
        return adminPower;
    }
    public void setAdminPower(Vector sysPower){
        this.adminPower=sysPower;
    }
    public String getAdminUsername(){
        return adminUsername;
    }
    public void setAdminUsername(String adminUsername){
        this.adminUsername=adminUsername;
    }
    public boolean isLogin(){
        return isLogin;
    }
    public void setLogin(boolean isLogin){
        this.isLogin=isLogin;
    }
    public String getSysLTime(){
        return SysLTime;
    }
    public void setSysLTime(String sysLTime){
        SysLTime=sysLTime;
    }
    public String getUnitid(){
        return unitid;
    }
    public void setUnitid(String unitid){
        this.unitid=unitid;
    }
}
```

代码分析：该类为管理员身份类，用于创建管理员对象。

3. 登录模块实现

根据前文分析，登录模块主要由登录表单、Ajax 异步调度程序、Servlet 检索数据库校验程序构成，表单代码见程序 8-4，Ajax 调度代码见程序 8-5，Servlet 登录校验代码见程序 8-6。

【程序 8-4】 adminlogin.html 代码

```
<!DOCTYPE html PUBLIC "-//W3C//DTD XHTML 1.0 Transitional//EN" "http://www.w3.org/TR/xhtml1/DTD/xhtml1-transitional.dtd">
<html xmlns="http://www.w3.org/1999/xhtml">
<head>
```

```
<meta http-equiv="Content-Type" content="text/html; charset=gb2312"/>
<title>System Admin Login</title>
<script language="JavaScript" type="text/javascript" src="./Loginmain.js">
</script>
</head>
<body>
<div class="container">
<div class="toubu">
<div id="logo"></div>
</div>
<div id="centre">
<div class="login">
<div id="adminLoginForm">
<div id=""></div>
<div id="nameApass">
<label>用户名: 
<input name="username" type="text" id="username" maxlength="20" size="12"/>
</label><br/>
<label style="margin-top:20px;">密　码: 
<input name="password" type="password" id="password" maxlength="16" size="12"/>
</label>
</div>
<span id="checkNumPic">验证码:
 <input name="checknum" type="text" id="checknum" size="4" maxlength="4"/>
<span id="CNumber" title="点击刷新验证码"><img src="../CheckNum.do" border="0" onclick
="changeCheckNum();"/></span>
</span><br/>
<div id="adminButton">
<input name="buttonLogin" type="button" id="buttonLogin" value="登录" onclick="SysLogin()"/>
<input name="buttonReset" type="button" id="buttonReset" value="重置" onclick="reSet()"/>
<br />
<div id="waitLogin"></div>
</div>
</div>
</div>
</div>
<div id="adminbottom"></div>
</div>
</body>
</html>
```

代码分析:该程序主要实现管理员登录表单,表单以 Ajax 的 SysLogin()方法提交,表单实现后,其运行效果如图 8-7 所示。

图 8-7 文章管理系统登录页

【程序 8-5】 Login. js 代码片段

```
//SysLogin
function SysLogin()
{
    var username=document.getElementById("username").value;
    var password=document.getElementById("password").value;
    var checknum=document.getElementById("checknum").value;
    xmlDoc="Checking...";
    if(username==""||password==""||checknum=="")
    {
        alert("错误,用户名、密码、验证码不能为空!");
        return;
    }
    document.getElementById("buttonLogin").setAttribute("disabled","disabled"); document.getElementById("buttonReset").setAttribute("disabled","disabled");
    document.getElementById("waitLogin").innerHTML=xmlImage+xmlDoc;
    var url="../SysAdminLogin.do? time="+new Date().getTime();
    var QueryString="username="+username+"&password="+password+"&checknum="+checknum;
    createXMLHttpRequest();
    xmlHttp.open("POST", url, true);
    xmlHttp.onreadystatechange=parseAdminLogin;
    xmlHttp.setRequestHeader("Content-Type", "application/x-www-form-urlencoded");
    xmlHttp.send(QueryString);
}
```

```
function parseAdminLogin()
{
    if(xmlHttp.readyState==4){
        if(xmlHttp.status==200){
            xmlDoc=xmlHttp.responseXML;
            var error=xmlDoc.getElementsByTagName("error").item(0).firstChild.nodeValue;
            var errorText=xmlDoc.getElementsByTagName("errorText").item(0).firstChild.nodeValue;
            if(error==0)
            {
                location.replace("../zsadmin");
            }
            else if(error==1)
            {
                document.getElementById("waitLogin").innerHTML="";
                alert(errorText);
                document.getElementById("waitLogin").innerHTML=errorText;
                document.getElementById("buttonLogin").removeAttribute("disabled");
                document.getElementById("buttonReset").removeAttribute("disabled");
            }
            else
            {
                document.getElementById("waitLogin").innerHTML="";
                alert("服务器异常,不能响应!");
                document.getElementById("buttonLogin").removeAttribute("disabled");
                document.getElementById("buttonReset").removeAttribute("disabled");
            }
        }
        else
        {
            document.getElementById("waitLogin").innerHTML="";
            alert("服务器异常,不能响应!");
            document.getElementById("buttonLogin").removeAttribute("disabled");
            document.getElementById("buttonReset").removeAttribute("disabled");
        }
    }
}
function reSet()
{
    document.getElementById("username").value="";
    document.getElementById("password").value="";
    document.getElementById("checknum").value="";
}
function changeCheckNum()
{
```

```
        var url="./checkNum.jsp? time="+new Date().getTime();
        createXMLHttpRequest();
        document.getElementById("CNumber").innerHTML=xmlImage;
        xmlHttp.open("GET", url, true);
        xmlHttp.onreadystatechange=parseCheckNum;
        xmlHttp.send(null);
    }
    function parseCheckNum()
    {
        if(xmlHttp.readyState==4){
            if(xmlHttp.status==200){
                xmlDoc=xmlHttp.responseText;
                document.getElementById("CNumber").innerHTML=xmlDoc;
            }
        }
    }
```

代码分析:本段代码为登录 Ajax 调度请求程序。

其中,SysLogin()方法为登录表单所请求的方法。在表单页面调用该方法后,获取页面输入的帐号、密码、验证码信息,并将其以 POST 方式发送给 Servlet 程序 SysAdminLogin.do,请求 SysAdminLogin.do 的 doPost()方法处理用户验证。

parseAdminLogin()方法为 Servlet 校验结果返回的处理方法,SysAdminLogin.do 处理表单登录后响应以约定 XML 格式返回结果,如下:

```
<result>
<error>1</error>
<errorText>错误提示</errorText>
</result>
```

在 parseAdminLogin()中获取 XML 的标签,判断 Servlet 校验结果,若 error=1,则说明有错误存在,错误信息通过<errorText>标签体传递,若 error=0,则说明无错误,可直接进入访问/zsadmin 文件夹。

reSet()方法为清空表单的方法。

changeCheckNum()方法为切换验证码的方法,parseCheckNum()方法为其响应方法。

【程序 8-6】 SysAdminLogin.java 代码片段

```
package login;
import DB.DBManager;
import user.AdminUser;
import encrypt.Md5;
public class SysAdminLogin extends HttpServlet {
    private int error=0;//错误代码,0 没有错误,1 有错误
    private String errorText="";//错误文本
    protected void doGet (HttpServletRequest request, HttpServletResponse response) throws
    ServletException, IOException {
        error=1;
        errorText="非法操作!";
```

```
        sendResponse(response);
    }
    protected void doPost (HttpServletRequest request, HttpServletResponse response) throws
ServletException, IOException {
        String username=request.getParameter("username");
        String password=request.getParameter("password");
        String checkNum=request.getParameter("checknum");
        String dbpassword;
        ResultSet rs=null,prs=null;
        DBManager db=new DBManager();
        Md5 md5=new Md5();
        String IP=request.getRemoteAddr();;
        StrReplace str=new StrReplace();
        AdminUser adminUser=new AdminUser();
        HttpSession session=((HttpServletRequest)request).getSession();
        String checkNumSession=(String)session.getAttribute(session.getId()+"rand");
        String sql="select * from SysAdmin where SysUserName='"+username+"' and AdminIsDel=0";
        String sqlTime="update SysAdmin set SysLTime='"+new SimpleDateFormat("yyyy-MM-dd
        HH:mm:ss").format(new Date())+"' where SysUserName='"+username+"'";
        String sqlqx="select Rid from adminrole where SysUserName='"+username+"' and Rid<5";
        Vector SysPower=new Vector();
        if(checkNum! =null)
        {
            if(checkNum.equals(checkNumSession))
            {
                try {
                    rs=db.getResult(sql);
                    if(rs.next())
                    {
                        //帐户存在
                        dbpassword=rs.getString("SysPWD");
                        if(md5.checkPWD(dbpassword, password))
                        {
                            //密码正确
                            prs=db.getResult(sqlqx);
                            try
                            {
                                if(prs.next())
                                {
                                    prs.beforeFirst();
                                    while(prs.next())
                                    {
                                        SysPower.add(prs.getString("Rid"));
                                    }
```

```
                    adminUser. setLogin(true);
                    adminUser. setAdminRealName(rs. getString("ARealName"));
                    adminUser. setAdminUsername(rs. getString("SysUserName"));
                    adminUser. setSysLTime(rs. getString("SysLTime"));
                    adminUser. setUnitid(rs. getString("Unitid"));
                    adminUser. setAdminPower(SysPower);
                    session. setAttribute("adminUser", adminUser);
                    db. executeSql(sqlTime);//更新本次登录时间
                    db. executeSql("insert into AdminOperateLog(Event,SysUserName)
                    values(' AdminLogin:从 IP:" + IP +" 登 录','" + adminUser.
                    getAdminUsername()+"')");
                    this. error=0;
                    this. errorText="Login Ok";
                    this. sendResponse(response);
                }
                else{
                    this. error=1;
                    this. errorText="没有权限登录!";
                    this. sendResponse(response);
                }
                prs. close();
            }
            catch (SQLException e2)
            {
                e2. printStackTrace();
            }
        }
        else
        {
            //密码错误
            this. error=1;
            this. errorText="密码错误!";
            this. sendResponse(response);
        }
    }
    else
    {
        //帐户不存在
        this. error=1;
        this. errorText="用户名不存在!";
        this. sendResponse(response);
    }
} catch (SQLException e){
    this. error=1;
```

```
                    this.errorText="数据库异常!";
                    this.sendResponse(response);
                }
                finally
                {
                    if(rs!=null)
                    {
                        try {
                            rs.close();
                            db.Release();
                        } catch (SQLException e1){
                            this.error=1;
                            this.errorText="数据库异常!";
                            this.sendResponse(response);
                        }
                    }
                }
            }
            else
            {
                //验证码错误
                this.error=1;
                this.errorText="验证码错误!";
                this.sendResponse(response);
            }
        }
        else
        {
            //没有输入验证码
            this.error=1;
            this.errorText="验证码没有输入!";
            this.sendResponse(response);
        }
    }
    private void sendResponse(HttpServletResponse response) throws IOException {
        response.setContentType("text/xml");
        response.setCharacterEncoding( "UTF-8");
        StringBuffer xml=new StringBuffer();
        xml.append("<result><error>");
        xml.append(this.error);
        xml.append("</error>");
        xml.append("<errorText>"+this.errorText+"</errorText>");
        xml.append("</result>");
```

```
        response.getWriter().write(xml.toString());
    }
}
```

代码分析：该程序为用户登录验证的 Servlet 主校验程序。该程序流程图如图 8-8 所示。

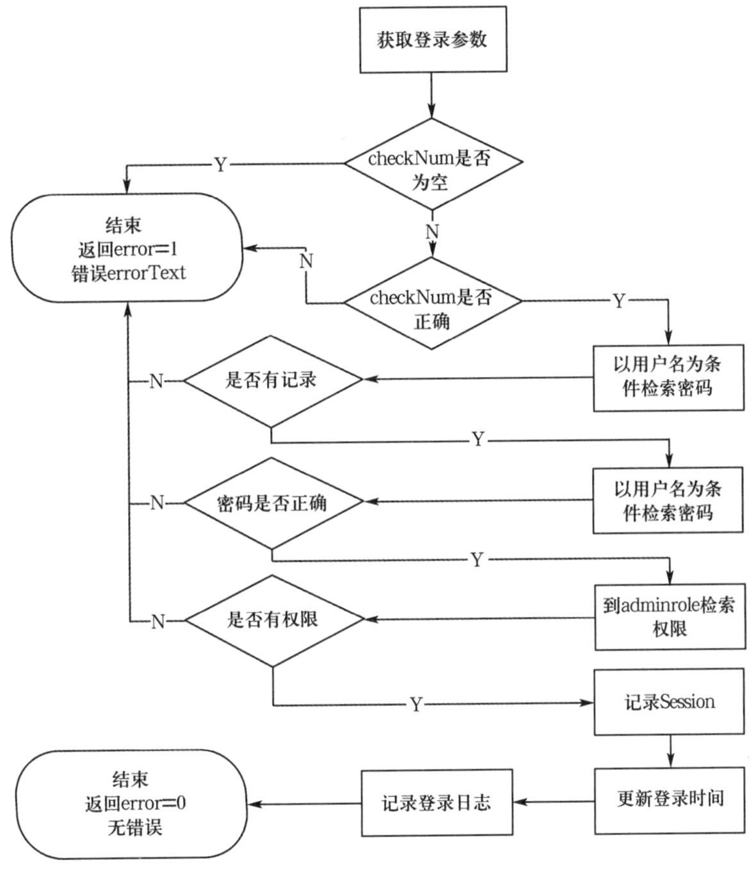

图 8-8　SysAdminLogin 登录程序流程图

doPost()方法处理来自 Ajax 的校验请求，并将结果以 XML 形式返回，用户校验过程，判断验证码是否正确，其次判断用户名是否存在，第三判断密码是否正确，第四判断是否有权限，所有条件都满足时，建立管理员对象 AdminUser，并进行初始化，存入 Session，存入方法为 session.setAttribute("adminUser", adminUser)；然后在数据库表中更新该用户的最近登录时间，并写入登录日志，最后返回 XML。sendResponse()方法为返回 XML 的方法。

该 Servlet 在 web.xml 的配置为：

```
<servlet>
<description></description>
<display-name>SysAdminLogin</display-name>
<servlet-name>SysAdminLogin</servlet-name>
<servlet-class>login.SysAdminLogin</servlet-class>
</servlet>
<servlet-mapping>
<servlet-name>SysAdminLogin</servlet-name>
```

<url-pattern>/SysAdminLogin.do</url-pattern>

</servlet-mapping>

登录模块运行效果如图 8-9、图 8-10、图 8-11 所示。在图 8-9 中登录过程出现异常，当前程序不跳转，弹出对话框提示错误。校验正常后，页面跳转到 wzadmin/文件夹下，该目录为相关文章管理模块目录。

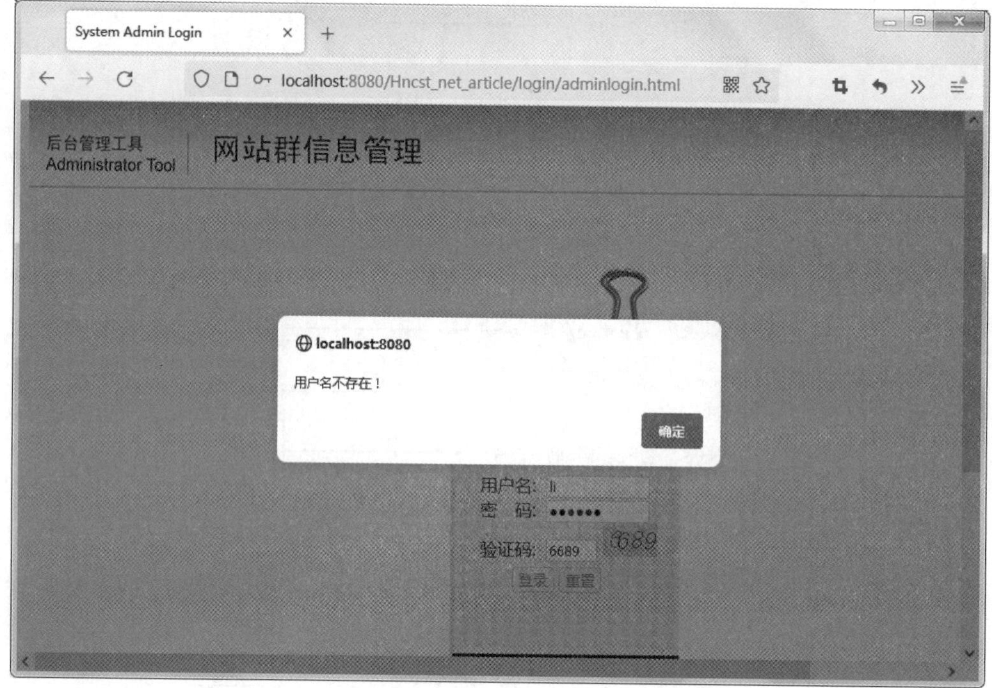

图 8-9　管理员登录时用户名不存在提示的错误

图 8-10　输入正确用户

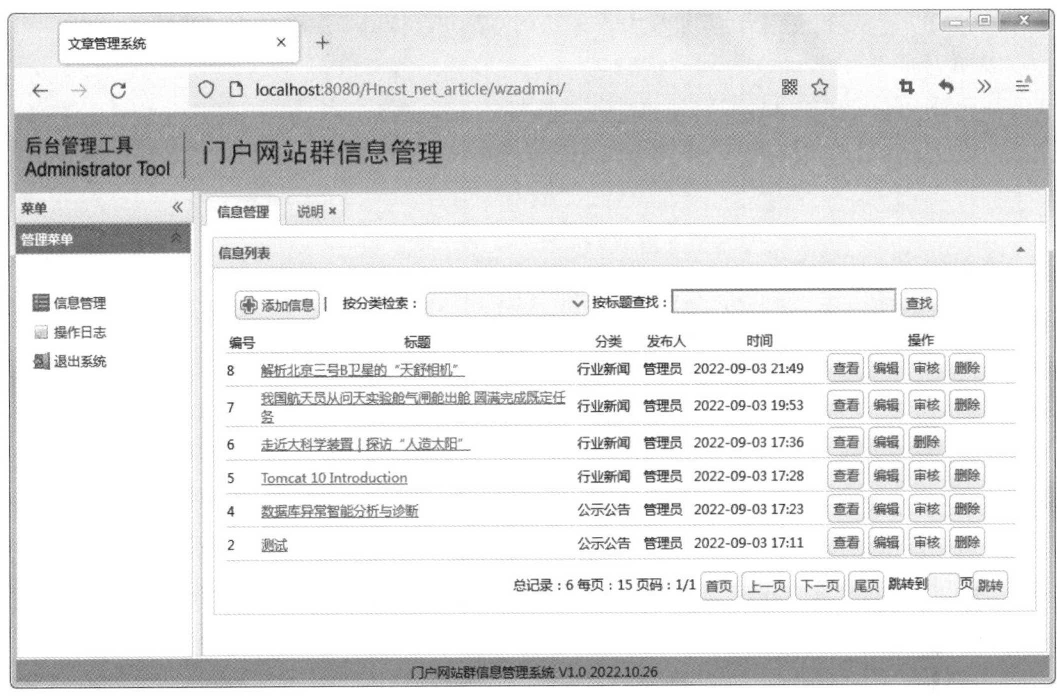

图 8-11 正常登录界面

4. 注销模块实现

注销模块主要是对管理员登录会话 session 清除。主要实现代码如程序 8-7。退出后跳转到登录页面,如图 8-7 所示。

【程序 8-7】 SysChangeInfo. java 代码片段

```
……
private void SysadminInvalidate(HttpServletRequest request, HttpServletResponse response)
throws IOException {
    HttpSession session=((HttpServletRequest)request). getSession();
    ULog log=new ULog();
    AdminUser user=(AdminUser)session. getAttribute("adminUser");
    if(user! =null)
    {
        log. writeLog("Loginout:退出", user. getAdminUsername(),request);
        session. setAttribute("adminUser",null);
    }
    response. sendRedirect("../login/adminlogin. html");
}
……
```

代码分析:该程序为 SysChangeInfo. do 的其中的一个方法,SysadminInvalidate()该方法主要用于清除 session,主要语句为:session. setAttribute("adminUser",null);。清除 session 后,返回登录页面。

该 Servlet 在 web. xml 中的配置为：

```
<servlet>
<description></description>
<display-name>SysChangeInfo</display-name>
<servlet-name>SysChangeInfo</servlet-name>
<servlet-class>user. SysChangeInfo</servlet-class>
</servlet>
<servlet-mapping>
<servlet-name>SysChangeInfo</servlet-name>
<url-pattern>/wzadmin/SysChangeInfo. do</url-pattern>
</servlet-mapping>
```

4. 权限控制过滤器

权限控制过滤器主要用于限制非管理员人员不能访问受限制的模块，在本文章管理系统中，受限制文件全部放置于 wzadmin 文件夹下，因此权限控制过滤器对于 wzadmin/目录进行控制。登录控制代码见程序 8-9。

【程序 8-9】 FilterAdminLogin. java 代码

```
package filter;
import java. io. * ;
import java. util. Date;
import jakarta. servlet. * ;
import jakarta. servlet. http. * ;
import user. AdminUser;
public class FilterAdminLogin implements Filter {
    /* *
    * 登录控制过滤器主方法
    * @see Filter # doFilter(ServletRequest, ServletResponse, FilterChain)
    * /
    public void doFilter(ServletRequest request, ServletResponse response,
    FilterChain chain) throws IOException, ServletException {
        HttpSession session=((HttpServletRequest)request). getSession();
        AdminUser checkLoginUser=(AdminUser)session. getAttribute("adminUser");
        if (checkLoginUser! =null){
            if (checkLoginUser. isLogin()){chain. doFilter(request, response);}
            else {outPrintLogin(response);}
        } else {outPrintLogin(response);}
    }
    /* *
    * 输出的方法
    * @param response
    * /
    private void outPrintLogin(ServletResponse response){
        PrintWriter out=null;
```

```
        try {
            out=response.getWriter();
            response.setContentType("text/html; charset=gb2312");
            out.println("<html>");
            out.println("<head>");
            out.println("<script language=\"JavaScript\" type=\"text/javascript\">");
            out.println("alert(\"No Entry or Session is overtime! \\n\\nPlease entry now! \\n\\n"
            +new Date()+"\");");
            out.println("location.replace(\"../login/adminlogin.html\");");
            out.println("</script>");
            out.println("<title>Wait Login</title></head>");
            out.println("<body>");
            out.println("Error:");
            out.println("<li>1.Check your Browser, make sure it can use JavaScript! </li>");
            out.println("<li>2. Session is overtime, Please entry now! <a href=\"../login/
            adminlogin.html\">Login</a></li>");
            out.println("</body>");
            out.println("</html>");
        } catch (IOException e){
            e.printStackTrace();
        }
    }
    public void init(FilterConfig fConfig)throws ServletException {}
    public void destroy(){}
}
```

代码分析：该程序为管理员登录文章管理系统验证过滤器，没有登录，则不能访问该过滤器控制文件或文件夹。doFilter()方法为过滤器主方法，在此方法中检查 AdminUser 的 session 对象是否正常，若正常，说明是一个正常登录的用户，过滤器不拦截请求，继续执行，其方法为 chain.doFilter()；否则，为非法访问，过滤器拦截请求，输出错误。

该过滤器在 web.xml 的配置代码为：

```
<filter>
<description></description>
<display-name>FilterAdminLogin</display-name>
<filter-name>FilterAdminLogin</filter-name>
<filter-class>filter.FilterAdminLogin</filter-class>
</filter>
<filter-mapping>
<filter-name>FilterAdminLogin</filter-name>
<url-pattern>/wzadmin/*</url-pattern>
</filter-mapping>
```

过滤器控制 wzadmin 文件夹下所有内容，因此在未登录直接在地址栏请求访问时，效果如图 8-12 所示。

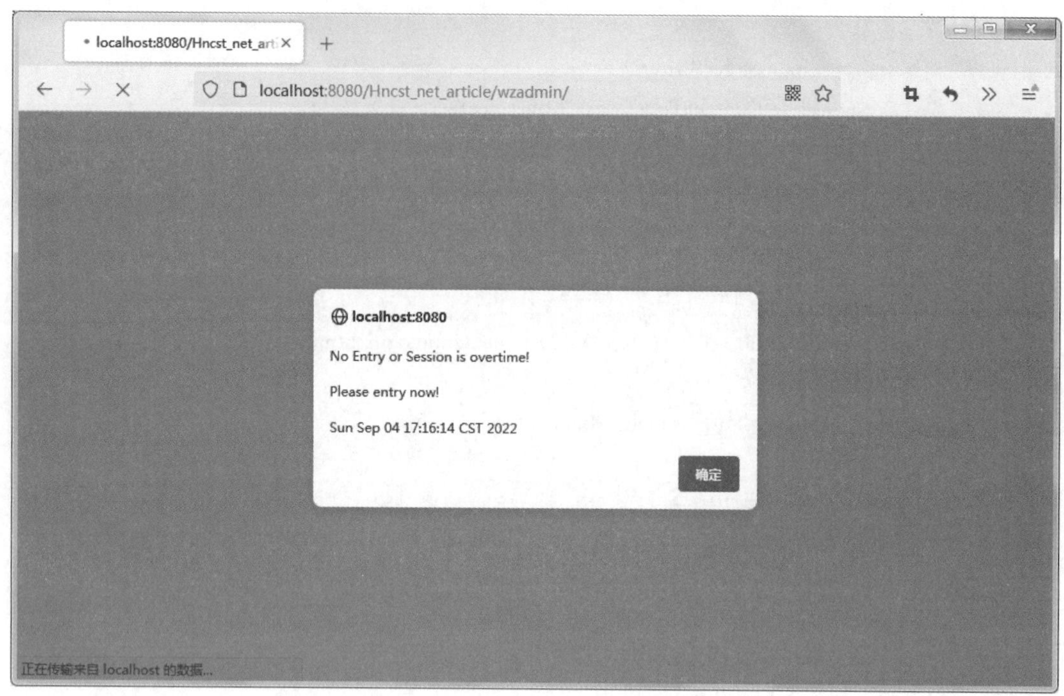

图 8-12　权限过滤器控制效果

29.4　文章管理模块功能实现

1. 文章管理模块系统结构

文章管理模块主要功能有文章的添加、修改、删除、审核等。其实现采用 Ajax+JSP+Servlet+JavaBean 系统结构开发，根据 29.1 节分析结构，文章管理模块的系统程序结构及方法调用流程如图 8-13 所示。

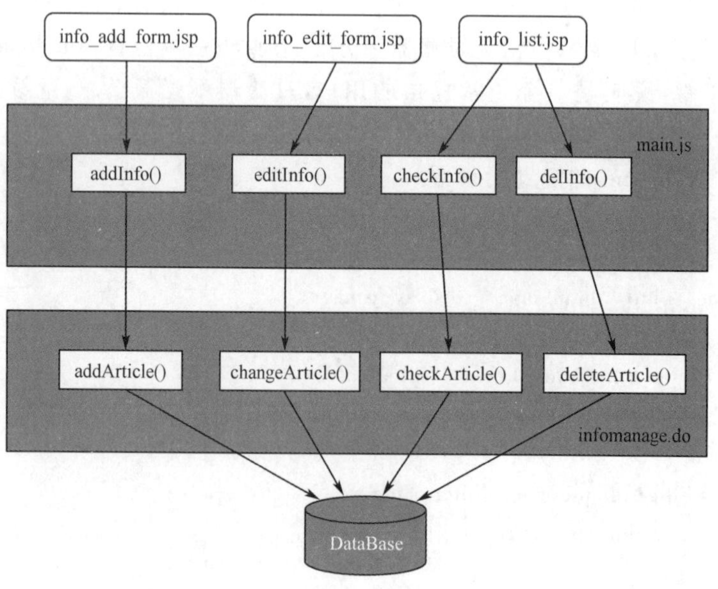

图 8-13　系统程序结构及方法调用流程

文章管理模块主要功能有文章的添加、修改、删除、审核等,在 Servlet 中相应的方法调用关系如图 8-14 所示。

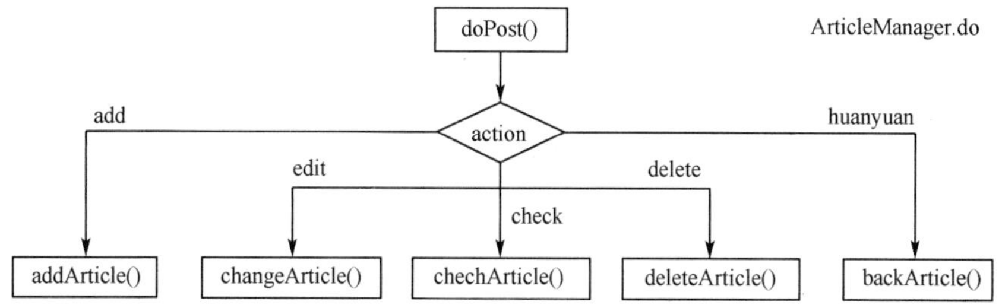

图 8-14 文章管理主 Servlet 方法调用关系

2. 文章添加模块实现

(1)文章添加表单

【程序 8-9】 info_add_form.jsp 代码片段

```
……
<div class="tabmain">
<div id ="info-add-form-div" class ="easyui-panel" title ="信息添加" style ="padding:10px;" data-options="collapsible:true,">
<form action="infomanage.do" method="post" name="info_add_form" id="info_add_form">
<table width="98%" border="1" cellspacing="1" bordercolor="#CCCCCC">
    <tr><td align="right">标题:</td>
        <td colspan ="3"><input name ="arttitle" type ="text" id ="arttitle" class ="easyui-validatebox" data-options="required:true" style="width:500px" />
        <input name="action" type="hidden" id="action" value="add" />
        <input name="picurl" type="hidden" id="picurl"/></td> </tr>
    <tr><td align="right"> </td> <td colspan="3"> </td> </tr>
    <tr><td align="right">资讯分类:</td>
        <td colspan="3">
        <input name ="sortid" class ="easyui-combotree" id ="sortid-<% = timec% >" style = "width:210px;" data-options="url:'selectinfosort.do',required:true" /></td></tr>
    <tr><td align="right">来源:</td>
        <td><input name="ArtFrom" type="text" id="ArtFrom"/></td>
        <td align="right">作者:</td>
        <td><input name="artAuthor" type="text" id="artAuthor"/></td></tr>
    <tr> <td align="right">关键词:</td>
        <td colspan="3"><input name="keywords" type="text" id="keywords" class="easyui-validatebox" required="required" style="width:300px" />
        3~5 个词,关键词之间用;分割</td> </tr>
    <tr> <td align="right">摘要:</td>
        <td colspan="3"><textarea name="abstract" id="abstract" style="width:750px;height:50px;"></textarea></td></tr>
```

```
<tr><td align="right">正文:</td>
    <td colspan="3"><textarea name="content" id="content" style="width:750px;height:
    350px;"></textarea>
<script type="text/javascript">
//实例化编辑器
//多个 Tab 时,判断若编辑器已经存在则销毁后重建
if(! (UE. utils. isEmptyObject(editorcontent)))
{editorcontent. destroy();}
var editorcontent=UE. getEditor('content');
</script></td> </tr>
<tr><td> </td> <td colspan="3">
<a href="javascript:void(0)" class="easyui-linkbutton" onClick="addInfo()">保存</a>
<span id="msg-info-add"></span></td></tr>
</table>
</form>
</div>
<div class="fengeline"></div>
</div>
```

代码分析:本程序为添加文章的表单,文章类型等为从数据库中获取,文章正文部分信息采集采用编辑器实现,此处使用 ueditor。在线编辑器此处的标签应用模式如下:

```
var editorcontent=UE. getEditor('content');
```

文章添加程序运行效果如图 8-15 所示。该表单信息录入后,由 addInfo()方法负责提交给 Servlet 处理。

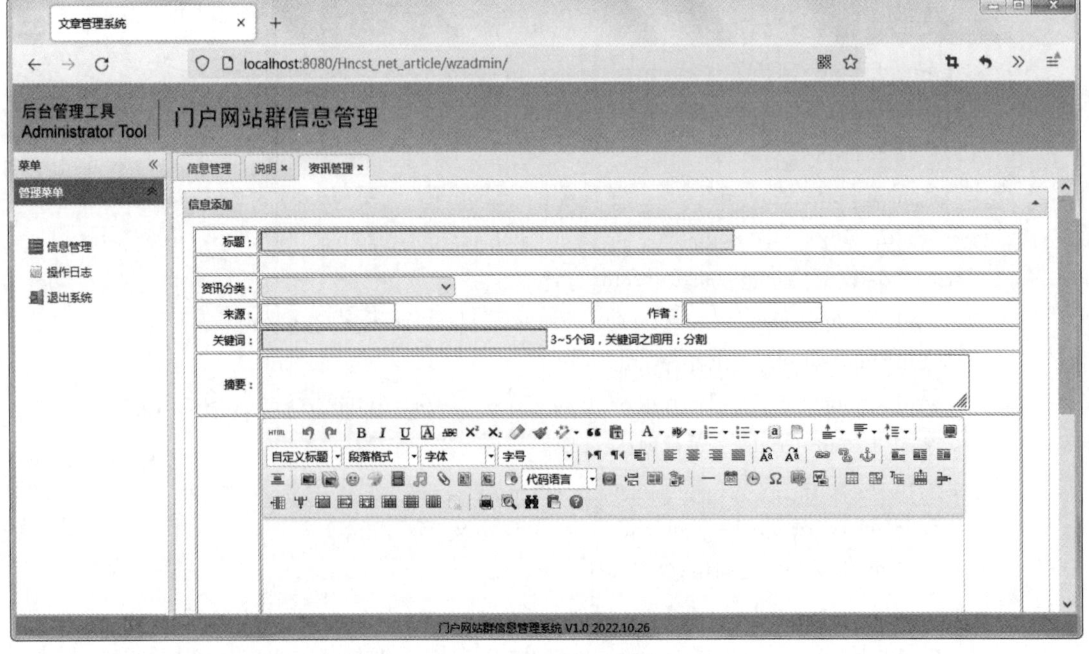

图 8-15　文章发布页面表单页面

(2)文章添加 Ajax 调度程序

【程序 8-10】 main.js 代码片段

```
……
/**
 *信息 添加
 **/
function addInfo()
{
    $('#info_add_form').form('submit',{
        onSubmit: function(){
            //进行表单验证,如果返回 false 阻止提交
            var flag=$(this).form('validate');
            if(flag)
            {//要提交,提示等待
                $("#msg-info-add").html(waitts);
            }
            return flag;
        },
        success:function(data){
            $("#msg-info-add").html("");
            if(! isNaN(data))
            {
                $.messager.alert('执行成功', '执行成功', 'info');
                //成功,执行成功后的函数;
                //关闭当前 Tab
                closeTab();
                //打开资讯列表 Tab 页面
                createTab('信息列表','articleList.jsp','articlelist');
            }
            else
            {
                $.messager.alert('错误提示', data, 'warning');
                //clearForm();
            }
        }
    });
}
……
```

程序说明:本程序段为文章管理系统的添加文章内容调度 Ajax 程序,图 8-13 显示了各个方法的调度顺序。其中 addInfo()方法为表单提交的方法,同时将请求以 POST 方式发送给处理 Servlet——infoManage.do。获取 Servlet 的响应数据,根据约定判断,若获取数据为数字,则说明添加文章成功,关闭添加文章标签,打开文章列表。

(3)文章添加 Servlet 处理程序

【程序 8-11】 InfoManage.java 代码片段

```
……
private void addArticle(HttpServletRequest request,
HttpServletResponse response) {
    String arttitle=request.getParameter("arttitle");
    String picurl=request.getParameter("picurl");
    String sortid=request.getParameter("sortid");
    String ArtFrom=request.getParameter("ArtFrom");
    String artAuthor=request.getParameter("artAuthor");
    String keywords=request.getParameter("keywords");
    String abstracts=request.getParameter("abstract");
    String content=request.getParameter("content");
    HttpSession session=request.getSession();
    AdminUser user=(AdminUser)session.getAttribute("adminUser");
    DBManager db = new DBManager();
    ULog log=new ULog();
    String rmsg="";//返回消息
    ResultSet rs=null;
    int count=-1;
    String sql="insert into tbl_article (arttitle,picurl,sortid,Keywords,abstract,Content,ArtFrom,
    artAuthor,username) values (?,?,?,?,?,?,?,?,'"+user.getAdminUsername()+"')";
    PreparedStatement pstat=db.prepareStmt(sql);
    try {
        pstat.setString(1, arttitle);
        pstat.setString(2, picurl);
        pstat.setString(3, sortid);
        pstat.setString(4, keywords);
        pstat.setString(5, abstracts);
        pstat.setString(6, content);
        pstat.setString(7, ArtFrom);
        pstat.setString(8, artAuthor);
        count=pstat.executeUpdate();
        if(count! =-1)
        {
            rmsg=""+count;
        }
        else
        {
            rmsg="操作异常";
        }
        log.writeLog(db, "Wzadmin-Info-add:添加,标题:"+arttitle, user.getAdminUsername(),
        request);
        pstat.close();
```

```
            db.Release();
        } catch (SQLException e) {
            e.printStackTrace();
            rmsg="操作异常,添加失败!";
        }
        try {
            sendResponse(response,rmsg);
        } catch (IOException e) {
            e.printStackTrace();
        }
    }
```

代码分析:本程序段为文章添加过程。程序调度关系见图 8-14 所示。本程序段中 addArticle()方法首先获取客户端提交文章信息,然后将这些信息写入数据库,同时,写入一条添加文章的日志,最后返回添加信息。

该 Servlet 在 web.xml 中的配置为:

```
<servlet>
<servlet-name>InfoManage</servlet-name>
<servlet-class>article.InfoManage</servlet-class>
</servlet>
<servlet-mapping>
<servlet-name>InfoManage</servlet-name>
<url-pattern>/wzadmin/infoManager.do</url-pattern>
</servlet-mapping>
```

文章添加的功能效果如图 8-16～图 8-18 所示。

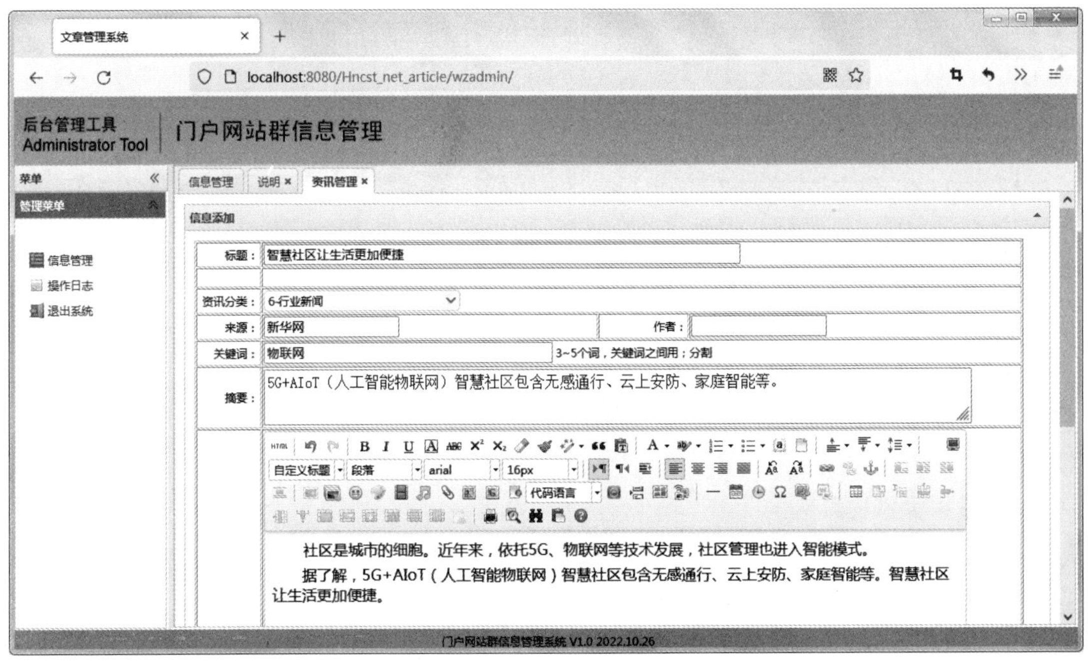

图 8-16 文章添加

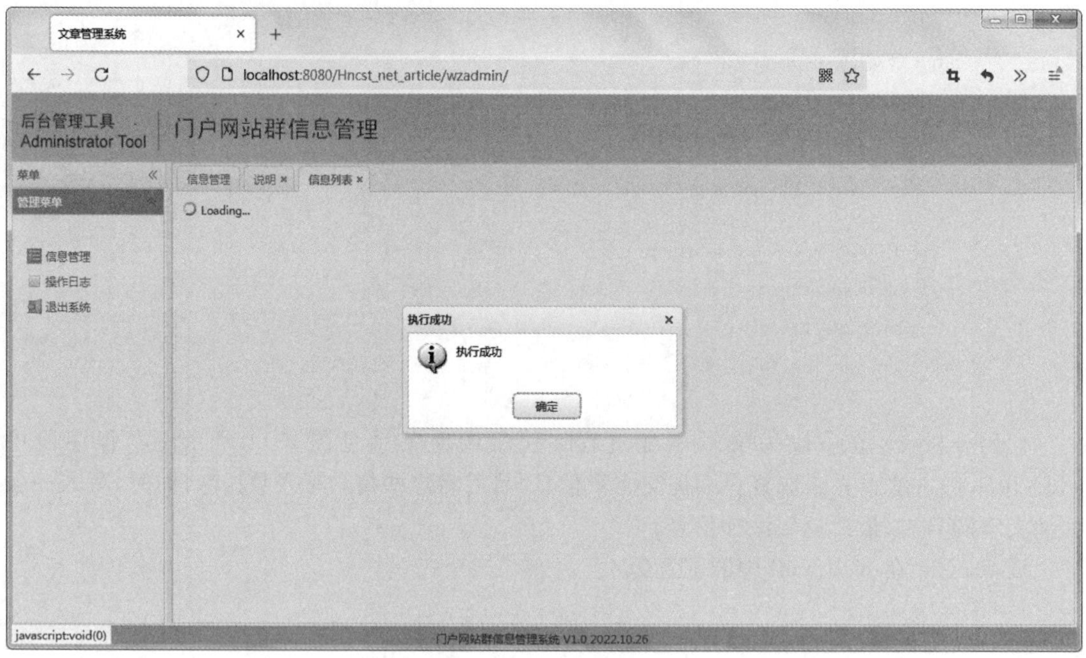

图 8-17　文章信息提交后

图 8-18　点确定后返回列表

4. 文章编辑模块实现

(1)文章编辑表单

文章编辑表单代码见程序 8-12。

【程序 8-12】　info_edit_form.jsp 代码片段

```
<div class="tabmain">
<div id ="info-edit-form-div" class ="easyui-panel" title ="资讯信息编辑-<% = id% >" style =
```

```
"padding:10px;"data-options="collapsible:true,">
    <%if(rs.next())
    {%>
    <form action="infomanage.do" method="post" name="info_edit_form" id="info_edit_form">
    <table width="98%" border="1" cellspacing="1" bordercolor="#CCCCCC">
        <tr> <td align="right">标题:</td>
            <td colspan="3"><input name="arttitle" type="text" class="easyui-validatebox" id=
            "arttitle" style="width:500px" value="<%=rs.getString("arttitle")%>" data-options=
            "required:true" />
            <input name="action" type="hidden" id="action" value="edit" />
            <input name="id" type="hidden" id="id" value="<%=id%>" /></td> </tr>
        <tr><td align="right">小图片:</td>
            <td colspan="3"><input name="picurl" type="text" id="picurl" value="<%=rs.
            getString("picurl")%>"/></td></tr>
        <tr><td align="right">资讯分类:</td>
            <td colspan="3">
            <input name="sortid" class="easyui-combotree" value="<%=rs.getString("sortid")%>"
            id="sortid-<%=timec%>" style="width:210px;" data-options="url:'selectinfosort.do',
            required:true" />
            </td> </tr>
        <tr> <td align="right">来源:</td>
            <td><input name="ArtFrom" type="text" id="ArtFrom" value="<%=rs.getString
            ("ArtFrom")%>"/></td>
            <td align="right">作者:</td>
            <td><input name="artAuthor" type="text" id="artAuthor" value="<%=rs.getString
            ("artAuthor")%>"/></td> </tr>
        <tr> <td align="right">关键词:</td>
            <td colspan="3"><input name="keywords" type="text" class="easyui-validatebox" id=
            "keywords" style="width:300px" value="<%=rs.getString("Keywords")%>" required=
            "required" />
            3~5 个词,关键词之间用;分割</td></tr>
        <tr> <td align="right">摘要:</td>
            <td colspan="3"><textarea name="abstract" id="abstract" style="width:750px;height:
            80px;"><%=rs.getString("abstract")%></textarea></td></tr><tr> <td align=
            "right">正文:</td>
            <td colspan="3"><textarea name="content" id="content" style="width:750px;height:
            350px;"><%=rs.getString("Content")%></textarea>
        <script id="content" type="text/plain"></script>
        <script type="text/javascript">
        //实例化编辑器
        //多个 Tab 时,判断若编辑器已经存在则销毁后重建
        if(!(UE.utils.isEmptyObject(editorcontent)))
        {editorcontent.destroy();}
```

```
        var editorcontent=UE.getEditor('content');
        </script></td></tr>
        <tr><td> </td> <td colspan="3">
        <a href="javascript:void(0)" class="easyui-linkbutton" onClick="editInfo()">保存</a>
        <span id="msg-info-edit"></span></td></tr>
    </table>
    </form>
    <%}
    else
    {out.println("信息不存在!");}
    %>
    </div>
    <div class="fengeline"></div>
    </div>
```

代码说明：本程序为文章编辑表单，通过获取文章编号 id，从数据库检索文章详细内容，作为默认值显示在表单中。如对于编号为 9 的文章进行编辑，在列表页展开后显示编辑表单，效果如图 8-19 所示。

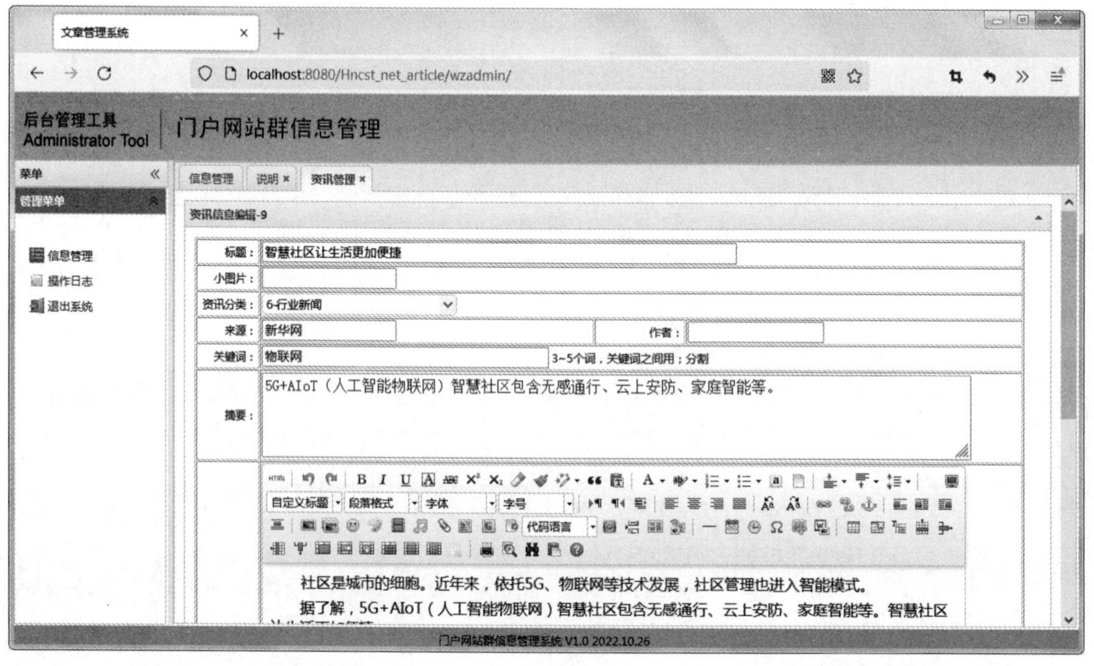

图 8-19　文章编辑表单

(2)文章编辑 Ajax 调度程序

文章编辑 Ajax 调度代码程序见程序 8-13 所示。

【程序 8-13】 main.js 代码片段

```
/**
 *信息修改提交
 **/
function editInfo()
```

```
{
    $('#info_edit_form').form('submit',{
        onSubmit: function(){
            //进行表单验证,如果返回 false 阻止提交
            var flag= $(this).form('validate');
            if(flag)
            {//要提交,提示等待
                $("#msg-info-edit").html(waitts);
            }
            return flag;
        },
        success:function(data){
            $("#msg-info-edit").html("");
            if(! isNaN(data))
            {
                $.messager.alert('执行成功', '执行成功', 'info');
                //成功,执行成功后的函数;
                //关闭当前 Tab
                closeTab();
                //打开资讯 Tab 页面
                createTab('查看信息-'+data,'info_detail_view.jsp? id='+data,'tab_info_view_'
                +data);
            }
            else
            {
                $.messager.alert('错误提示', data, 'warning');
            }
        }
    });
}
```

代码说明:editInfo()方法为编辑文章表单处置的方法,采集编辑文章表单参数后,以 POST 方式发送到 infomanage.do 处理,响应成功后,返回文章编号,打开标签页,显示编辑后的文章信息。

(3)文章编辑 Servlet 程序

【程序 8-14】 InfoManage.java 代码片段

```
private void changeArticle(HttpServletRequest request,
HttpServletResponse response) {
    String id=request.getParameter("id");
    String arttitle=request.getParameter("arttitle");
    String picurl=request.getParameter("picurl");
    String sortid=request.getParameter("sortid");
    String ArtFrom=request.getParameter("ArtFrom");
```

```
String artAuthor=request.getParameter("artAuthor");
String keywords=request.getParameter("keywords");
String abstracts=request.getParameter("abstract");
String content=request.getParameter("content");
HttpSession session=request.getSession();
AdminUser user=(AdminUser)session.getAttribute("adminUser");
DBManager db = new DBManager();
ULog log=new ULog();
String rmsg="";//返回消息
String sql="update tbl_article set arttitle=?,picurl=?,sortid=?,Keywords=?,abstract=?,
Content=?,ArtFrom=?,artAuthor=?,username='"+user.getAdminUsername()+"' where id
="+id;
PreparedStatement pstat=db.prepareStmt(sql);
try {
    pstat.setString(1, arttitle);
    pstat.setString(2, picurl);
    pstat.setString(3, sortid);
    pstat.setString(4, keywords);
    pstat.setString(5, abstracts);
    pstat.setString(6, content);
    pstat.setString(7, ArtFrom);
    pstat.setString(8, artAuthor);
    pstat.executeUpdate();
     log.writeLog(db, "Tadmin-Info-edit:信息修改,编号:"+id+",标题:"+arttitle, user.
     getAdminUsername(), request);
    pstat.close();
    db.Release();
    rmsg=""+id;
} catch (SQLException e) {
    e.printStackTrace();
    rmsg="操作异常,添加失败!";
}try {
    sendResponse(response,rmsg);
} catch (IOException e) {
    e.printStackTrace();
}
}
```

代码分析:本程序段为文章编辑过程写入数据库的方法。程序调度关系见图 8-14 所示。本程序段中 changeArticle ()方法获取客户端提交文章信息,并更新数据库,同时,写入一条修改文章的日志,最后返回文章编号。

编辑编号为 9 的文章,功能效果如图 8-19、图 8-20 所示。文章编辑成功后弹出"执行成功"的对话框,如图 8-20 所示。单击"确定"按钮后,关闭显示编辑的界面,打开编辑后的文章页面。

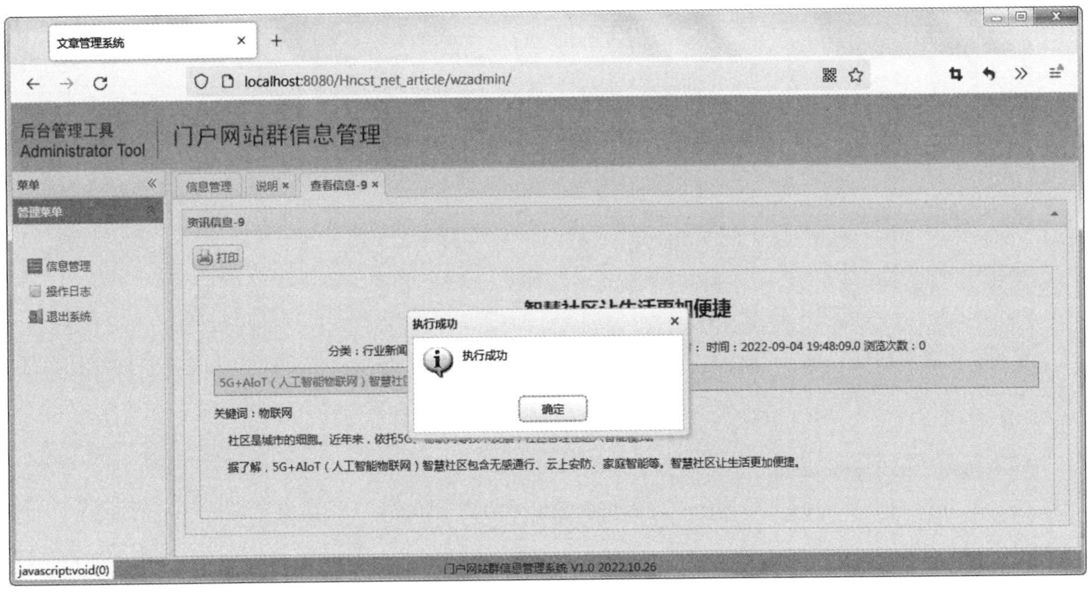

图 8-20　文章编辑提交

5. 文章审核、删除模块实现

(1)文章审核、删除时 AJAX 调度程序

审核文章模块。在主界面即全部文章列表页上，没通过审核的文章在操作栏显示审核按钮；在列表上单击审核时，调用代码见程序 8-15。

【程序 8-15】　main.js 代码片段

```
/**
 * 信息审核提交
 * temp:文章号
 **/
function checkInfo(temp)
{
    var delurl='infomanage.do';
    $('#info-list').form('submit', {
        url:delurl,
        onSubmit: function(param){
            //传递的 2 个参数
            param.action='check';
            param.id=temp;
            //提示等待
            $("#msg-info-td-"+temp).html(waitts);
        },
        success:function(data){
            $("#msg-info-td-"+temp).html("");
            if(data==1)
            {
                $.messager.alert('执行成功', '执行成功', 'info');
                //成功,删除页面上的按钮;
                $("#checkbutton-"+temp).remove();
```

```
                }
                else
                {
                    $.messager.alert('错误提示', data, 'warning');
                }
            }
        });
}
/**
 *删除信息对话框
 *
 */
function delInfoDialog(temp) {
    $.messager.confirm('Confirm', '确认删除编号为 ' + temp + ' 的信息吗?', function(r) {
        if (r) {
            // 确认,执行审核提交
            delInfo(temp);
        }
    });
}
/**
 *信息删除提交
 * temp:文章号
 * */
function delInfo(temp)
{
    var delurl='infomanage.do';
    $('#info-list').form('submit', {
        url:delurl,
        onSubmit: function(param){
            //传递的 2 个参数
            param.action='delete';
            param.id=temp;
            //提示等待
            $("#msg-info-td-"+temp).html(waitts);
        },
        success:function(data){
            $("#msg-info-td-"+temp).html("");
            if(data==1)
            {
                $.messager.alert('执行成功', '执行成功', 'info');
                //成功,删除页面上的行;
                $("#info-list-tr-"+temp).remove();
            }
            else
```

```
                {
                    $.messager.alert('错误提示', data, 'warning');
                }
            }
        });
    }
```

代码说明：该段程序 checkInfo()为审核文章的调用方法，delInfo()为删除文章的调用方法。在列表页上，针对要审核或删除的文章，单击"审核"或"删除"按钮后，请求 infomanage.do 程序进行审核或者删除，成功后提示执行成功，审核成功后移除审核按钮，删除成功后移除删除的编号行，审核成功如图 8-21 所示。

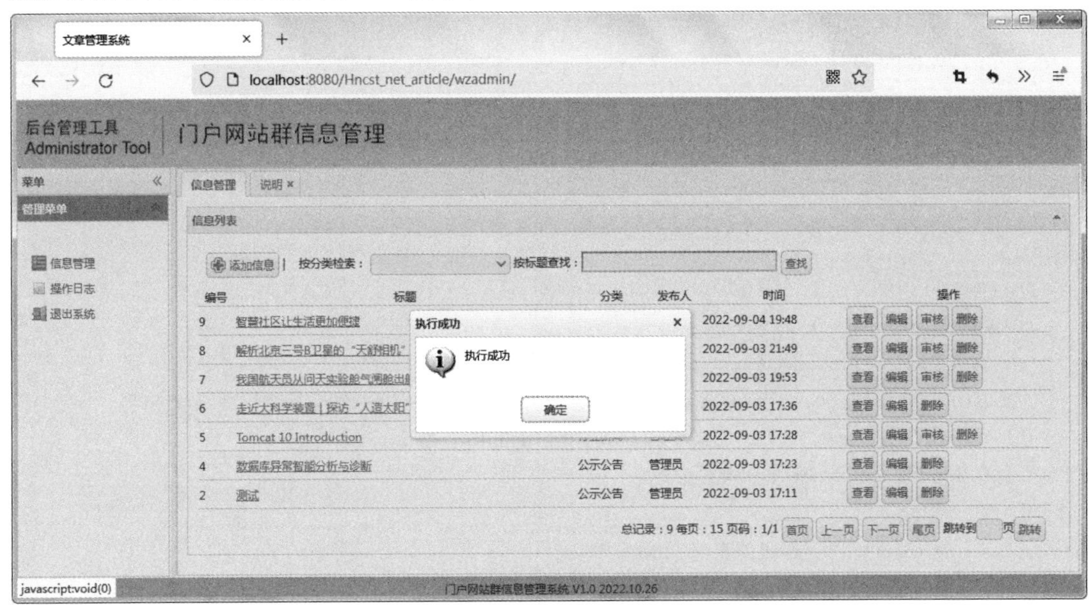

图 8-21　审核文章时效果

(2)文章审核、删除 Servlet 程序代码段见程序 8-16 所示。

【程序 8-16】 InfoManage.java 代码片段

```
/**
 * 审核文章的方法
 */
private void checkArticle(HttpServletRequest request,
HttpServletResponse response) {
    String id=request.getParameter("id");
    HttpSession session=request.getSession();
    AdminUser user=(AdminUser)session.getAttribute("adminUser");
    DBManager db=new DBManager();
    ULog log=new ULog();
    String rmsg="";//返回消息
    String sql ="update tbl_article set IsCheck = 1, cuserid ='" + user.getAdminUsername() +"',
    checktime=now() where id="+id;
    try {
        db.executeSql(sql);
```

```
            log.writeLog(db, "Tadmin-Info-check:信息审核,编号:"+id, user.getAdminUsername(),
            request);
            db.Release();
            rmsg="1";
        } catch (SQLException e) {
            e.printStackTrace();
            rmsg="操作异常,修改失败!";
        }
        try {
            sendResponse(response,rmsg);
        } catch (IOException e) {
            e.printStackTrace();
        }
    }
    /**
     * 删除文章的方法
     */
    private void deleteArticle(HttpServletRequest request,
    HttpServletResponse response) {
        String id=request.getParameter("id");
        HttpSession session=request.getSession();
        AdminUser user=(AdminUser)session.getAttribute("adminUser");
        DBManager db=new DBManager();
        ULog log=new ULog();
        String rmsg="";//返回消息
        String sql="update tbl_article set isdel=1 where id="+id;
        try {
            db.executeSql(sql);
            log.writeLog(db, "Tadmin-Info-del:资讯信息删除,编号:"+id, user.getAdminUsername(),
            request);
            db.Release();
            rmsg="1";
        } catch (SQLException e) {
            e.printStackTrace();
            rmsg="操作异常,修改失败!";
        }
        try {
            sendResponse(response,rmsg);
        } catch (IOException e) {
            e.printStackTrace();
        }
    }
```

代码分析:该段代码完成文章的审核、删除两个功能的实现。checkArticle()方法完成文章的审核;deleteArticle()方法为删除文章的方法。

(4)文章审核、删除运行效果

以操作审核编号为 4 的文章为例,点审核效果如图 8-21 所示。删除编号为 2 的文章效果如图 8-22 所示。

图 8-22 删除编号为 2 的文章

小 结

本模块根据 Web 系统开发的流程,介绍了文章管理系统的设计与开发。在系统实现中采用 Ajax+Servlet+JavaBean 的模式开发程序,遵循 MVC 模式设计系统,主要包括系统体系结构设计、数据库设计、主要模块代码设计与实现等。

通过本模块的理解,读者可以将本文章管理系统完整的系统进行改编后应用到实际的开发程序中。

习 题

编程题

实现一个多用户留言本,完成如下功能:

(1)任何人都可以注册为用户,注册后针对用户会有一个留言本。

(2)任何人可以在某个用户的留言本留言。

(3)用户登录后可以管理自己的留言本,如回复别人在自己留言本的留言,删除留言等。

(4)留言查看,所有人可以查看经过留言本所有人回复的留言,未经过留言本所有人回复的留言自己和管理员可见。

(5)搜索,任何人可以用部分关键字搜索留言,将符合留言的内容按列表显示。

(6)管理员可以对用户注册的留言本进行管理(即锁定、删除等功能)。

(7)用 JavaScript 控制,没有输入用户姓名或者留言内容不允许提交。

(8)留言可以显示单个用户的留言,同时分页显示,每页显示 20 条留言。

参考文献

[1] 辛运帏，饶一梅. Java 程序设计[M]，北京：清华大学出版社，2020.

[2] 李永飞，李芙玲，吴晓丹，等. JavaWeb 应用开发[M]，北京：清华大学出版社，2018.

[3] 李俊青. Java EE Web 开发与项目实战[M]. 武汉：华中科技大学出版社，2011.

[4] 王红. Java Web 应用开发技术使用教程[M]. 北京：中国水利水电出版社，2008.

[5] 梁文新，宋强，王占中，等. Ajax+JSP 网站开发从入门到精通[M]. 北京：清华大学出版社，2008.

[6] 郝玉龙，尹建平. Java EE Web 开发实例精解[M]. 北京：清华大学出版社，北京交通大学出版社，2008.